佐藤敏明

文系編集者がわかるまで書き直した

沁みる「フーリエ級数・フーリエ変換」

そうか数学って沁みるもんなんだ‥

日本能率協会マネジメントセンター

はじめに

筆者が「フーリエ級数・フーリエ変換」を知ったのは大学に入ってから
です。微分によって関数をx^nの無限個の和で表すベキ級数展開などは、
高校のときから知っていました。たとえば、関数$y = \sin x$は次のようにベ
キ級数展開されます。

$$\sin x = x - \frac{1}{6}x^3 + \frac{1}{120}x^5 - \frac{1}{5040}x^7 + \frac{1}{362880}x^9 + \cdots\cdots$$

大学に入り、積分によって関数を$\sin$、$\cos$の和で表すフーリエ級数展開
を知ったときは、衝撃的でした。たとえば、関数$y = x$は、$-1 < x < 1$の
範囲で次のようにフーリエ級数展開できます。

$$x = 2\sin x - \sin 2x + \frac{2}{3}\sin 3x - 2\sin 4x + \frac{2}{5}\sin 5x + \cdots\cdots$$

微分には「微分可能」という連続よりも強い条件が必要ですが、積分は
おおらかで、不連続な部分があっても積分できます。このおおらかな積分
で関数が展開できるとは、不思議な感じがしました。

このフーリエ級数を厳密に論理立てていくために、多くの数学者が関わ
り、その後の数学の発展に大きな影響を与えました。さらに、フーリエ変
換が登場し、これにより、微分の世界から積分の世界への大きな転換が始
まりました。応用面でも、フーリエ級数・フーリエ変換は波の解析には必
要不可欠な道具であります。

本書は、高校を卒業して、数学から離れたが、「フーリエ級数・フーリ
エ変換」がどのような概念なのか知りたいという人を対象に「フーリエ級
数・フーリエ変換の導出」まで示したものです。そのために、次の方針で
書き進めました。

① 予備知識を前提としない

中学で習う基本的な事項から出発し、高校の数学、大学の初年度の数学までをわかりやすく解説してから、「フーリエ級数・フーリエ変換の導出」を示しました。厳密な証明よりも、わかりやすさを重視した説明を心がけましたので、本書だけで「フーリエ級数・フーリエ変換の導出」までの理解が可能になります。

② 読者の目線に立って説明する

数学をある程度知っている人にとって当たり前と思われる事柄が、数学から遠ざかっている人には当たり前と思われないことがよくあります。そこで、文科系の学部を卒業し、高校以来数学から遠ざかっていた編集者に原稿を読んでもらい、疑問点を指摘してもらいました。それにより、私の説明不足を補うことができました。

③ フーリエ級数・フーリエ変換の導出に必要な事柄に絞る

説明が複雑になるのを避けるために、「フーリエ級数・フーリエ変換の導出」に必要な事柄に絞り込みました。たとえば、三角関数というと $\sin x$、$\cos x$、$\tan x$ の 3 つの関数を指す場合が多いですが、$\tan x$ は本書では必要ないので、$\tan x$ の説明は省略しました。そのかわりに、必要な事項については、丁寧に詳しく解説しました。

この方針にしたがって、本書の各章は次のような構成になっています。

序章では、フーリエ級数・フーリエ変換の生い立ちや概要を示し、「フーリエ級数・フーリエ変換の導出」の要点をまとめました。ここでは、難しい言葉や数式が出てきますが、それらの説明は、第 1 章以降に詳しく述べますので、気にせずに読んでください。

第 1 章では、フーリエ級数・フーリエ変換の導出に必要な関数の基本を示しました。まず、関数の定義から始まり、ベキ級数の基礎となる n 次関数、積分を深く理解するために必要な分数関数・無理関数・絶対値を含む

関数、さらに、微分・積分の計算で活躍する偶関数・奇関数や合成関数などを見ていきます。

第2章では、フーリエ級数の主役である$\sin x$や$\cos x$について見ていきます。$\sin x$や$\cos x$の定義から始まり、半径1の円の弧の長さで角の大きさを表す弧度法を導入し、$\sin x$や$\cos x$の相互関係や性質を調べ、そのグラフを見ていきます。さらに、微分・積分の計算で必要となる加法定理を導きます。

第3章では、「フーリエ級数・フーリエ変換を導出」のために必要不可欠な微分・積分を見ていきます。関数の連続性について調べ、接線の傾きを求めることから微分を定義し、微分の性質や計算方法を見ていきます。そして、$\sin x$と$\cos x$の微分を考え、$\sin x$と$\cos x$を無限個のx^nの和で表すベキ級数展開を求めます。つぎに、微分の逆の演算として積分を定義し、この積分と面積との関係を調べてから、積分の計算方法を見ていきます。

第4章では、いよいよ、周期関数をフーリエ級数で表すことを考えます。周期関数がフーリエ級数で表されるための条件を示し、周期2πの周期関数を無限個の$\sin nx$と$\cos nx$の和で表すフーリエ級数展開を見ていきます。そして、一般の周期2Lの関数についてもフーリエ級数展開を考えます。

第5章では、フーリエ変換で出てくる指数関数について調べ、その逆の対応である対数関数を見ていきます。対数関数の微分を考えた後に、指数関数の微分を調べます。微分から指数関数の積分を考えます。

第6章では、フーリエ級数を複素フーリエ級数に進化させます。そのために2乗して-1になる数iを導入し、複素数を定義します。そして、オイラーの公式$e^{ix} = \cos x + i \sin x$を導き、このオイラーの公式を用いて、フーリエ級数から複素フーリエ級数を導きます。

第7章では、周期2Lの複素フーリエ級数から、Lを無限に大きくすることによって、フーリエの積分公式を導き、このフーリエの積分公式よりフーリエ変換を導きます。さらに、フーリエ変換の意味について考えます。

　以上が本書の内容です。第1、2、3、5章は、「フーリエ級数・フーリエ変換の導出」の準備で、高校程度の内容です。すでにご存じの方は、こ

れらの章を飛ばして、必要になったときに読んでいただければよいでしょう。第4、6、7章が本書の中心で、複雑な部分もありますが、丁寧に解説しましたので、高校を卒業して数学から遠ざかっていた社会人や意欲のある中学生、高校生にも、必ず理解できます。編集者の強い希望により、書名に「沁みる」という言葉を加えました。「フーリエ級数・フーリエ変換」の神秘さ、美しさを感じて「沁み」ていただけると、著者として望外な喜びです。

　最後に、本書執筆の機会を与えてくださり、また、貴重なご指摘をしてくださった株式会社日本能率協会マネジメントセンターの渡辺敏郎さん、その他、ご協力下さいました多くの方に深く感謝します。

目次

第2章
三角関数

第3章
微分・積分

第4章
フーリエ級数

第5章
指数関数と対数関数

第6章
複素フーリエ級数

第7章
フーリエ変換

序 章

フーリエ級数・
フーリエ変換とは

ここでは、フーリエ級数やフーリエ変換の概要を示します。難しい数式や言葉が出てきますが、詳しくは第1章以後に説明するので、気にとめずに読んでいただき、フーリエ級数やフーリエ変換がどのようなものなのかを感じ取ってください。

◎本書の目的

　本書の目的は、次の6つの式

$$f(x) = \frac{1}{2}a_0 + (a_1 \cos x + b_1 \sin x)$$
$$+ (a_2 \cos 2x + b_2 \sin 2x) + \cdots\cdots$$
$$= \frac{1}{2}a_0 + \sum_{n=1}^{\infty}(a_n \cos nx + b_n \sin nx) \tag{0.1}$$

$$\text{ここで}\quad \begin{cases} a_0 = \dfrac{1}{\pi}\displaystyle\int_{-\pi}^{\pi} f(x)dx \\[2mm] a_n = \dfrac{1}{\pi}\displaystyle\int_{-\pi}^{\pi} f(x)\cos nx\,dx \\[2mm] b_n = \dfrac{1}{\pi}\displaystyle\int_{-\pi}^{\pi} f(x)\sin nx\,dx \end{cases} \tag{0.2}$$

$$(n = 1,\, 2,\, 3,\, \cdots\cdots)$$

$$F(\omega) = \int_{-\infty}^{\infty} f(x)e^{-i\omega x}\,dx \tag{0.3}$$

$$f(x) = \frac{1}{2\pi}\int_{-\infty}^{\infty} F(\omega)e^{i\omega x}\,d\omega \tag{0.4}$$

を導くことにある。

　(0.1) のように関数 $f(x)$ を $\sin$ と $\cos$ の無限個の和で表した式を $f(x)$ の**フーリエ級数展開**といい、(0.1) の右辺のように $\sin$ と $\cos$ の無限個の和の式を、**フーリエ級数**という。さらに、(0.2) の3式を**フーリエ係数**という。そして (0.3) を**フーリエ変換**、(0.4) を**フーリエ逆変換**という。

◎フーリエとは

フーリエ級数・フーリエ変換の「フーリエ」は、ジャン・バティスト・ジョゼフ・フーリエ（Jean Baptiste Joseph Fourier, 1768〜1830年）から付けられた。彼はフランスのオークゼルで仕立屋の息子として生まれ、8歳のときに孤児となり、司教のもとにあずけられた。数学に秀でていたので、司教は勉強のために修道院に入れた。その後フー  リエは、パリ科学アカデミーに提出した論文が認められ、エコール・ポリテクニクに迎えられる。

1798年に、彼はナポレオンのエジプト遠征に随行した。そこで、彼がエジプトについて書いた著作は、考古学上の傑作といわれている。帰国後、1802年にイゼール県の知事に任命され、この時期にフーリエ級数を発表した。ナポレオンの失脚や復活をめぐり、ルイ18世に疑われて追放されたが、教え子の推薦で復帰することができた。そして、パリ科学アカデミーの常任理事になり、1830年に波瀾万丈の生涯を閉じた。

◎フーリエ級数の誕生

18世紀後半にイギリスで産業革命が起き、蒸気機関の発展と共に、蒸気機関の過熱を防いで効率を高める必要に迫られていた。そこで、1811年、パリの科学アカデミーは、「熱の伝導の法則の数学的理論を与え、この理論の結果と精密な実験結果とを比較せよ」という問題を出題した。これに、フーリエが応募し、アカデミー賞を受賞した。彼は、この提出した論文の中で、熱伝導方程式を導き、関数を sin、cos の和で表すことによって解を求めるという現在のフーリエ級数による解法を示したのである。

周期関数を sin と cos の和として表すことは、すでにダニエル・ベルヌーイ（Daniel Bernoulli, 1700〜1782年）が考えており、両端を固定した弦の振動を sin と cos の和として表していた。フーリエは、この考えを押し進めて、熱伝導の研究から振動現象ではない熱の伝導にも使えるのではないかと考え、さらに連続でない関数でも sin、cos の無限個の和で表さ

れることを示した。

　フーリエの最初の論文（1807年）は、厳密性に欠けていたが、その後も研究を重ね、1822年に『熱の解析的理論』という著書にその成果を発表した。しかし、フーリエは「すべての関数を sin と cos の和として表すことができる」としたため、ラグランジュ（J. L. Lagrange, 1736〜1813年）らと論争がおこった。そして、フーリエの研究を引き継いだドイツのディリクレ（P. G. Direchlet, 1805〜1859年）は、関数が sin と cos の和として表されるためには、関数が「区分的に滑らか」でなければならないことを示し、すべての関数が sin と cos の和で表現できるわけではないことを明らかにした。その後、フーリエ級数・フーリエ変換と同じような考え方で、問題を解く方法を**フーリエ解析**といい、このフーリエ解析は、数学の多くの分野に影響を与えた。

◎波を解析するフーリエ級数・フーリエ変換

　フーリエ級数、フーリエ変換は、熱伝導を解明するためにフーリエが考えたのであるが、現在は波を解析するためのなくてはならない手段である。

　その1つの例として、

　「火星で撮影された写真が、電波によって地球に送られ、その電波から
　鮮明な写真を再現する」

場合、どのように再現するか、その仕組みを簡単に見ていこう。

(1) 火星からの電波は、図0.1(1) の波① $y = f(x)$ であるとする（このとき、x は時間(秒) とする）。

(2) 波①から、フーリエ係数(0.2) を求めると、

$$a_0 = 0$$
$$a_1 = 1、a_2 = 2、a_3 = \frac{1}{2}、a_n = 0 \quad (n = 4, 5, \cdots)$$
$$b_n = 0 \quad (n = 1, 2, 3, \cdots)$$

となる。これらをフーリエ級数(0.1) に代入すると、

$$f(x) = \sin x + 2\sin 2x + \frac{1}{2}\sin 3x$$

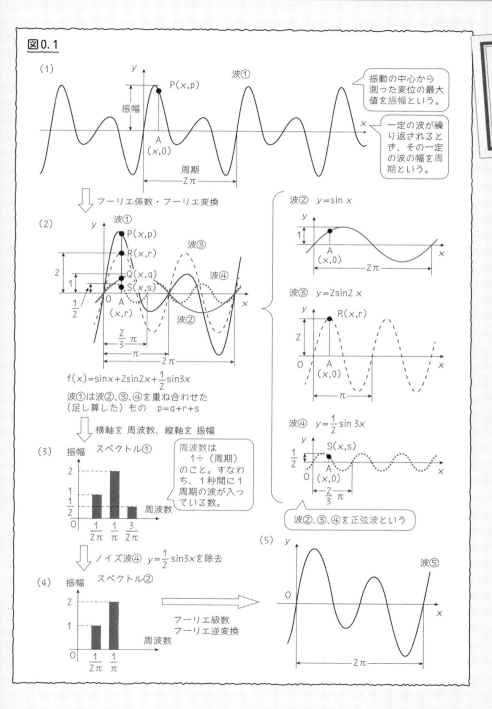

図0.1

(1)

振幅
P(x,p)
波①
A
(x,0)
周期
2π

振動の中心から測った変位の最大値を振幅という。

一定の波が繰り返されるとき、その一定の波の幅を周期という。

↓ フーリエ係数・フーリエ変換

(2)

波①
P(x,p)
R(x,r)
波③
Q(x,q)
波④
S(x,s)
2
1
1/2
O A
(x,r)
波②
2/3 π
π
2π

$f(x) = \sin x + 2\sin 2x + \frac{1}{2}\sin 3x$

波①は波②、③、④を重ね合わせた（足し算した）もの　p=q+r+s

↓ 横軸を 周波数、縦軸を 振幅

(3) 振幅　スペクトル①

2
1
1/2
O 1/2π 1/π 3/2π
周波数

周波数は
1÷（周期）
のこと。すなわち、1秒間に1周期の波が入っている数。

↓ ノイズ波④ $y = \frac{1}{2}\sin 3x$ を除去

(4) 振幅　スペクトル②

2
1
O 1/2π 1/π
周波数

フーリエ級数
フーリエ逆変換

波② $y = \sin x$

1
A
(x,0)
2π

波③ $y = 2\sin 2x$

R(x,r)
2
O A
(x,0)
π

波④ $y = \frac{1}{2}\sin 3x$

S(x,s)
1/2
O A
(x,0)
2/3 π

波②、③、④を正弦波という

(5)

y
波⑤
O
x
2π

序章

19

となる。このことから、

　「波①は、波② $y = \sin x$ と波③ $y = 2\sin 2x$ と波④ $y = \dfrac{1}{2}\sin 3x$ に分解される」（図0.1(2)）

ということがわかる。

(3) 波②の振幅は 1、波③の振幅は 2、波④の振幅は $\dfrac{1}{2}$ である。

　そこで、周波数を横軸とし、振幅を縦軸とするグラフを考える。これを**スペクトル**という（図0.1(3)のスペクトル①）。

(4) ここからノイズ（雑音）を取り除くことを考えよう。ノイズは振幅が小さいので、ここでは振幅が $\dfrac{1}{2}$ 以下の成

分がノイズであるとする。そこで、$a_3 = \dfrac{1}{2}$ を取り除いて、$a_3 = 0$ にする。

スペクトルはニュートンの命名で、ラテン語 specio「見る」「観察する」に由来する。ニュートンは、光と色の関係を調べるために、光をガラス製のプリズムにあて、いろいろな色（波長の長い方から赤・橙・黄・緑・青・藍・紫）に分けた。すなわち、ニュートンは光を波長によって分解したのである。

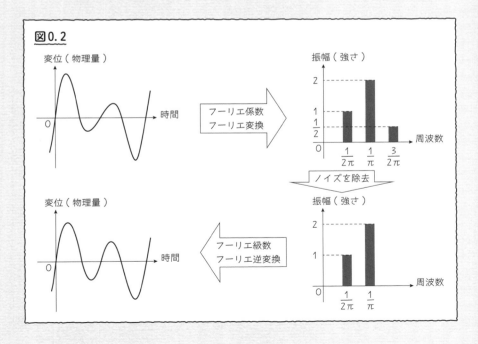

図0.2

スペクトルは、図0.1(4) のスペクトル②になる。

(5) この $a_3 = 0$ を取り除いたスペクトルから、

新しい波⑤ 　　$g(x) = \sin x + 2\sin 2x$

ができる。これがノイズが取り除かれた波⑤で、波⑤によって鮮明な写真が再現される（図0.1(5)）。

このように、波を正弦波に分解して、周波数と振幅の関係を示すのが、フーリエ係数、フーリエ変換であり、逆に周波数と振幅から正弦波の足し算により波を再現するのがフーリエ級数、フーリエ逆変換である（図0.2）。

しかし、ここで示した例の計算を人間がするのは困難なので、コンピュータを使って計算する。そのためには、本書で導くフーリエ変換ではなく、**離散フーリエ変換**（DFT という。Discrete Fourier Transform の頭文字）を用いて計算する。とくに、計算回数を劇的に少なくした**高速フーリエ変換**（FFT という。Fast Fourier Transform の頭文字）を用いて計算することが多い。

◎フーリエ解析の活躍

フーリエ解析は多くの分野で利用されている。熱伝導の解明から考え出されたから、その理論は当然、熱伝導に関係する材質の伝熱工学や土木工学、気象学などに応用される。

また、波を解析する手段であるから、波が現れる分野では必ずフーリエ解析が利用される。たとえば、交流電流は波を伴うので、電気工学、電気回路など、さらに音や光も波であるから、音波や光波の応用にもフーリエ解析はなくてはならないものである。ラジオ電波の解析はもちろん、X線回折や量子力学の波動関数に至るまで、フーリエ解析は重要な手法になっている。さらに医療の分野でも、X線 CT（CT は Computed Tomography の頭文字）や MRI（Magnetic Resonance Imaging の頭文字）の装置により、脳や肺などの断層写真がフーリエ変換によって得られるようになった。

また、振動も周期的に変化するものだから、機械や建築などの振動についてもフーリエ解析は必要である。

◎フーリエ級数の導出

フーリエ級数、フーリエ変換を、本書では次の手順で求める。

(1) 周期2πの周期関数のフーリエ級数を求める。（第4章）

(2) 周期$2L$の周期関数のフーリエ級数を求める。（第4章）

(3) 周期2πの周期関数の複素フーリエ級数を求める。（第6章）

(4) 周期$2L$の周期関数の複素フーリエ級数を求める。（第6章）

(5) 複素フーリエ級数からフーリエ積分公式を導く。（第7章）

(6) フーリエ積分公式からフーリエ変換、フーリエ逆変換を導く。

（第7章）

さらに、(1) 〜 (6) の要点を示しておこう。

(1) まず、区分的に滑らかな周期2πの$f(x)$が

$$f(x) = \frac{1}{2}a_0 + \sum_{n=1}^{\infty}(a_n\cos nx + b_n\sin nx) \qquad (0.5)$$

と表されたとし、a_0, a_n, b_nを求める（なぜ (0.5) の式が成り立つかは、本書の程度を越えるので扱わない）。

次の式が重要な役割をする。

$$\int_{-\pi}^{\pi}\sin nx\,dx = 0 \qquad (0.6)\text{a}$$

$$\int_{-\pi}^{\pi}\cos nx\,dx = 0 \qquad (0.6)\text{b}$$

$$\int_{-\pi}^{\pi}\cos mx\cos nx\,dx = \begin{cases} 0 & (m \neq n \text{のとき}) \\ \pi & (m = n \text{のとき}) \end{cases} \qquad (0.6)\text{c}$$

$$\int_{-\pi}^{\pi}\cos mx\sin nx\,dx = 0 \qquad (0.6)\text{d}$$

$$\int_{-\pi}^{\pi}\sin mx\sin nx\,dx = \begin{cases} 0 & (m \neq n \text{のとき}) \\ \pi & (m = n \text{のとき}) \end{cases} \qquad (0.6)\text{e}$$

たとえば、a_n を求めよう。

sin、cos の (0.6)a～e を用いるために、m を自然数として (0.5) の両辺に $\cos mx$ をかけて、$-\pi$ から π まで積分する。

$$\int_{-\pi}^{\pi} f(x)\cos mx\, dx$$

$$= \int_{-\pi}^{\pi} \left\{ \frac{1}{2}a_0 + \sum_{n=1}^{\infty} (a_n\cos nx + b_n\sin nx) \right\} \cos mx\, dx$$

右辺の全体の積分を1つひとつの積分に分けて、(0.6)a、(0.6)c、(0.6)d を用いると、

$$\int_{-\pi}^{\pi} f(x)\cos mx\, dx$$

$$= \frac{1}{2}a_0 \underbrace{\int_{-\pi}^{\pi} \cos mx\, dx}_{=\,0} + \sum_{n=1}^{\infty} a_n \underbrace{\int_{-\pi}^{\pi} \cos mx \cos nx\, dx}_{=\,\begin{cases} m=n \text{のとき } \pi \\ m \ne n \text{のとき } 0 \end{cases}} + \sum_{n=1}^{\infty} b_n \underbrace{\int_{-\pi}^{\pi} \cos mx \sin nx\, dx}_{=\,0}$$

(0.6)b より

(0.6)c より

(0.6)d より

$$= a_m \int_{-\pi}^{\pi} \cos mx \cos mx\, dx = a_m\pi$$

よって、$a_m = \dfrac{1}{\pi}\displaystyle\int_{-\pi}^{\pi} f(x)\cos mx\, dx$

b_n については同じであるが、a_0 については、$\cos mx$ を掛けずにそのまま積分する。

(2) 次に、周期 2π の周期関数 $f(x)$ の x を $\dfrac{\pi}{L}x$ に置き換えると、関数 $f\left(\dfrac{\pi}{L}x\right)$ は周期 2L の周期関数になる。この関数を $f_L(x)$ と書くと、

$$f_L(x) = f\left(\frac{\pi}{L}x\right) = \frac{1}{2}a_0 + \sum_{n=1}^{\infty} \left(a_n\cos\frac{n\pi}{L}x + b_n\sin\frac{n\pi}{L}x \right)$$

$$
\text{ここで} \left\{
\begin{array}{l}
a_0 = \dfrac{1}{L} \displaystyle\int_{-L}^{L} f(x)dx \\[3mm]
a_n = \dfrac{1}{L} \displaystyle\int_{-L}^{L} f(t)\cos\dfrac{n\pi}{L}xdx \\[3mm]
bn = \dfrac{1}{L} \displaystyle\int_{-L}^{L} f(x)\sin\dfrac{n\pi}{L}xdx \quad (n = 1,\ 2,\ 3,\ \cdots)
\end{array}
\right. \tag{0.7}
$$

が成り立ち、周期2L の $f_L(x)$ のフーリエ級数展開になる。

(3) 周期 2π の関数 $f(x)$ のフーリエ級数展開

$$
f(x) = \frac{1}{2}a_0 + \sum_{n=1}^{\infty}(a_n\cos nx + b_n\sin nx)
$$

において、

オイラーの公式　$e^{inx} = \cos nx + i\sin nx$

を用いて $\sin nx$ と $\cos nx$ を e^{inx} に書き換えると、

$$
\begin{aligned}
f(x) &= \cdots\cdots + {}_{c-3}e^{i(-3)x} + {}_{c-2}e^{i(-2)x} + {}_{c-1}e^{i(-1)x} \\
&\quad + c_0 e^{i\cdot 0 \cdot x} + c_1 e^{i\cdot 1\cdot x} + c_2 e^{i\cdot 2\cdot x} + c_3 e^{i\cdot 3\cdot x} + \cdots\cdots
\end{aligned}
$$

$$
= \sum_{n=-\infty}^{\infty} c_n e^{inx} \tag{0.8}
$$

ここで　$c_n = \dfrac{1}{2\pi}\displaystyle\int_{-\pi}^{\pi} f(x)e^{-inx}dx \quad (n は整数) \tag{0.9}$

となる。

　(0.8) を $f(x)$ の複素フーリエ級数展開といい、(0.8) の右辺を複素フーリエ級数という。(0.9) を複素フーリエ係数という。

(4) フーリエ級数と同じように、複素フーリエ級数展開(0.8) で x を $\dfrac{\pi}{L}x$ で置き換えると、

$$
f_L(x) = f\left(\frac{\pi}{L}x\right) = \sum_{n=-\infty}^{\infty} c_n e^{i\frac{n\pi}{L}x} \tag{0.10}
$$

ここで　$c_n = \dfrac{1}{2L}\displaystyle\int_{-L}^{L} f_L(x)e^{-i\frac{n\pi}{L}x}dx$ $\qquad$ (0.11)

は、周期2L の周期関数 $f_L(x)$ の**複素フーリエ級数展開**である。

(5) 複素フーリエ係数 (0.11) を (0.10) に代入すると、

$$f_L(x) = \sum_{n=-\infty}^{\infty} c_n e^{i\frac{n\pi}{L}x}$$

$c_n = \dfrac{1}{2L}\displaystyle\int_{-L}^{L} f_L(X)e^{-i\frac{n\pi}{L}t}dX$ を代入

$$f_L(x) = \sum_{n=-\infty}^{\infty} \left\{ \frac{1}{2L}\int_{-L}^{L} f_L(t)e^{-i\frac{n\pi}{L}t}dt \right\} e^{i\frac{n\pi}{L}x}$$

$\dfrac{1}{2L} = \dfrac{1}{2\pi}\cdot\dfrac{\pi}{L}$ $\quad$ と分けて、式の前と後ろに配置

$$f_L(x) = \frac{1}{2\pi}\sum_{n=-\infty}^{\infty} \left\{ \frac{1}{2L}\int_{-L}^{L} f_L(t)e^{-i\frac{n\pi}{L}t}dt \right\} e^{i\frac{n\pi}{L}x}\frac{\pi}{L} \quad (0.12)$$

$\omega_n = \dfrac{n\pi}{L}$ とおくと

$\omega_n - \omega_{n-1} = \dfrac{\pi}{L}$

$$f_L(x) = \frac{1}{2\pi}\sum_{n=-\infty}^{\infty} \left\{ \int_{-L}^{L} f_L(t)e^{-i\omega_n t}dt \right\} e^{i\omega_n x}(\omega_n - \omega_{n-1})$$

$$(0.13)$$

ここで、L を無限に大きくすると、

$$f_L(x) \to f(x)、\quad \sum_{n=-\infty}^{\infty} \to \int_{-\infty}^{\infty}、\quad \omega_n \to \omega、\quad \omega_n - \omega_{n-1} \to d\omega$$

と変化して

$$f_L(x) = \frac{1}{2\pi} \sum_{n=-\infty}^{\infty} \left\{ \int_{-L}^{L} f_L(t) e^{-i\omega_n t}\, dt \right\} e^{i\omega_n x} (\omega_n - \omega_{n-1}) \tag{0.13}$$

$L \to \infty$
とする

$$f(x) = \frac{1}{2\pi} \int_{-\infty}^{\infty} \left\{ \int_{-\infty}^{\infty} f(t) e^{-i\omega t}\, dt \right\} e^{i\omega x}\, d\omega \tag{0.14}$$

となる。この最後の式 (0.14) が**フーリエの積分公式**である。

(6) フーリエの積分公式 (0.14) の { } の中の式を $F(\omega)$ とおいて、

$$F(\omega) = \int_{-\infty}^{\infty} f(x) e^{-i\omega x}\, dx \tag{0.15}$$

を、$f(x)$ の**フーリエ変換**という。

　そして、(0.14) に (0.15) の $F(\omega)$ を代入した式

$$f(x) = \frac{1}{2\pi} \int_{-\infty}^{\infty} F(\omega) e^{i\omega x}\, d\omega \tag{0.16}$$

を、**フーリエ逆変換**という。

　以上が、本書でフーリエ級数、フーリエ変換を導く手順と要点である。これで、納得された人は、これ以上本書を読む必要はないが、もし納得できなかったら、第1章以降を読んでください。

第1章

関　数

本章の概要

　本書は、

フーリエ級数　$f(x) = \dfrac{1}{2}a_0 + \displaystyle\sum_{n=1}^{\infty}(a_n \cos nx + b_n \sin nx)$

フーリエ変換　$F(\omega) = \displaystyle\int_{-\infty}^{\infty} f(x)e^{-i\omega x}\,dx$

を導くのが目的である。
　ここでは、そのための基礎となる関数一般について見ていく。

本章の流れ

1．関数を定義し、関数を目で見えるようにした関数のグラフを調べ、関数の対称移動、平行移動について調べる。
2．関数の中でももっとも基本になるn次関数について調べる。1次関数と2次関数については、グラフの書き方やその性質などをやや詳しく調べる。3次以上の関数では、複雑になるのでそのグラフについての概要を見ていく。
3．積分を理解するために必要な分数関数について、そのグラフや性質などを調べる。
4．無理関数も積分を理解するために必要なので、無理関数のグラフや性質などを調べる。
5．本書でしばしば出てくる絶対値を含む関数のグラフの書き方などを見ていく。
6．フーリエ級数を求めるときに、重要な働きをする偶関数と奇関数とはどのような関数なのかを見ていく。
7．微分・積分の計算で活躍する逆関数や合成関数を見ていく。逆関数は元の関数の逆の対応であり、合成関数は2つの関数を結合してできる関数である。

関数は数学の重要な概念の1つである。関数を「数xに対して、数yがただ1つ決まるとき、yをxの関数という」と対応関係で定義したのはペーター・グスタフ・ディリクレ（1805〜1859年）であるといわれる。彼以前の数学者は、yがxの数式で表されるものと考えていた。このように、関数は時代によってその概念が変わってきた。

1　関数

　本書では、n次関数、分数関数、無理関数、三角関数、指数関数、対数関数といろいろな関数が出てくる。ここでは、これらの関数に共通な基本的性質を見ていく。

◎関数とは

　2つの変量x、yがあって、xの値を定めるとそれに応じてyの値がただ1つだけ定まるとき、**yはxの関数**であるという。yの値はxの値で決まるので、xを**独立変数**、yを**従属変数**という。

　関数はxの値に対してyの値がただ1つだけ決まればよいから無数にある。そこで一般に、yがxの関数であるとき、

$$y = f(x)$$

で表す。ここで、関数を表すのに、小文字fを用いたが、f以外に、$g(x)$、$h(x)$、……などと他の小文字を使うこともある。さらに、大文字を用いて、$F(x)$、$G(x)$、$H(x)$、……などで、関数を表すこともある。また、ここでは変数を文字x、yで表したが、他の文字s、t、u、v、w、z等で表すこともある。

　また、関数$y = f(x)$において、$x = a$に対応するyの値を$x = a$のおける**関数$f(x)$の値**といい、$f(a)$で表す。また、関数$y = f(x)$のyを省略して、単に関数$f(x)$と書くこともある。

　たとえば、関数$y = -2x^2 + 10x$で、$f(x) = -2x^2 + 10x$とおくと、

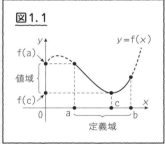

$$f(1) = -2 \cdot 1^2 + 10 \cdot 1 = -2 + 10 = 8$$

$$f(-3) = -2 \cdot (-3)^2 + 10 \cdot (-3) = -2 \cdot 9 - 10 \cdot 3 = -18 - 30$$
$$= -48$$

となる。

　関数はxからyへの対応であるが、$y^2 = x$という対応では$x = 4$のとき、$y^2 = 4$となり、$y = 2$または-2となる。

　すなわち、$y^2 = x$は、1つの実数[注1.1] $x = 4$に対して、2つの実数2、-2が対応することになるので、$y^2 = x$は関数とはいわない。

　また、関数$y = f(x)$で、独立変数xに任意の実数を代入できるとは限らない。たとえば、

$$y = \frac{1}{x}$$

という関数は、xに0を代入することができない。それは、分母が0になることはないからである。したがって、$y = \dfrac{1}{x}$に代入できる実数は0以外の実数である。

　このように、関数$y = f(x)$の独立変数xのとれる実数の範囲を、関数$y = f(x)$の**定義域**という。そして、xがこの範囲のすべての実数をとるとき、それに応じて従属変数yがとる実数の範囲をこの関数の**値域**という（図1.1）。

図1.1

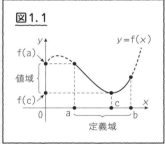

実数
{
　有理数
{
　整数
{
自然数　…1, 2, 3, ……
0
負の整数…-1, -2, -3, ……
}
　分数…$\dfrac{1}{2}$, $\dfrac{1}{3}$, $\dfrac{2}{3}$, ……
}
　無理数…$\sqrt{2}$, $\sqrt{3}$, ……, π（円周率）$\left[\begin{array}{l} \dfrac{m}{n}\ (m, n\text{は整数}\ (n \neq 0)) \\ \text{の形で表さない数} \end{array} \right]$
}

$a > 0$に対して、2乗してaになる正の数を$\sqrt{a}$とかく。記号$\sqrt{}$を**根号**という

一般に、関数 $y=f(x)$ の定義域が $a \leqq x \leqq b$ であるとき、$y=f(x)$ $(a \leqq x \leqq b)$ と書く（図1.1）。

◎区間

上記で、定義域を $a \leqq x \leqq b$ として、x のとれる実数の範囲を示した。このように、x がとれる実数の範囲を**区間**という。

区間には、次の3種類ある。

①区間の両端の実数を含む区間 $a \leqq x \leqq b$ を**閉区間**

②区間の両端の実数を含まない区間 $a < x < b$、$a < x$、$x < a$ を**開区間**

③区間の片方の端の実数だけを含む区間 $a \leqq x < b$、$a < x \leqq b$、$a \leqq x$、$x \leqq a$ を**半開区間**という。

区間を図で表すときは、数直線[注1.2]上に太い実線で表し、端の実数を含むときは•で表し、含まないときは。で表す（図1.2）。

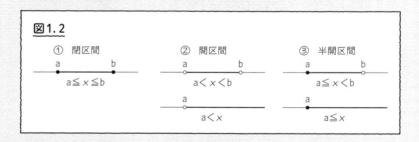

図1.2
① 閉区間 　　　② 開区間 　　　③ 半開区間

$a \leqq x \leqq b$ 　　　$a < x < b$ 　　　$a \leqq x < b$

$a < x$ 　　　$a \leqq x$

◎座標平面

関数の変化の様子を目で見えるようにしたのが関数のグラフである。そのグラフは、座標平面という平面に描く。そこで、まず座標平面から見ていこう。

平面上に1つの点Oを定め、**原点**と呼ぶ。

（注1.2） 直線の点と実数を1対1に対応させた直線を数直線という。数直線上の点Aに対応する実数aを点Aの座標といい、その点をA(a)と書く。

数直線
$-3 \ -2 \ -1 \ \ 0 \ \ 1 \ a \ 2 \ \ 3$
↓
A(a)
点Aの座標

次に、原点Oを通り水平な数直線
と垂直な数直線を引く。水平な数直
線では右方向をプラス、垂直な数直
線では上方向をプラスにとる。水平
な数直線を**x軸**、垂直な数直線を**y
軸**と呼ぶ。x軸とy軸を合わせて**座
標軸**という。座標軸の定められた平
面を**座標平面**という（図1.3）。

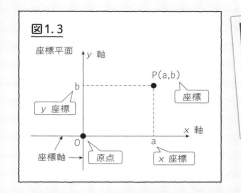

図1.3

座標平面上の任意の点Pを通りx
軸と垂直な直線がx軸とaで交わり、
点Pを通りy軸と垂直な直線がy軸
とbで交わるとき、点Pの位置は2
つの実数の組(a, b)で表すことがで
きる。この(a, b)を点Pの**座標**とい
い、P(a, b)と書く。aをPの**x座標**、
bをPの**y座標**という（図1.3）。

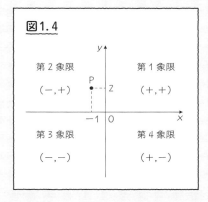

図1.4

座標平面は、座標軸によって4つ
の部分に分けられる。これらを図1.
4のように、それぞれ**第1象限**、**第2象限**、**第3象限**、**第4象限**という。座
標軸上の点は、どの象限にも入らないもとする。たとえば、点P$(-1, 2)$
は第2象限の点である（図1.4）。

次に、座標平面上にある2点P(a, b)、
Q(c, d)において、線分PQの長さを
求めよう。

図1.5のように、Pを通りx軸に平
行な直線とQを通りy軸に平行な直線
の交点をRとすると、Rの座標は
R(c, b)である。

そこで、絶対値^(注1.3)を用いて、

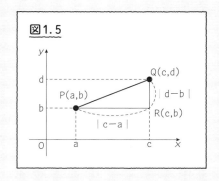

図1.5

$$\mathrm{PR} = |c - a|, $$
$$\mathrm{QR} = |d - b|$$

> a と c、d と b の大小がわからないから、絶対値をつける。

と表せる。三角形PQRは直角三角形だから、ピタゴラスの定理[(注1.4)]より

$$\mathrm{PQ}^2 = (c - a)^2 + (d - b)^2$$

$\mathrm{PQ} > 0$ だから、

> $|a - c|^2 = (a - c)^2$ となるから、ここでは絶対値記号をはずす。

$$\mathrm{PQ} = \sqrt{(c - a)^2 + (d - b)^2}$$

以上をまとめると、

> $\sqrt{}$ は注1.1参照。

2点P (a, b) とQ (c, d) において、線分 PQ の長さは、
$$\mathrm{PQ} = \sqrt{(c - a)^2 + (d - b)^2} \tag{1.1}$$

◎関数のグラフ

$y = f(x)$ のグラフとは、点 $(a, f(a))$ の集合のことをいう。
そこで、

関数 $y = f(x)$ のグラフを描く基本は、いくつかの点 $(a, f(a))$ をとり、それらの点を滑らかな曲線で描く（図1.6）

（注1.3）　原点Oと点Aの距離を a の絶対値といい、$|a|$ と書く。0の絶対値は0とする。たとえば、$|5| = 5$、$|-5| = 5$ であるから、一般に、
　　　　$a \geqq 0$ のとき　　$|a| = a$
　　　　$a < 0$ のとき　　$|a| = -a$
このことより、① $|a|^2 = a^2$、② $|a||b| = |ab|$ が成り立つ。

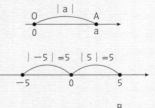

（注1.4）　**ピタゴラスの定理**
　　直角三角形ABCにおいて、BC $= a$、CA $= b$、AB $= c$ とおくと、$a^2 + b^2 = c^2$ が成り立つ。

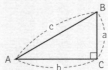

関数 $y = f(x)$ のグラフが1つの曲線Cであるとき、次の3通りの言い方がある（図1.7）。

①関数 $y = f(x)$ のグラフC
②方程式$^{(注1.5)}$ $y = f(x)$ の曲線C
③曲線 $y = f(x)$

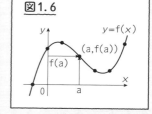

図1.6

第1章

◎対称移動

図形上の各点を、直線や点に関してそれと対称な位置に移すことを**対称移動**という。とくに、x軸やy軸を対称の軸として線対称な位置に移す対称移動と、原点を中心として点対称な位置に移す対称移動が重要である。

図1.7

①$y = f(x)$ のグラフ
‖
②方程式 $y = f(x)$ の曲線
‖
③曲線 $y = f(x)$

（1）点の対称移動

点P (a, b) をx軸に関して対称移動した点Qの座標を求めよう。

点Pと点Qはx軸に関して対称だから、x軸で折り曲げると点Pと点Qは重なる。したがって、点Qのx座標はaで、y座標は$-b$である。すなわちQ $(a, -b)$ となる（図1.8①）。

y軸（図1.8②）、原点（図1.8③）に関しての対称移動も同様だから、次のことがいえる。

（注1.5）　方程式は、未知数を含み、その未知数に特定の数値を与えたときだけに成立する等式。この特定の値を方程式の解という。これを求めることを方程式を解くという。たとえば、方程式$y = x^2$の解は、$(x, y) = (-2, 4)$、$(-1, 1)$、$(0, 0)$、$(1, 1)$、$(2, 4)$…と無数にあるが、$(x, y) = (0, 1)$などは解ではない。

点 (a, b) を対称移動すると、それぞれ次の点に移される。

①x軸に関する対称移動：
$$(a, b) \rightarrow (a, -b)$$

②y軸に関する対称移動：
$$(a, b) \rightarrow (-a, b)$$

③原点に関する対称移動：
$$(a, b) \rightarrow (-a, -b)$$

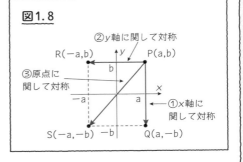

図1.8

(2) 関数の対称移動

関数 $y = f(x)$ のグラフを曲線Fとする。Fをx軸に関して対称移動して得られる曲線Gをグラフにもつ関数を求めよう。

G上の任意の点をQ(u, v)とする。点Qは、F上の点Pをx軸に関して対称移動して得られた点だから、点Pの座標は$(u, -v)$である。

点P$(u, -v)$は、曲線F上にあるから $-v = f(u)$、すなわち $v = -f(u)$ が成り立つ。点Qが曲線G上の任意の点だから、uに任意の実数を入れることができる。したがって、uは独立変数である。

さらに、uが決まればvも決まるから、vは従属変数である。そこで、文字u、vの代わりに、変数でよく用いられる文字x、yを用いて、

$$y = -f(x)$$

と表すことができる（図1.9①）。

ゆえに、$y = -f(x)$ は、曲線Gを表す方程式である。

すなわち、関数 $y = f(x)$ のグラフをx軸に関して対称移動すると、関数 $y = -f(x)$ のグラフである。

また、このことを、関数 $y = f(x)$ をx軸に

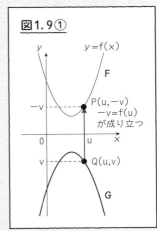

図1.9①

関して対称移動すると、
関数 $y = -f(x)$ であるともいう。

y 軸に関しての対称移動（図1.9②）、
原点に関しての対称移動（図1.9③）
も同様に考えられるから、次のことが
いえる。

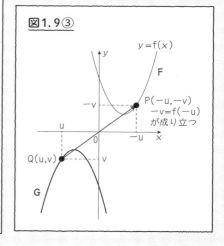

図1.9②

図1.9③

関数 $y = f(x)$ が

① x 軸に関して対称移動すると、

  $-y = f(x)$（または $y = -f(x)$）

  ［y を $-y$ に置き換える］

② y 軸に関して対称移動すると、

  $y = f(-x)$

  ［x を $-x$ に置き換える］

③原点に関して対称移動すると、

  $-y = f(-x)$

  　（または $y = -f(-x)$）

  ［x を $-x$、y を $-y$ に置き換える］

たとえば、
関数 $y = -x^2 + 2x + 3$ を、
① x 軸、② y 軸、③原点
に関して、それぞれ対称
移動して得られる関数を
求めよう。

① x 軸に関して対称移動

　y を $-y$ に置き換えて

　　$-y = -x^2 + 2x + 3$

　両辺に -1 をかけて

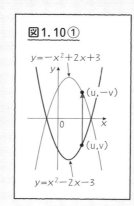

図1.10①

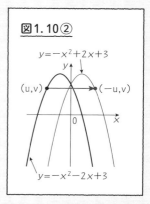

図1.10②

$$y = x^2 - 2x - 3$$

② y軸に関して対称移動

  xを $-x$ に置き換えて

  $$y = -(-x)^2 + 2(-x) + 3$$

  よって $y = -x^2 - 2x + 3$

③原点に関して対称移動

  xを $-x$、yを $-y$ に置き換えて

  $$-y = -(-x)^2 + 2(-x) + 3$$

  よって $y = x^2 + 2x - 3$

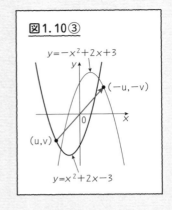

図1.10③

◎平行移動

図形上の各点が同一方向に同一距離だけ移ることを**平行移動**という。

(1) 点の平行移動

たとえば、図1.11のように、点P(2, 1) が点Q(5, 5)に平行移動するには、点Pがx軸方向へ$5-2=3$、y軸方向へ$5-1=4$だけ平行移動すればよい。

このことは、すべての平行移動は、x軸方向への移動とy軸方向への移動によって表すことができることを示している。

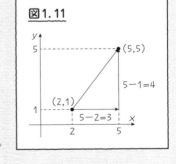

図1.11

たとえば、点P(1, 2) をx軸方向へ3、y軸方向へ-2だけ平行移動した点Rの座標は、$(1+3, 2+(-2)) = (4, 0)$ となる（図1.12）。一般に、

点P(a, b) を、x軸方向へp、y軸方向へqだけ平行移動してできる点Qの座標は、

$(a+p, b+q)$である（図1.13）

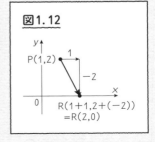

図1.12

(2) 関数の平行移動

関数 $y=f(x)$ のグラフを曲線 F とする。

曲線 F を x 軸方向へ p、y 軸方向へ q だけ平行移動させてできる曲線 G をグラフにもつ関数を求めよう（図1.14）。

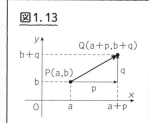
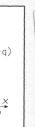

図1.13

曲線 G 上の任意の点を $Q(u, v)$ とする。この点 Q は、F 上の点 P を、x 軸方向に p、y 軸方向に q だけ平行移動して得られる点だから、Q を、逆に x 軸方向に $-p$、y 軸方向に $-q$ だけ平行移動すれば、点 P の座標になる。すなわち、点 $P(u-p, v-q)$ である。この点 P は、曲線 $y=f(x)$ 上にあるから、$v-q=f(u-p)$ が成り立つ（図1.15）。

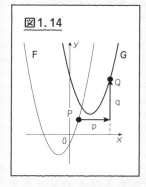

図1.14

点 $Q(u, v)$ が曲線 G 上の任意の点だから、u に任意の実数を入れることができる。したがって、u は独立変数である。さらに、u が決まれば v も決まるから v は従属変数である。そこで、文字 u、v の代わりに、変数でよく用いられる文字 x、y を用いて、$y-q=f(x-p)$、これを整理して、曲線 G をグラフにもつ関数は、$y=f(x-p)+q$ である（図1.15）。

以上のことをまとめると、

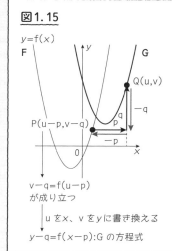

図1.15

> 関数 $y=f(x)$ のグラフを x 軸方向へ p、
> y 軸方向へ q だけ平行移動すると、
> 関数 $y=f(x-p)+q$ のグラフになる

たとえば、関数 $y=-x^2+2x+3$ を、

x軸方向へ-2、y軸方向へ1だけ平行移動した関数を求めよう。

$y=-x^2+2x+3$のxを$x-(-2)=x+2$、yを$y-1$に置き換えて、

$$y-1=-(x+2)^2+2(x+2)+3$$

よって$y=-x^2-2x+4$、すなわち、関数$y=-x^2+2x+3$をx軸方向へ-2、y軸方向へ1だけ平行移動した関数は$y=-x^2-2x+4$である（図1.17）。

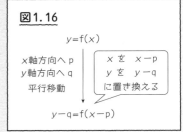

図1.16

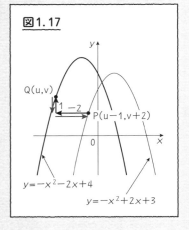

図1.17

2　n次関数

nを0以上の整数、a_k（$k=0,1,2,\cdots,n$）を実数（ただし、$a_n\neq0$）、xを独立変数とするとき、

$$y=a_nx^n+a_{n-1}x^{n-1}+\cdots\cdots$$
$$+a_1x+a_0$$

で表される関数を**n次関数**[注1.6]という。

ここでは、このn次関数について見ていこう。

◎定数関数

yが常に実数cをとるとき、

$$y=c$$

を**定数関数**という。これも、立派な関数である。

とくに、$c\neq0$のとき、$y=c$を**0次関数**という。

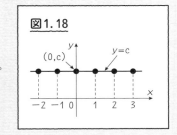

図1.18

cが0であるとき、$y = 0$は0次関数とはいわない。

定数関数$y = c$は、すべてのxの値に対して、yの値は常にcであるから、グラフは、点$(0, c)$を通り、x軸に平行な直線である（図1.18）。このことから、

> 定数関数$y = c$のグラフは、点$(0, c)$を通りx軸に平行な直線である

◎ 1 次関数

aを0でない実数、bを実数、xを変数として、

$$y = ax + b$$

を **1 次関数** という。

（注1.6）　a、$-2x^2y$、3のように数といくつかの文字の積だけからなる式を**単項式**という。単項式で、掛け合わされた文字の個数を単項式の**次数**といい、単項式で、数字の部分を単項式の**係数**という。ただし、2、-1などの文字を含まない0以外の数値だけの単項式の次数は0次とする。0の次数は考えない。次数がnの単項式をn次の単項式（n次単項式）という。

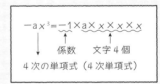

2種類以上の文字を含む単項式の場合、特定の文字に着目することがある。単項式で、着目した文字の個数を、単項式の**次数**、着目した文字以外の部分を単項式の**係数**という。

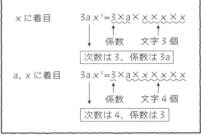

いくつかの単項式の和として表される式を**多項式**といい、多項式における1つひとつの単項式を**項**という。項の次数がkのときk次の項、文字を含まない項を**定数項**という。

単項式と多項式を合わせたものを**整式**という。

整式において、各項の次数の中で最大の数を整式の**次数**という。次数がnの整式をn次式という。

$$a_n x^n + a_{n-1} x^{n-1} + \cdots\cdots + a_1 x + a_0$$

は、独立変数xに着目したn次式である。$a_n x^n$、$a_{n-1} x^{n-1}$、$\cdots\cdots$、$a_1 x$、a_0はそれぞれ項で、$a_n x^k$をk次の項（$k = n, n-1, \cdots\cdots, 1$）、$a_0$は定数項である。

(1) $y = ax + b$のグラフ

まず、1次関数$y = 2x + 3$のグラフを考えよう。

$x = p$のときの$2p + 3$の値を求めて、点$(p, 2p + 3)$を座標平面上にとり、滑らかな曲線で結んでいくと、図1.19の太い直線になる。

ここで、注意することは、

①xの値が1増えるとyの値は2増えている。

この2は1次の項$2x$の係数に等しい。

この1次の項$2x$の係数2のことを直線の**傾き**という。

②$x = 0$を$y = 2x + 3$に代入すると、

$$y = 2 \cdot 0 + 3 = 3$$

項と係数は注1.6を参照

となり、直線は点$(0, 3)$を通る。この点はy軸上の点だから、この3を**y切片**という。

この傾きとy切片を使えば、点を取らなくてもグラフが描ける。

たとえば、1次関数$y = -x + 2$のグラフは、

①y切片が2だから、点$(0, 2)$をとる。

②傾き-1だから、y切片からx軸方向に1進んで、y軸方向に-1上げ（1下げ）た点$(1, 1)$をとる。

③2点$(0, 2)$、$(1, 1)$を直線で結ぶ。

$y = -x + 2$のグラフは、図1.20の太い実線になる。

これらのことから一般に、

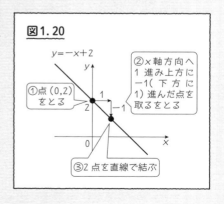

> 1次関数$y = ax + b$（$a \neq 0$）のグラフは、傾きa、y切片bの直線である。

$y = ax + b$で$a = 0$のときは、

$$y = a \cdot 0 + b = b \quad より \quad y = b$$

となり、定数関数になる。このグラフは、y切片がbのx軸に平行な直線である。この定数関数$y = b$を傾き0の直線と考えれば、次のことがいえる。

> 関数$y = ax + b$のグラフは、傾きa、y切片bの直線である。

> この関数は、$a \neq 0$のときは1次関数で、$a = 0$のときは定数関数である

（2）点P(p, q)を通る直線ℓの方程式

①点P(p, q)を通りy軸に平行でない直線ℓの場合

点P(p, q)を通り、傾きkの直線ℓの方程式を求めよう。

まず、原点を通り、傾きkの直線mの方程式は

$$y = kx \tag{1.2}$$

である。

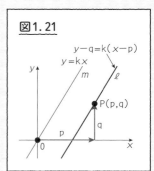

図1.21

直線mをx軸方向へp、y軸方向へqだけ平行移動させると、点P(p, q)を通り、傾きkの直線ℓになる（図1.21）。

したがって、(1.2)でxを$x - p$、yを$x - q$に置き換えて、

37ページ
関数の平行移動
を参照

$$y - q = k(x - p)$$

となり、直線ℓの方程式は

$$y = k(x - p) + q \tag{1.3}$$

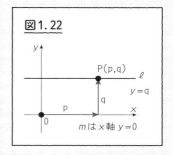

図1.22

である。

(1.3) で、$k=0$ とすると、その方程式は

$$y = 0 \cdot (x-p) + q \quad より \quad y = q$$

となり、定数関数 $y=q$ で、x 軸に平行な直線になる（図1.22）。

② 点 P (p, q) を通り y 軸に平行な直線 ℓ の場合

点 P (p, q) を通る直線 ℓ が y 軸に平行ならば、その方程式は、図1.23より、$x=p$ である。

したがって、①、②より次のことがいえる。

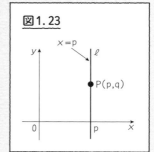

図1.23

点 P (p, q) を通る直線 ℓ の方程式は、

① 直線 ℓ が y 軸に平行でないとき、k を傾きとして

$$y = k(x-p) + q \tag{1.3}$$

② 直線 ℓ が y 軸に平行であるとき

$$x = p$$

たとえば、点 $(-2, 3)$ を通り、傾き -1 の直線の方程式は、(1.3) に代入して、

$$y = -1 \cdot \{x - (-2)\} + 3$$

よって、$y = -x + 1$ である（図1.24）。

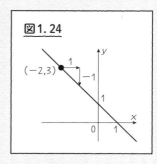

図1.24

◎ 2次関数

a を0でない実数、b と c を実数、変数 x として、

$$y = ax^2 + bx + c \tag{1.4}$$

を **2次関数** という。2次関数のグラフを **放物線** という。

この放物線という名前は、ボールなどを投げたときのボールの描く曲線

が2次関数のグラフになるからである（ただし、空気抵抗などを無視する）。

(1) $y = ax^2$ のグラフ

2次関数 $y = ax^2$ のグラフを考えよう。

①まず、$y = x^2$ のグラフを描こう。

$x = p$ のときの y の値 $y = p^2$ を求め、点 (p, p^2) を座標平面上にとり、それらの点を滑らかな曲線で結ぶと、図1.25の太い黒色の実線の曲線が描かれる。これが、$y = x^2$ のグラフである。

②次に、$y = -x^2$ のグラフを描こう。

2次関数 $y = -x^2$ は、$-y = x^2$ と変形できるから、$y = x^2$ の y を $-y$ で置き換えた式である。

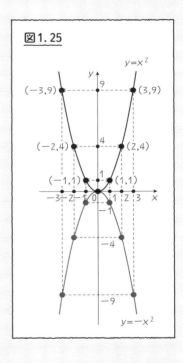

図1.25

したがって、$y = -x^2$ のグラフは、$y = x^2$ のグラフを x 軸に関して対称移動したグラフである。すなわち、図1.25の太い茶色の実線の曲線になる。

一般に、$y = ax^2$ のグラフは、図1.26の太い実線のようになる。

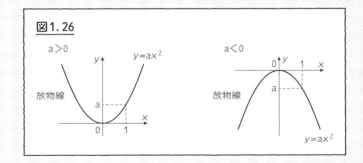

図1.26

$a > 0$ $y = ax^2$

放物線

$a < 0$

放物線 $y = ax^2$

(2) $y = ax^2$のグラフの特徴

図1.26の$y = ax^2$のグラフを見て、その特徴を調べよう。

①y軸に関して左右対称である。

この対称軸を放物線の**軸**といい、軸と放物線の交点を**頂点**という。

②$a > 0$のとき、

グラフは、$y \geqq 0$の範囲にあり、xが増加するとき、$x = 0$を境にして、yは減少から増加に変わる。したがって、グラフは下に突き出た形になるので、**下に凸である**という（図1.27①）。

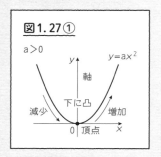

$a < 0$のとき、

グラフは、$y \leqq 0$の範囲にあり、xが増加するとき、$x = 0$を境にしてyは、増加から減少に変わる。

したがって、グラフは上に突き出た形になるので、**上に凸である**という（図1.27②）。

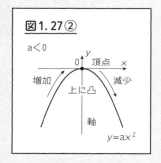

③$y = ax^2$のグラフと$y = -ax^2$のグラフは、x軸に関して対称である。

(2) $y = a(x - p)^2 + q$のグラフ

2次関数$y = ax^2$をx軸方向へp、y軸方向へqだけ平行移動すると、xを$x - p$、yを$y - q$に置き換えて

37ページ
関数の平行移動を参照

$$y - q = a(x - p)^2$$

となるから

$$y = a(x - p)^2 + q \tag{1.5}$$

となる（図1.28）。

このことから、次のことがいえる。

$y=a(x-p)^2+q$ のグラフは、

$y=ax^2$ のグラフを

  x 軸の方向に p

  y 軸の方向に q

だけ平行移動した放物線である。

 軸は直線 $x=p$ で、頂点は点 (p, q) である（図1.28）。

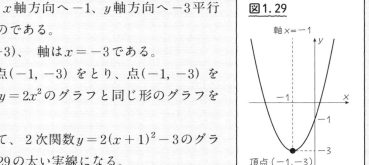

図1.28

たとえば、$y=2(x+1)^2-3$ のグラフを描こう。

$y=2(x+1)^2-3$ のグラフは、

$y=2x^2$ を x 軸方向へ -1、y 軸方向へ -3 平行移動したものである。

頂点 $(-1, -3)$、 軸は $x=-3$ である。

 そこで、点 $(-1, -3)$ をとり、点 $(-1, -3)$ を頂点とする $y=2x^2$ のグラフと同じ形のグラフを描く。

 したがって、2次関数 $y=2(x+1)^2-3$ のグラフは、図1.29の太い実線になる。

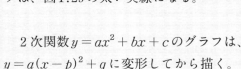

図1.29

 2次関数 $y=ax^2+bx+c$ のグラフは、

$y=a(x-p)^2+q$ に変形してから描く。

◎ 3次以上の関数

 3次以上の関数のグラフを描くためには、微分（第3章参照）が必要で複雑になる。そこで、本書では3次以上の関数については、グラフの概要だけを簡単に見ていくことにする。

(1) 3次関数

a を0でない実数、b、c、d を実数とするとき、

$$y = ax^3 + bx^2 + cx + d \qquad (1.6)$$

が3次関数である。

たとえば、3次関数 $y = x^3 - 4x$ のグラフは図1.30の太い実線になる。このグラフを見ると、$x = a$ で増加から減少に変わる。このようなとき、関数 $f(x)$ は $x = a$ で**極大**といい、$f(a)$ を**極大値**という。

$x = b$ で減少から増加に変わる。このようなとき、関数 $f(x)$ は $x = b$ で**極小**といい、$f(b)$ を**極小値**という。極大値、極小値をまとめて**極値**という。

さらに、$x < 0$ の範囲で上に凸、$x > 0$ の範囲で下に凸であり、原点がその境の点になっている。このように、上に凸から下に凸（または、下に凸から上に凸）に変わる境の点を**変曲点**という。

この例のように、3次関数では2次関数と違って、極大と極小が1個ずつできる場合がある（このようにならない場合もある）。

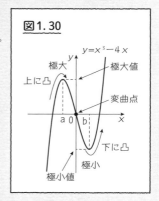

図1.30

(2) 4次関数

a を0でない実数、b、c、d、e を実数とするとき、

$$y = ax^4 + bx^2 + cx^2 + dx + e \qquad (1.7)$$

が4次関数である。

たとえば、4次関数 $y = x^4 - \dfrac{1}{2}x^3 - x^2 + 1$ のグラフは図1.31の太い実線になる。

このグラフから、極大が1個、極小が2個であることがわかる。この例のように、4次関数では、極大1個、極小が2個できる場合がある（このようにならない場合もある）。

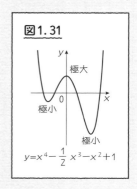

図1.31

$y = x^4 - \dfrac{1}{2}x^3 - x^2 + 1$

(3) n次関数

3次関数、4次関数のように、次数が大きくなるにしたがって極大、極小の個数が増え、複雑な曲線を描く。

たとえば、次の7次関数

$$y = \frac{1}{30}x^7 - \frac{7}{15}x^5 + \frac{49}{30}x^3 - \frac{6}{5}x$$

のグラフは、図1.32のように原点付近で、波のような形をしている。

このように、nの次数が大きくなると、極大、極小の個数が増えて波形になる部分が増えてくる。

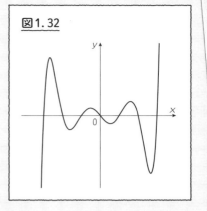

図1.32

3 分数関数

$f(x)$ を整式、$g(x)$ を x を含む整式とするとき、$\dfrac{f(x)}{g(x)}$ の形をした式を分数式という。

(注1.6) 参照

この分数式を用いて、

$$y = \frac{f(x)}{g(x)} \tag{1.8}$$

とおくと、x の値に対して y の値がただ1つ決まるから、(1.8) は関数である。これを分数関数という。

たとえば、$y = \dfrac{x+1}{x+1}$、$y = \dfrac{x+1}{x^2+2} + 1$ などは、分数関数である。

しかし、一般の分数関数を扱うと複雑なので、ここでは a、b、d を実数、c を0でない実数としたとき、

$$y = \frac{ax+b}{cx+d} \tag{1.9}$$

という形をした分数関数について考える。

◎$y = \dfrac{k}{x}$ のグラフ

もっとも基本になる分数関数は、$y = \dfrac{1}{x}$ である。

$$y = \dfrac{1}{x}$$

(1) まず、$y = \dfrac{1}{x}$ のグラフを描いてみよう。

x に数値 p を代入して、y の値 $\dfrac{1}{p}$ を求め、点 $\left(p, \ \dfrac{1}{p}\right)$ を座標平面上にとる。

それらの点、滑らかな線で結ぶと図1.33①の太い曲線が描かれる。これ

が分数関数 $y = \dfrac{1}{x}$ のグラフである。

(2) 次に、分数関数 $y = -\dfrac{1}{x}$ のグラフを描こう。

分数関数 $y = -\dfrac{1}{x}$ は、$y = \dfrac{1}{-x}$ と変形できるから、$y = \dfrac{1}{x}$ の x を $-x$

で置き換えた式である。

したがって、$y = -\dfrac{1}{x}$ のグラフは、$y = \dfrac{1}{x}$ のグラフを y 軸に関して対称

図1.33①

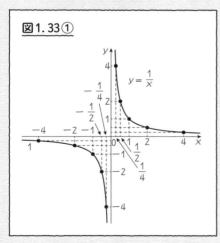

図1.33②

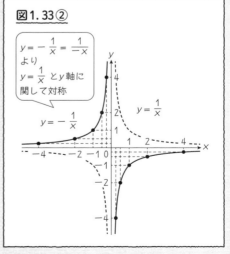

に移動したグラフになる。

よって、図1.33②の太い実線が $y = -\dfrac{1}{x}$ のグラフである。

一般に、$y = \dfrac{k}{x}$ のグラフは、図1.34の太い実線のようになる。この曲線を**直角双曲線**という。

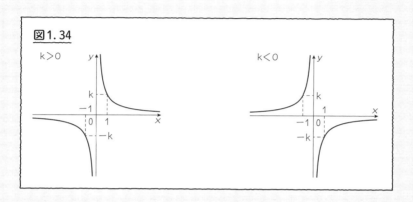

図1.34

◎$y = \dfrac{k}{x}$ のグラフの特徴

$y = \dfrac{k}{x}$ のグラフ（図1.34）を見ると、次のことに気が付く。

x が原点から正の方向へ、あるいは負の方向へ遠ざかると、グラフは限りなく x 軸に近づくが、x 軸と交わることはない。

x が原点に正の方向からも、負の方向からも限りなく近づくと、グラフは y 軸に限りなく近づくが、y 軸に交わることはない（図1.35）。

このように、グラフがある直線 ℓ に交わらずに、限りなく近づくとき、この直線 ℓ を**漸近線**という。すなわち、x 軸、y 軸は分数関数 $y = \dfrac{k}{x}$ の漸近線である。

分数関数の特徴をまとめると、次のようになる。

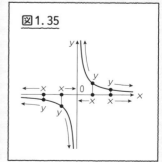

図1.35

分数関数 $y = \dfrac{k}{x}$ について、

①グラフは、$k > 0$ ならば、第1象限と第3象限

$\qquad\qquad k < 0$ ならば、第2象限と第4象限

にある。

②グラフは原点に関して対象である。

③漸近線はx軸とy軸である。

④定義域は、$x \neq 0$、 値域は、$y \neq 0$

> $y \neq 0$は「yは0を除く実数」を意味する

> $x \neq 0$は「xは0を除く実数」を意味する

◎ $y = \dfrac{k}{x-p} + p$ のグラフ

分数関数 $y = \dfrac{k}{x}$ がx軸方向へp、y軸方向へqだけ平行移動すると、xを $x - p$、yを$y - q$に置き換えて、

$$y - q = \frac{k}{x-p} \quad \text{すなわち} \quad y = \frac{k}{x-p} + q$$

になる。したがって、次のことがいえる。

分数関数 $y = \dfrac{k}{x-p} + q$ のグラフは、

$y = \dfrac{k}{x}$ のグラフをx軸方向にp、y軸方向へ

qだけ平行移動させた直角双曲線である。

漸近線は$x = p$、$y = q$

定義域は$x \neq p$、値域$y \neq q$

である

> $x \neq p$は「xはpを除く実数」を意味する。

図1.36

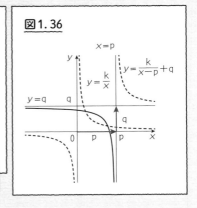

たとえば、$y = \dfrac{1}{x-2} + 1$ のグラフを描いてみよう。

① この関数のグラフは $y = \dfrac{1}{x}$ のグラフを

x 軸方向へ 2、y 軸方向へ 1

だけ平行移動したものである。

よって、漸近線は $x = 2$ と $y = 1$ である。

② 漸近線 $x = 2$ と $y = 1$ を描いて、漸近線

を新しい x 軸、y 軸と考えて、$y = \dfrac{1}{x}$ の

グラフを描く。

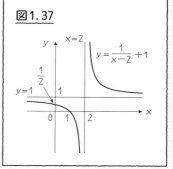

図1.37

③ 次に、グラフと x 軸、y 軸との交点を求める。

x 切片は、$y = 0$　より　$0 = \dfrac{1}{x-2} + 1$

よって、$x = 1$

y 切片は、$x = 0$ より　$y = \dfrac{1}{0-2} + 1$

よって、$y = \dfrac{1}{2}$

> グラフを描くときは、できるだけ、x 軸、y 軸との交点を求める

④ 定義域は $x \neq 2$、値域は $y \neq 1$ である。

以上のことより、グラフは図1.37の太い実線になる。

分数関数 $y = \dfrac{ax+b}{cx+d}$ のグラフは、この式を $y = \dfrac{k}{x-p} + q$

の形に変形してから描く。

4　無理関数

> 根号 $\sqrt{}$ は29ページの注1.1を参照

根号 $\sqrt{}$ の中に文字（未知数）を含む式 $\sqrt{f(x)}$ を**無理式**という。

無理式を用いて

$$y = \sqrt{f(x)}$$

と表される関数を**無理関数**という。

51

たとえば、$y=\sqrt{x}$、$y=\sqrt{-x+2}+3$、$y=\sqrt{x^2+1}$ などは無理関数である。

しかし、一般の無理関数を扱うと複雑なので、ここでは a を 0 でない実数、b、c を実数としたとき

$$y=\sqrt{ax+b}+c \tag{1.10}$$

という形をした無理関数について考える。

◎ $y=\sqrt{ax}$，$y=-\sqrt{ax}$ のグラフ

もっとも基本になる無理関数は、$y=\sqrt{x}$ である。この関数を x 軸や y 軸に関して対称移動させると関数 $y=\sqrt{-x}$、$y=-\sqrt{x}$、$y=-\sqrt{-x}$ が求められる。

(1) まず、無理関数 $y=\sqrt{x}$ のグラフを描いてみよう。

x に数値 p を代入して、y の値 $\sqrt{p}$ を求め、点 $(p,\sqrt{p})$ を座標平面上にとる。それらの点を滑らかな線で結んだ図1.38の黒い太線が $y=\sqrt{x}$ のグラフである。

ただし、$\sqrt{}$ の中には負の数は入らないから、$x\geqq0$ である。

(2) 次に、無理関数 $y=\sqrt{-x}$ のグラフについて考えよう。

$y=\sqrt{-x}$ は、$y=\sqrt{x}$ の x に $-x$ を置き換えた式であるから、$y=\sqrt{-x}$ のグラフは、$y=\sqrt{x}$ のグラフと y 軸に関して対称である。したがって、無理関数 $y=\sqrt{-x}$ のグラフは図1.38の太い茶色の実線である。

(3) 無理関数 $y=-\sqrt{x}$ のグラフについては、

$$y=-\sqrt{x} \quad \text{より} \quad -y=\sqrt{x}$$

と変形でき、$-y=\sqrt{x}$ は $y=\sqrt{x}$ の y に $-y$ を置き換えた式であるから、$y=-\sqrt{x}$ のグラフは、$y=\sqrt{x}$ のグラフと x 軸に関して対称である。したがって、無理関数 $y=-\sqrt{x}$ のグラフは図1.38の太い黒色の点線である。

(4) 無理関数 $y=-\sqrt{-x}$ のグラフについては、

$$y=-\sqrt{-x} \quad \text{より} \quad -y=\sqrt{-x}$$

と変形でき、

$-y = -\sqrt{-x}$ は

$y = \sqrt{x}$ の x に $-x$ を、

y に $-y$ を置き換えた

式であるから、

$-y = \sqrt{-x}$ のグラ

フは、$y = \sqrt{x}$ のグラ

フと原点に関して対称

である。

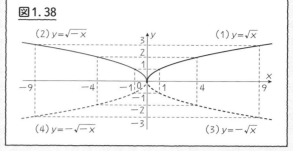

図1.38

したがって、無理関数 $y = -\sqrt{-x}$ のグラフは図1.38の太い茶色の点線である。

以上のことから、次のことがいえる。

次の無理関数において

$$y = \sqrt{ax} \cdots\cdots ①$$

$$y = -\sqrt{ax} \cdots\cdots ②$$

(1) ①、②の定義域は、

　　$a > 0$ のとき $x \geqq 0$

　　$a < 0$ のとき $x \leqq 0$

(2) ①の値域は、$y \geqq 0$

　　②の値域は、$y \leqq 0$

(3) ①と②は、x 軸に関して対称

(4) $a > 0$ のとき　①は単調に増加、②は単調に減少

　　$a < 0$ のとき　①は単調に減少、②は単調に増加

図1.39

$a < 0$　　$y = \sqrt{ax}$　　$a > 0$　$y = \sqrt{ax}$

$a < 0$　$y = -\sqrt{ax}$　　$a > 0$　$y = -\sqrt{ax}$

x が増加すると y も増加すること

x が増加すると y は減少すること

◎ $y = \sqrt{a(x-p)} + q$ のグラフ

無理関数 $y = \sqrt{ax}$ が、x 軸方向へ p、y 軸方向へ q だけ平行移動すると、x を $x-p$、y を $y-q$ に置き換えて、

$$y - q = \sqrt{a(x-p)} \quad \text{すなわち} \quad y = \sqrt{a(x-p)} + q$$

このことから、

> $y = \sqrt{a(x-p)} + q$ のグラフは、
>
> $y = \sqrt{ax}$ のグラフを
>
> x 軸方向へ p、y 軸方向へ q
>
> だけ、平行移動したグラフである。
>
> 定義域は $a > 0$ のとき $x \geq p$
>
> $\qquad\qquad a < 0$ のとき $x \leq p$
>
> 値域は $\qquad y \leq q$

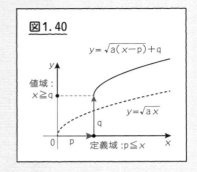

図 1.40

たとえば、$y = \sqrt{2(x-1)} - 2$ の
グラフを描いてみよう。

① $y = \sqrt{2(x-1)} - 2$ のグラフの
グラフは、$y = \sqrt{2x}$ のグラフを
x 軸方向へ 1、y 軸方向へ -2 だ
け平行移動してるから、点
$(1, -2)$ から $y = \sqrt{2x}$ と同じ形
のグラフを描く。

② 定義域は、$2(x-1) \geq 0$ より

$x \geq 1$、値域は、$y \geq -2$

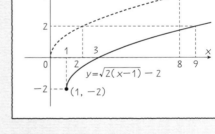

図 1.41

よって、グラフは図 1.41 の太い実線になる。

$$y = \sqrt{ax+b} + c のグラフは、y = \sqrt{a(x-p)} + q の形に変形して描く。$$

5　絶対値を含む関数

絶対値を含む関数がしばしば出てくる。ここでは、その中でも代表的な
関数を考えよう。

絶対値がある場合は、絶対値を外さないとグラフが描けない。そこで絶対値を外すためには、次の式が基本となる。

$$|a| = \begin{cases} a & (a \geqq 0) \\ -a & (a < 0) \end{cases}$$

32ページ（注1.3）参照

(1) まず、関数 $y = |x - 1|$ のグラフを描こう。

$x - 1 \geqq 0$ すなわち $x \geqq 1$ のとき、

$$|x - 1| = x - 1$$

$x - 1 < 0$ すなわち $x < 1$ のとき、

$$|x - 1| = -(x - 1)$$
$$= -x + 1$$

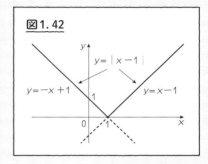

図1.42

だから、

$$y = |x - 1| = \begin{cases} x - 1 & (x \geqq 1) \\ -x + 1 & (x < 1) \end{cases}$$

したがって、グラフは図1.42の太い折れ線になる。

(2) 次は、関数 $y = |x^2 - 1|$ のグラフを描こう。

$x^2 - 1 \geqq 0$ すなわち $x^2 \geqq 1$ より、

$x \leqq -1$、$1 \leqq x$ のとき、

$$|x^2 - 1| = x^2 - 1$$

2乗して、1より大きくなる数は、1以上か、−1以下である

$x^2 - 1 < 0$ すなわち $x^2 < 1$ より

$-1 < x < 1$ のとき

$$|x^2 - 1| = -(x^2 - 1)$$
$$= -x^2 + 1$$

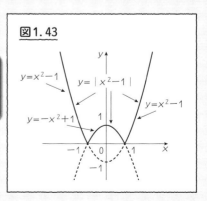

図1.43

だから

$$y=|x^2-1|=\begin{cases} x^2-1 & (x\leqq-1,\ 1\leqq x) \\ -x^2+1 & (-1<x<1) \end{cases}$$

したがって、グラフは図1.43の太い折れ曲がった曲線になる。

(3) 最後に、関数 $y=\dfrac{1}{|x-1|}$ のグラフを描こう。

$x-1\geqq0$ すなわち $x\geqq1$ のとき、

$$|x-1|=x-1$$

$x-1<0$ すなわち
$x<1$ のとき、

$$|x-1|=-(x-1)$$

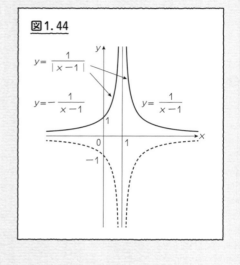

図1.44

$y=\dfrac{1}{|x-1|}$

$y=-\dfrac{1}{x-1}$ $y=\dfrac{1}{x-1}$

だから、

$$y=\frac{1}{|x-1|}$$

$$=\begin{cases} \dfrac{1}{x-1} & (x\geqq1) \\ -\dfrac{1}{x-1} & (x<1) \end{cases}$$

したがって、グラフは図1.44の太い実線になる。

6　偶関数と奇関数

偶関数と奇関数はフーリエ級数を求めるときに、重要な役割を担う。ここでは、この偶関数と奇関数について見ていこう。

◎ $y = x^n$ で n が偶数の場合と奇数の場合

n を自然数とするとき、関数 $y = x^n$ を考え、$f(x) = x^n$ おく。

(1) n が偶数のとき、$n = 2k$ （k は自然数）とおくと、

$$f(-x) = (-x)^n = (-x)^{2k} = \{(-x)^2\}^k \text{（注1.7）}$$
$$= \{x^2\}^k = x^{2k} = x^n = f(x)$$

だから $f(-x) = f(x)$ （1.11）

が成り立つ。

(1.11) が成り立つと、関数 $y = f(x)$ のグラフは、y 軸に関して対称である（図1.45）。すなわち、

$f(x) = x^n = x^{2k}$ のグラフは、y 軸に関して対称である。このような関数を**偶関数**という。

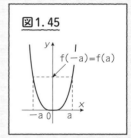

図1.45

(2) n が奇数のとき、$n = 2k + 1$ （k は自然数）とおくと、

$$f(-x) = (-x)^n = (-x)^{2k+1}$$
$$= (-x)^{2k} \cdot (-x)^1$$
$$= x^{2k} \cdot (-x) = -x^{2k} \cdot x$$
$$= -x^{2k+1} = -x^n = -f(x)$$

だから $f(-x) = -f(x)$ （1.12）

が成り立つ。

(1.12) が成り立つと、関数 $y = f(x)$ のグラフは、原点に関して対称である（図1.46）。すなわち、

$f(x) = x^n = x^{2k+1}$ のグラフは、原点に関し

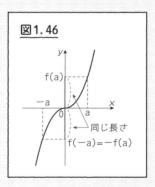

図1.46

（注1.7） m、n が自然数のとき、次の3式を指数法則という。
①$a^m \times a^n = a^{m+n}$、②$(a^m)^n = a^{m \times n}$、③$(ab)^n = a^n b$
ここでは、指数法則②を用いている。

て対称である。このような関数を**奇関数**という。

このようなことから、一般に、

関数 $f(x)$ について、

  (1) $f(-x) = f(x)$ が成り立つとき、$f(x)$ を**偶関数**

  (2) $f(-x) = -f(x)$ が成り立つとき、$f(x)$ を**奇関数**

といい、

  偶関数のグラフは、y 軸に関して対称

  奇関数のグラフは、原点に関して対称

◎偶関数と奇関数のかけ算

偶関数と奇関数の掛け算では、プラス（＋）とマイナス（－）のかけ算と同じように、次の関係式が成り立つ。

---

①（偶関数）×（偶関数）＝（偶関数）

②（偶関数）×（奇関数）＝（奇関数）

③（奇関数）×（奇関数）＝（偶関数）

$(+) \times (+) = (+)$
$(+) \times (-) = (-)$
$(-) \times (-) = (+)$

なぜならば、

① $f(x)$、$g(x)$ が共に偶関数ならば、

$$f(-x) \times g(-x) = f(x) \times g(x)$$

$f(x)$、$g(x)$ が偶関数だから
$f(-x) = f(x)$
$g(-x) = g(x)$

が成り立つから、

  $f(x) \times g(x)$ は偶関数である。

②、③についても同様である^(注1.8)。

(注1.8) ②$f(x)$ が偶関数、$g(x)$ が奇関数のとき
      $f(-x) \times g(-x) = f(x) \times \{-g(x)\} = -\{f(x) \times g(x)\}$
    ③$f(x)$、$g(x)$ がともに奇関数のとき
      $f(-x) \times g(-x) = \{-f(x)\} \times \{-g(x)\} = f(x) \times g(x)$

7　逆関数と合成関数

　これまで、関数 $y = f(x)$ では、x の値から y の値を求めたが、今度は逆に、y の値から x の値を求めることを考える。さらに、2つの関数 $f(x)$ と $g(x)$ を組み合わせた関数 $f(g(x))$ を考える。

◎逆関数

　関数 $y = f(x)$ は、x の値から y の値を対応させる（図1.47）が、この逆で y の値から x の値を対応させる関数（図1.48）を求めることを考えよう。たとえば、

$$1次関数 \qquad y = 2x \qquad (1.13)$$

の逆の対応を考える。つまり、y の値に対して、x の値を対応させる。

　そこで、(1.13) を x について解いて、

$$x = \frac{1}{2}y \qquad (1.14)$$

が (1.13) の逆の対応を与える関数である。

　ところが、数学では独立変数を x で書き、従属変数を y で書くのが習慣だから、(1.14) の x と y を入れ換えて、

$$y = \frac{1}{2}x \qquad (1.15)$$

と書く（図1.50）。(1.15) を (1.13) の**逆関数**という。

　一般に、$y = f(x)$ の逆関数を $y = f^{-1}(x)$ と書く。そして、逆関数 $y = f^{-1}(x)$ のグラフは、元の関数 $y = f(x)$ の x と y を入れ替えるため、y 軸

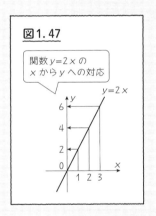

図1.47

関数 $y = 2x$ の x から y への対応

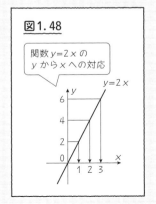

図1.48

関数 $y = 2x$ の y から x への対応

がx軸に移り、x軸がy軸に移る（図1.49）。このため、直線$y=x$に関して、対象に移動したことになる（図1.50）。

このことから、次のことがいえる。

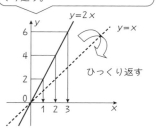

図1.49

yが独立変数、xが従属変数になるので、y軸を横軸に、x軸を縦軸する。そのために、$y=x$を軸にしてひっくり返す。

$y=2x$
$y=x$
ひっくり返す

$y=f(x)$のグラフと
逆関数$y=f^{-1}(x)$のグラフは、
直線$y=x$に関して対象である

次に関数$y=x^2$の逆関数を考えよう。

xについて解くと $x^2=y$ より、

$$x=\pm\sqrt{y}$$

xとyを入れ替えて、

$$y=\pm\sqrt{x}$$

となる。このとき、

$x=4$に対応するyの値は$y=\pm2$である（図1.51）。このように、xの1つの値に対して、2つ以上のyの値が対応するときは、"関数"とよばない。

したがって、$y=x^2$の逆関数は存在しない。

そこで、関数$y=x^2$では、定義域を制限して、定義域のxと値域のyが1対1の対応がつくようにして逆関数を考える。

$$y=x^2 \ (x\geqq0) \quad の逆関数は$$

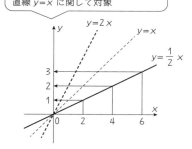

図1.50

$y=2x$のグラフと$y=\dfrac{1}{2}x$のグラフは直線$y=x$に関して対象

$y=2x$
$y=x$
$y=\dfrac{1}{2}x$

$(x\geqq0)$は$y=x^2$の定義域

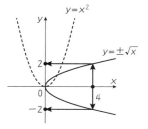

図1.51

$y=x^2$
$y=\pm\sqrt{x}$

$y = \sqrt{x}$ （図1.52①）

$y = x^2$ $(x \leqq 0)$ の逆関数は

$y = -\sqrt{x}$ （図1.52②）

となる。

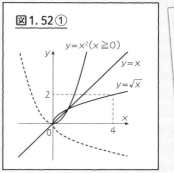

図1.52①

◎合成関数

2つの関数 $y = f(x)$、$y = g(x)$ があり、$g(x)$ の値域が、$f(x)$ の定義域に含まれるとき、$f(x)$ の x に、$g(x)$ を代入すると、新しい関数 $y = f(g(x))$ が得られる（図1.53）。

この関数を、$f(x)$ と $g(x)$ 合成関数といい、$(f \circ g)(x)$ と書く。

すなわち、

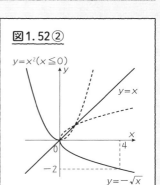

図1.52②

$$(f \circ g)(x) = f(g(x))$$

$$(1.16)$$

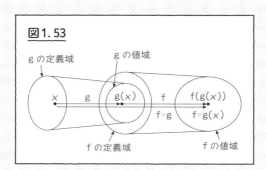

図1.53

たとえば、

$f(x) = x + 2$、$g(x) = x^2$ のとき、

$$(f \circ g)(x) = f(g(x))$$
$$= f(x^2) = x^2 + 2$$
$$(g \circ f)(x) = g(f(x))$$
$$= g(x + 2)$$
$$= (x + 2)^2$$

となる。このとき $(f \circ g)(x) \neq$ $(g \circ f)(x)$ である。

　このように、一般に $(f \circ g)(x)$ と $(g \circ f)(x)$ は等しいとは限らない。

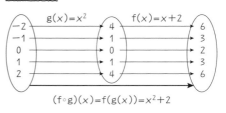

図1.54①

$(f \circ g)(x) = f(g(x)) = x^2 + 2$

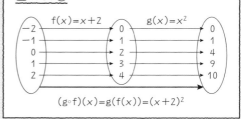

図1.54②

$(g \circ f)(x) = g(f(x)) = (x + 2)^2$

第2章

三角関数

ここでは、フーリエ級数

$$f(x) = \frac{1}{2}a_0 + (a_1 \cos x + b_1 \sin x) + (a_2 \cos 2x + b_2 \sin 2x)$$

$$+ \cdots\cdots + (a_n \cos nx + b_n \sin nx) + \cdots\cdots$$

に出てくる三角関数 $\sin x$、$\cos x$ について考える。

本章の流れ

1. 角に符号をつけ、正の角、負の角を考え、360°より大きい角や0°より小さい角について考える。そのような角を一般角といい、一般角について三角関数を定義する。
2. いままで使ってきた角の単位「度」を、弧の長さで角の大きさを表す「弧度」に変更する。その弧度のもとで、$\sin x$、$\cos x$ の相互関係や性質を調べる。
3. $y = \sin x$、$y = \cos x$ のグラフを描き、その特徴を調べる。さらに、正弦波の振幅や周期を変更したり、正弦波をずらすことを考える。
4. もっとも重要な加法定理を証明する。加法定理から導き出されるいろいろな公式を導く。

三角関数 $\sin x$、$\cos x$ は、非常に応用範囲の広い重要な関数である。それは、$\sin x$、$\cos x$ を用いて、すべての波を表すことができるからである。交流電流、電波など私たちの身の周りには波が満ち溢れている。これらの波を制御するには、三角関数は欠かせない。この三角関数を知ることによって、現代文明の一端を垣間見ることができる。

　この章では、この三角関数 $\sin x$、$\cos x$ について見ていこう。

1　三角関数

　日常生活では、0°から360°までの角度を考えることが多い。しかし、回転運動などを考えるときは、これでは不便である。そこで、0°より小さい角度、360°より大きい角度も考える。さらに、このような角度 θ に対して、$\sin \theta$、$\cos \theta$ を定義する。

◎一般角

　日常生活では、時計の針ような回転運動を考えることがよくある。また、回転運動のときに回転の向きを考えることもある。ここでは、この回転による角度について考えよう。

　まず、右の図2.1のように、点Oから右方向に半直線OXをひく。これを**始線**という。次に、点Oを中心として、回転する半直線を**動径**という。

　この動径が、時計の針の回転と逆向きの回転をするとき、**正の向きの回転**といい、時計の針の回転と同じ向きの回転をするとき、**負の向きの回転**という。正の向きの回転の角を**正の角**、負の向きの回転の角を**負の角**という（図2.1）。

　このようにして、360°以上の角や正

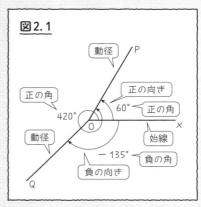

図2.1

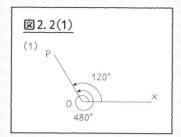

図2.2(1)

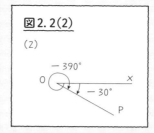

図2.2(2)

の角、負の角まで拡張した角を**一般角**という。

　たとえば、

(1) 480°で表される動径の位置は、$480° = 360° + 120°$ より、正の向きに1
周回転し、さらに120°回転する。よって、
480°の動径は図2.2(1) のOPの位置に
ある。

(2) −390°で表される動径の位置は、
$-390° = -360° - 30°$ より、負の向きに
1周回転し、さらに−30°回転する。
よって、−390°の動径は図2.2(2) のOP
の位置にある。

　次に、動径の位置からその動径が表す角
度について考えよう。

　動径OPが図2.3①の位置にあるとき、
この動径OPを表す角を考える。

① $30° + 360° × 0 = 30°$

② $30° + 360° × 1 = 390°$

③ $30° + 360° × 2 = 750°$

　　　　　⋮

④ $30° + 360° × (-1) = -330°$

⑤ $30° + 360° × (-2) = -690°$

　　　　　⋮

などと、何通りにも考えられる（図2.3）。

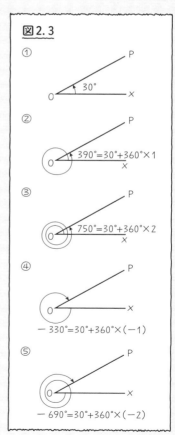

図2.3

そこで、これらをまとめて

$$30° + 360° \times n \quad (n は整数)$$

と書き、**動径OPを表す角**という

　一般に、$0° \leqq \alpha < 360°$ の角 α で表される動径を表す一般角は、次の式である。

0°≦α<360°であることに注意

$$\alpha + 360° \times n \quad (n は整数) \tag{2.1}$$

　たとえば、図2.4①で示されている動径OPの一般角を求めてみよう。

　(2.1) の α は、$0° \leqq \alpha < 360°$ だから、

$$\alpha = 360° - 45° = 315° \quad (図2.4②)$$

　よって、一般角は、

$$315° + 360° \times n \quad (n は整数)$$

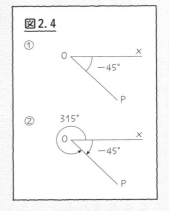

図2.4

◎第k象限の角

　31ページで見てきたように、座標平面は、図2.5のように x 軸、y 軸で4つの部分に分かれる。

　座標平面で、x 軸の正の部分を始線として、原点Oを中心とする動径OPを考える。

　角 θ で表される動径が、第k象限 ($k = 1, 2, 3, 4$) に ある とき、θ は **第k象限の角** ($k = 1, 2, 3, 4$) という（図2.6）。

　たとえば、$180° < 200° < 270°$ であるから、$200°$ の動径OPは第3象限にある。したがって、$200°$ は第3象限の角である（図2.7）。

図2.5

第2象限	第1象限
$x < 0$ $y > 0$	$x > 0$ $y > 0$
$x < 0$ $y < 0$	$x > 0$ $y < 0$
第3象限	第4象限

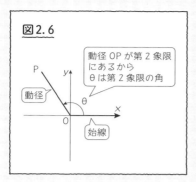

図2.6

動径 OP が第2象限にあるから θ は第2象限の角

P
動径
θ
O
x
始線
y

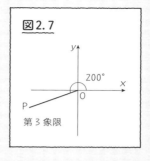

図2.7

200°
O
x
y
P
第3象限

◎三角関数

座標平面上で、x軸の正の部分を始線にとり、角θの動径と、原点を中心とする半径rの円との交点Pの座標を (x, y) とする（図2.8）。

このとき$\sin\theta$、$\cos\theta$を、Pの座標を用いて次のように定義する。

$$\sin\theta = \frac{y}{r} = \frac{(y座標)}{(半径)}$$

$$\cos\theta = \frac{x}{r} = \frac{(x座標)}{(半径)}$$

サインはyと覚えるとよい

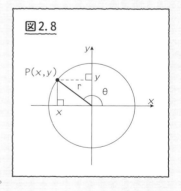

図2.8

P(x, y)
y
r
x
θ
O
x

$\sin\theta$をサインシータ、$\cos\theta$をコサインシータと読む。

このように定義すれば、$\sin\theta$、$\cos\theta$の値はrの大きさに関係なく、角θによって決まる。なぜならば、図2.9のように、半径rと半径r'の同心円が同じ動径と点P(x, y)と点P$'(x', y')$でそれぞれ交わるとする。点Pと点P$'$からx軸に垂線を下ろし、その交点をそれぞれQ、Q$'$とする。このとき、直角三角形OPQとOP$'$Q$'$は相似(注2.1)である。したがって、

$$\frac{y}{r} = \frac{y'}{r'}, \quad \frac{x}{r} = \frac{x'}{r'}$$

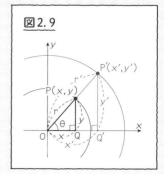

図2.9

P$'(x', y')$
P(x, y)
r'
r
θ
y
O
x
Q
x'
Q$'$

が成り立つ。

このことは、$\sin\theta$、$\cos\theta$が半径の大きさに関係ないことを示している。

したがって、角θに対して、$\sin\theta$、$\cos\theta$の値はただ1つに決まるから、これらはθの関数である。そこで、この関数を**三角関数**という。また、$\sin\theta$、$\cos\theta$をそれぞれ角θの**正弦**、**余弦**という。

普通は、上記の$\sin\theta$、$\cos\theta$以外にタンジェントシータ$\tan\theta = \dfrac{y}{x}$を一緒に定義することが多いが、本書ではタンジェントを用いることがないので、タンジェントについては言及しないことにする。

円の大きさに関係なく三角関数の値は決まるから、半径1の円（この円を単位円という）で考えると、$r=1$だから

$$\sin\theta = \frac{y}{r} = \frac{y}{1} = y \quad \text{より } y = \sin\theta$$

$$\cos\theta = \frac{x}{r} = \frac{x}{1} = x \quad \text{より } x = \cos\theta$$

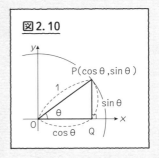

図2.10

となる。そこで、Pの座標は$(\cos\theta, \sin\theta)$となる（図2.10）。このことは、これからよく用いられる重要な式である。

◎三角関数の正負

点$P(x, y)$が存在する象限によって、x、yの正負は決まる。x、yの正負が決まれば、定義より三角関数の正負が決まる。そこで、$\sin\theta$、$\cos\theta$の正負は、θが第何象限の角であるかで決まる（図2.11）。

（注2.1）　2つの図形で、片方の図形をある比率で拡大または縮小すると、他方の図形に重なるとき、その2つの図形を相似という。この比率を相似比という

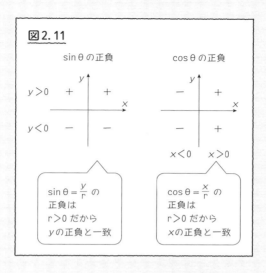

図2.11

sinθの正負

$y>0$　　$+$　　$+$

$y<0$　　$-$　　$-$

$\sin\theta = \dfrac{y}{r}$ の正負は
$r>0$ だから
y の正負と一致

cosθの正負

$-$　　$+$

$-$　　$+$

$x<0$　　$x>0$

$\cos\theta = \dfrac{x}{r}$ の正負は
$r>0$ だから
x の正負と一致

　たとえば、205°は第3象限の角（図2.12）だから、$\sin 205° < 0$、$\cos 205° < 0$、である。

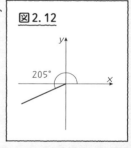

図2.12

◎三角関数の値を求める

　実際に、三角関数の値を求めるにはどうしたらよいか。ここでは、30°、45°の整数倍の角の三角関数の値を求めよう。

　直角三角形の内角の1つが30°または45°のときは、直角三角形の辺の長さの比が

　1つの内角が30°のとき、$1:2:\sqrt{3}$ (注2.2)

　1つの内角が45°のとき、$1:1:\sqrt{2}$ (注2.2)

になる（図2.13）。

　これを利用して、$\theta = 210°$ のときの三角比の値を求めよう（図2.14）。

　　①x軸の正の方向から210°のところに半径OPを引く。

　　②点Pからx軸に垂線PQを引く

　　③直角三角形OPQにおいて

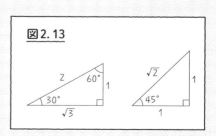

図2.13

$\angle \mathrm{POQ} = 210° - 180° = 30°$ だから、3辺の比は、

$$\mathrm{PQ} : \mathrm{OP} : \mathrm{OQ} = 1 : 2 : \sqrt{3}$$

④点Pのx座標は負、y座標も負だから、点Pの座標は、

$$\mathrm{P}\ (-\sqrt{3}\ ,\ -1)$$

⑤三角比の値は次のようになる。

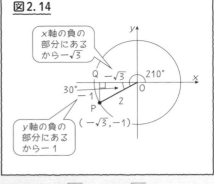

図2.14

x軸の負の部分にあるから$-\sqrt{3}$

y軸の負の部分にあるから-1

サインはY

$$\sin 210° = \dfrac{-1}{2} = -\dfrac{1}{2}、\quad \cos 210° = \dfrac{-\sqrt{3}}{2} = -\dfrac{\sqrt{3}}{2}$$

　それでは、30°、45°の整数倍でない角θの$\sin\theta$、$\cos\theta$の値を求めるにはどうするか。すでに、$0° \leqq \theta \leqq 90°$の三角関数の値は表にまとめられているので、その表を見れば、$0° \leqq \theta \leqq 90°$の$\sin\theta$、$\cos\theta$の値は求められる。$\theta < 0°$、$90° < \theta$の$\sin\theta$、$\cos\theta$の値は、この表と74ページで示す$\sin$、$\cos$の重要な性質を表す式（1）～（6）を用いて求めることができる。しかし、本書ではこのような$\sin\theta$、$\cos\theta$の値は求めないので省略する。

2　sin、cos の性質

　$y = \sin x$、$y = \cos x$のグラフを描いたり、微分したりするためには、い

（注2.2）　図①のように、1辺の長さが2の正三角形ABDで、BからADに垂線ACを下ろすと直角三角形ABCができ、
　　$\angle \mathrm{A} = 60°$、$\angle \mathrm{ABC} = 30°$
である。さらにピタゴラスの定理より
　　$\mathrm{BC} = \sqrt{2^2 - 1^2} = \sqrt{3}$
となり$\mathrm{AC} : \mathrm{AB} : \mathrm{BC} = 1 : 2 : \sqrt{3}$
　図②のように、1辺の長さが1の正方形ACBDで対角線ABをひくと、直角二等辺三角形ABCができ、
　　$\angle \mathrm{BAC} = 45°$
である。ピタゴラスの定理より
　　$\mathrm{AB} = \sqrt{1^2 + 1^2} = \sqrt{2}$
となり　$\mathrm{AC} : \mathrm{BC} : \mathrm{AB} = 1 : 1 : \sqrt{2}$

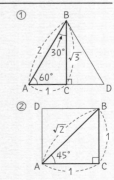

ままで使ってきた角の単位「度」では都合が悪い。そこで、弧の長さで角の大きさを表す「弧度」に変更する。そして、その弧度のもとで、sin、cos の相互関係や性質について調べよう。

◎弧度法

　今までは角の大きさを表すのに1周を$360°$とする「度」を用いてきた（これを**度数法**という）。たとえば、$\sin 30°$ という具合いであった。しかし、これから $y = \sin x$ のグラフを描くとき、x が度で表されていると、x軸の単位として度をとらなければならない。そのために他の関数、たとえば $y = 2x$ など単位が度でない関数と同じ座標平面上にグラフが描けない。そこで、度のほかに、普通の数値と比較できるものを考えなければならない。

　度の代わりに角の大きさを表すものとしては、弧の長さが考えられる。しかし、弧の長さは半径の長さによって変わる。そのため、弧の長さで角度の大きさを表すには半径を一定にする必要がある。

　そこで、図2.15のように「単位円（半径が1の円）の弧の長さで、角の大きさを表す」ことにし、「単位円の弧の長さが θ のときの角の大きさを**θラジアン（radian）またはθ弧度**」という。これを**弧度法**という。θラジアンのことを記号で θrad と書く。これによって、角の大きさ θ が x 軸上の点 $(\theta, 0)$ と対応することになった。

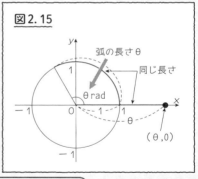

図2.15

弧の長さθ
同じ長さ
θ rad
（θ,0）

x軸上の点のy座標は0である

　radian は、ラテン語の *radius*（半径）からつくられた語で、1871年にイギリスのジェームズ・トムソン（1822～1892年）によって導入された。彼は、弧の長さが半径の長さと等しくなるとき、その中心角の大きさを $1rad$ とした。したがって、半径rの円で、弧の長さが ℓ である中心角の大きさ θrad は、$\theta rad = \dfrac{\ell}{r}$ である。半径を $r = 1$ とすると $\theta rad = \ell$ で弧の長さがそのまま弧度になる。

弧度法といままで使ってきた度数法との関係を調べよう。

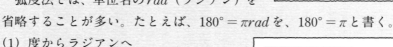

図2.16

円の長さ
（直径）×π
＝2π

1周回る
360°

360°＝2πrad

　　　単位円の周の長さは $2 \cdot 1 \times \pi = 2\pi$
　　　だから、$360° = 2\pi rad$
　　　両辺を 2 で割って、$180° = \pi rad$

　この式が、度数法と弧度法の関係の基本である（図2.16）。

　弧度法では、単位名の rad（ラジアン）を省略することが多い。たとえば、$180° = \pi rad$ を、$180° = \pi$ と書く。

(1) 度からラジアンへ

　$180° = \pi$ の両辺を 180 で割って、

$$1° = \frac{\pi}{180}$$

度→ラジアン
$1° = \dfrac{\pi}{180}$ rad $\fallingdotseq 0.087$ rad
$\alpha° \to \alpha \times \dfrac{\pi}{180}$ rad

　したがって、30°をラジアンに変えるには、

$$30° = 30 \times 1° = 30 \times \frac{\pi}{180} = \frac{\pi}{6}$$

ラジアン→度
1 rad $= \dfrac{180°}{\pi} \fallingdotseq 57.3°$
x rad $\to x \times \dfrac{180°}{\pi}$

　このように、度をラジアンにするには $\dfrac{\pi}{180}$ をかければよい。

(2) ラジアンから度へ

　$\pi = 180°$ の両辺を、π で割って、$1 = \dfrac{180°}{\pi}$ である。

　したがって、$\dfrac{8}{5}\pi rad$ を度に変えるには、

$$\frac{8}{5}\pi = \frac{8}{5}\pi \times 1 = \frac{8}{5}\pi \times \frac{180°}{\pi} = 288°$$

　このように、ラジアンを度にするには $\dfrac{180°}{\pi}$ をかければよい。

　弧度法でも、一般角については、度数法と同じように、

$0° \leq \alpha < 2\pi$ の角 α で表される動径を表す一般角は、

$$\alpha + 2n\pi \qquad (n \text{ は整数})$$

と表される。

これからは、角の大きさはすべてラジアンで表す。

◎ sin と cos の相互関係

単位円（半径1の円）で考えると、

$$\sin\theta = y \qquad \cos\theta = x \qquad (2.2)$$

であるから、図2.17の直角三角形OPQにおいて、ピタゴラスの定理より、

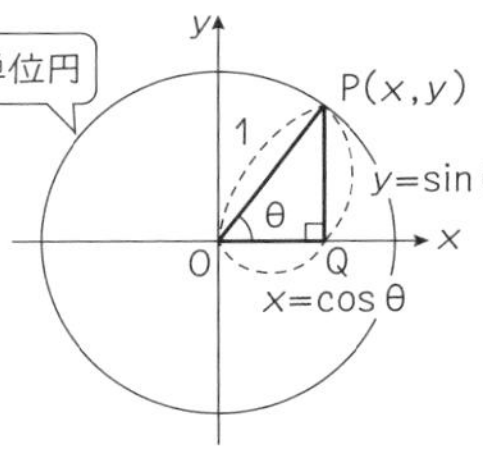

$$x^2 + y^2 = 1^2$$

であり、(2.2) を代入して、

$$(\cos\theta)^2 + (\sin\theta)^2 = 1^2$$

図2.17

単位円

$(\cos\theta)^2$ を $\cos^2\theta$、$(\sin\theta)^2$ を $\sin^2\theta$ と書き、sin と cos を入れ替えて、

> $\sin^2\theta = (\sin\theta)^2$
> $\sin\theta^2 = \sin(\theta^2)$
> のことだから、
> $\sin^2\theta \neq \sin\theta^2$
> に注意しよう！

$$\sin^2\theta + \cos^2\theta = 1 \qquad\qquad (2.3)$$

この式が、sin と cos のもっとも重要な関係である。

◎ sin、cos の性質

ここでは、次の sin、cos の重要な性質を見ていこう。

$$
(1)
\begin{cases}
\sin(\theta + 2n\pi) = \sin \pi \\
\cos(\theta + 2n\pi) = \cos \pi
\end{cases}
\qquad
(2)
\begin{cases}
\sin(-\theta) = -\sin \theta \\
\cos(-\theta) = \cos \theta
\end{cases}
$$

ただし、n は整数

$$
(3)
\begin{cases}
\sin\left(\dfrac{\pi}{2} - \theta\right) = \cos \theta \\[2mm]
\cos\left(\dfrac{\pi}{2} - \theta\right) = \sin \theta
\end{cases}
\qquad
(4)
\begin{cases}
\sin\left(\dfrac{\pi}{2} + \theta\right) = \cos \theta \\[2mm]
\cos\left(\dfrac{\pi}{2} + \theta\right) = -\sin \theta
\end{cases}
$$

$$
(5)
\begin{cases}
\sin(\pi - \theta) = \sin \theta \\
\cos(\pi - \theta) = -\cos \theta
\end{cases}
\qquad
(6)
\begin{cases}
\sin(\pi + \theta) = -\sin \theta \\
\cos(\pi + \theta) = -\cos \theta
\end{cases}
$$

x 軸の正の方向から θ だけ回転した動径を OP とし、点 P の座標を (x, y) とする。ただし、θ を $0 < \theta < \dfrac{\pi}{2}$ として証明しているが、上記 (1)〜(6) の式は任意の角 θ について成り立つ。

(1) x 軸の正の方向から $\theta + 2n\pi$ だけ回転した動径を OP′ とする。動径は、中心 O の周りを 2π で 1 周するので、2π 増えるごと（または、減るごと）に同じ位置になる。したがって、点 P′ の座標も (x, y) である（図 2.18(1)）。

よって、(1) の式が成り立つ。

(2) $-\theta$ は θ に対して逆向きに回転するから、x 軸の正の方向から $-\theta$ だけ回転した動径 OP′ とすると、点 P′ は点 P と x 軸に関して対称である。したがって、点 P′ の座標は $(x,\ -y)$ である（図 2.18(2)）。

$$
\sin(-\theta) = \frac{-y}{r} = -\frac{y}{r} = -\sin \theta,
$$

$$
\cos(-\theta) = \frac{x}{r} = \cos \theta
$$

(3) 図 2.18(3) のように、$\angle\mathrm{P'OQ'} = \dfrac{\pi}{2} - \theta$ である円周上の点 P′ をとる。2 つの直

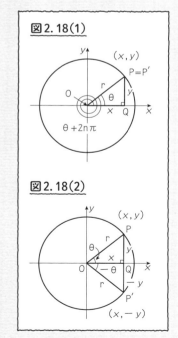

図 2.18(1)

図 2.18(2)

角三角形OP'Q'とPOQは合同[注2.3]になるので、

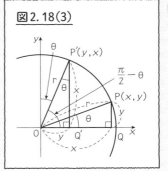

図2.18(3)

第2章

$$P'Q' = OQ = x \qquad OQ' = PQ = y$$

よって、点P'(y, x)である。

$$\sin\left(\frac{\pi}{2} - \theta\right) = \frac{x}{r} = \cos\theta$$

$$\cos\left(\frac{\pi}{2} - \theta\right) = \frac{y}{r} = \sin\theta$$

(4) ここでは、性質 (2)、(3) を用いて示す。〔性質 (3)〕〔性質 (2)〕

$$\sin\left(\frac{\pi}{2} + \theta\right) = \sin\left\{\frac{\pi}{2} - (-\theta)\right\} = \cos(-\theta) = \cos\theta$$

$$\cos\left(\frac{\pi}{2} + \theta\right) = \cos\left\{\frac{\pi}{2} - (-\theta)\right\} = \sin(-\theta) = -\sin\theta$$

(5) $\angle P'OQ' = \pi - \theta$の場合は、図2.18(5) のように点P'$(-x, y)$になる。

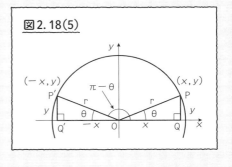

図2.18(5)

$$\sin(\pi - \theta) = \frac{y}{r} = \sin\theta$$

$$\cos(\pi - \theta) = \frac{-x}{r} = -\frac{x}{r}$$
$$= -\cos\theta$$

(6) ここでは、性質 (2)、(5) を用いて示す。〔性質 (5)〕〔性質 (2)〕

$$\sin(\pi + \theta) = \sin\{\pi - (-\theta)\} = \sin(-\theta) = -\sin\theta$$

$$\cos(\pi + \theta) = \cos\{\pi - (-\theta)\} = -\cos(-\theta) = -\cos\theta$$

(注2.3)　2つの図形で、片方の図形を他方の図形に重ねると、その2つの図形がまったく一致するとき、その2つの図形は合同であるという。

3　$y = \sin x$、$y = \cos x$のグラフ

　三角関数の性質(1) から、三角関数の値は、2πごとに同じ値が繰り返されることがわかる。このことは、三角関数のグラフを描くと、さらにはっきりする。そこで、関数$y = \sin x$、$y = \cos x$のグラフを描こう。そして、グラフから、関数$y = \sin x$、$y = \cos x$の特徴を調べる。さらに、グラフが、y軸方向やx軸方向へ拡大・縮小したり、平行移動したときの三角関数を考える。

◎$y = \sin x$のグラフ

　関数$y = \sin x$のグラフ上にある点の座標は$(\theta, \sin\theta)$である。そこで、単位円（半径1の円）を利用して、座標平面上に点$(\theta, \sin\theta)$をとり、この点を動かして曲線を描く。この曲線が

$y = \sin x$のグラフになる。

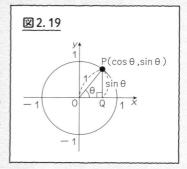

図2.19

(1) 図2.19のように、原点Oを中心とする単位円上の点Pをとり、$\angle \mathrm{PO}x = \theta$とすると、点Pの座標は$(\cos\theta, \sin\theta)$となる。そして、点Pから$x$軸に垂線PQを下ろす。点Pが、

　　第1・2象限にあるときは、$\sin\theta = \mathrm{PQ}$
　　第3・4象限にあるときは、$\sin\theta = -\mathrm{PQ}$

となる。

(2) 図2.20のように、単位円を描く座標平面αと$y = \sin x$のグラフを描く座標平面βを用意し、x軸どうしが並ぶようにおく。

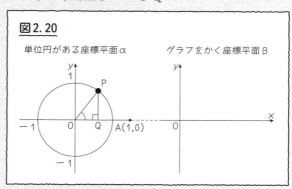

図2.20

単位円がある座標平面α　　　　グラフをかく座標平面β

(3) 図2.21のように座標平面αで単位円上の点Pが点A$(1, 0)$からθだけ回転したとき、点Pからx軸に平行な直線を引く。その平行線と、隣の座標平面βのx軸に垂直な直線$x = \theta$との交点をP′とする。点P′の座標は$(\theta, \sin\theta)$である。この点P′が描く曲線が$y = \sin x$のグラフである。

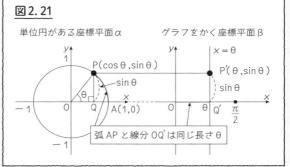

図2.21

単位円がある座標平面α グラフをかく座標平面β

弧 AP と線分 OQ′ は同じ長さθ

(4) 点Pを単位円上の点A$(1, 0)$から回転させる。

① $0 \leqq \theta < \dfrac{\pi}{2}$ の範囲では、

PQ $= \sin\theta$は増加し、点P′も増加する曲線を描く（図2.22①）。

② $\theta = \dfrac{\pi}{2}$ では、

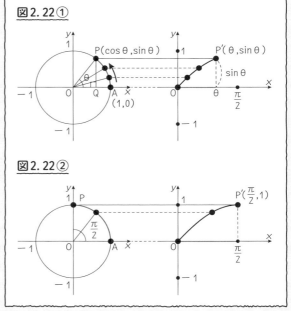

図2.22①

図2.22②

PQ $= 1$となり、点P′のy座標は1になる（図2.22②）。

③ $\dfrac{\pi}{2} < \theta < \pi$ では、PQ $= \sin\theta$は減少するので、点P′も減少する曲線を描く（図2.22③）。

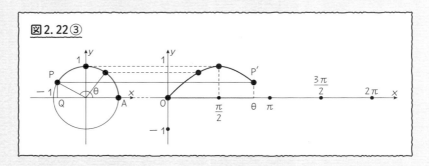

図2.22③

④ $\pi \leqq \theta < \dfrac{3}{2}\pi$ では、$-PQ = \sin\theta$ となりさらに減少し（図2.22④）、

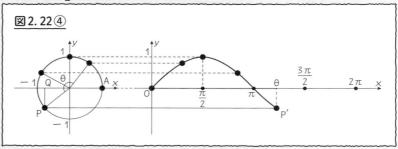

図2.22④

⑤ $\dfrac{3}{2}\pi \leqq \theta < 2\pi$ では、$-PQ = \sin\theta$ は増加し（図2.22⑤）、

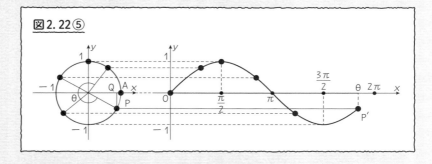

図2.22⑤

⑥ $\theta = 2\pi$ で、点Pは最初の位置に戻る（図2.22⑥）。

図2.22⑥

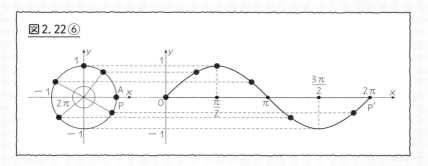

⑦さらに点Pが回転すると、点P′は同じ形の曲線を繰り返し描く（図2. 22⑦）。

図2.22⑦

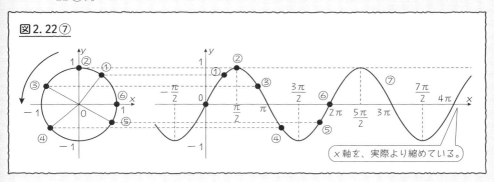

x軸を、実際より縮めている。

これが$y = \sin x$のグラフで**正弦曲線（サインカーブ）**という。きれいな波形を表しているので**正弦波**ともいう。この波がすべての波の基本である。

図2.23

$y = \sin x$ のグラフ

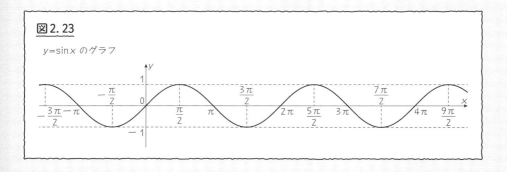

◎ $y = \cos x$ のグラフ

三角関数の性質 (4) $\sin\left(\dfrac{\pi}{2}+\theta\right)=\cos\theta$ を用いて、

74ページ

$$y = \cos x = \sin\left(\frac{\pi}{2}+x\right)$$
$$= \sin\left(x+\frac{\pi}{2}\right)$$
$$= \sin\left\{x-\left(-\frac{\pi}{2}\right)\right\}$$

> 関数 $y=f(x)$ のグラフが
> x 軸方向へ p、y 軸方向へ q だけ平行移動
> した曲線は、
> 　　関数 $y-q=f(x-p)$ のグラフである
> (37ページ参照)

だから、$y=\cos x$ のグラフは、$y=\sin x$ のグラフを x 軸方向へ $-\dfrac{\pi}{2}$ だけ平行移動させたグラフである（図2.24）。

図2.24

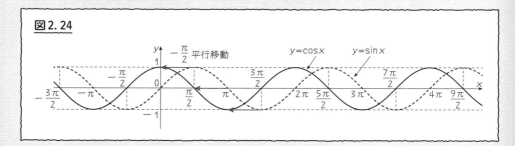

この曲線を **余弦曲線（コサインカーブ）** という。しかし、正弦曲線が $\dfrac{\pi}{2}$ だけ x 軸の負の方向へ平行移動したものなので、正弦曲線ということもある。本書では、余弦曲線も正弦曲線と呼ぶことにする。

図2.25

$y=\cos x$ のグラフ

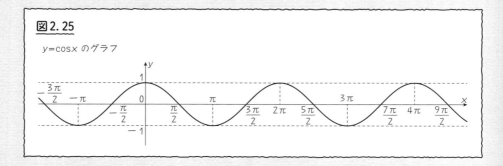

◎ $y = \sin x$、$y = \cos x$ のグラフの特徴

さて、グラフを見ながら、$\sin x$、$\cos x$ のグラフの特徴を調べよう。

(1) まず目に付くのは、同じ形の曲線が繰返し現れていることである。

一般に、p を 0 でない定数とするとき、x のどんな値に対しても、関数 $f(x)$ が

$$f(x + p) = f(x) \tag{2.4}$$

を満たすならば、$f(x)$ は p を**周期**とする**周期関数**という。

(2.4) は、図2.26のように、$x = a$ から $x = a + p$ までの間のグラフが、繰返し現れることを意味している。

さらに、p が周期ならば、

$$f(x + 2p) = f((x + p) + p) = f(x + p) = f(x) \tag{2.5}$$

が成り立つから、$2p$ も周期である。(2.5) も、図2.26のように、$x = a$ から $x = a + 2p$ の間のグラフが、繰返し現れることを意味している。

同様に考えると、n を 0 でない整数として、

$$f(x + np) = f(x)$$

が成り立つから、np は $f(x)$ の周期である。

このように、周期関数の周期は無数にある。しかし、周期というと、周期の中で正で最小のものを意味することが多い。

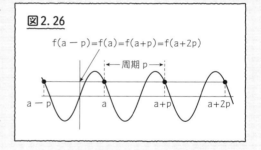

図2.26

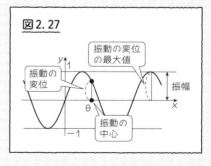

図2.27

$\sin x$、$\cos x$ は、$\sin(x + 2n\pi) = \sin x$、$\cos(x + 2n\pi) = \cos x$（72ペー

ジ）が成り立つから、

$y = \sin x$、$y = \cos x$ は周期 2π の周期関数である。

(2) 次に目に付くのは、グラフは、y の値が -1 と 1 の間を行き来していることである。

一般に、振動現象で振動の中心の位置から測った変位の最大値を**振幅**という。そこで、

$y = \sin x$、$y = \cos x$ の値域は $-1 \leqq y \leqq 1$ で、振幅は 1 である。

(3) 最後に、図 2.28 を見てわかるように、

$y = \sin x$ のグラフは原点に関して対称

$y = \cos x$ のグラフは y 軸に関して対称

であるから、$y = \sin x$ は奇関数、$y = \cos x$ は偶関数である。

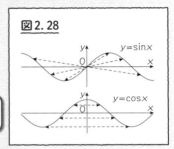
図2.28

奇関数、偶関数については、58ページを参照

まとめると、次のようになる。

（1）$y = \sin x$、$y = \cos x$ は周期 2π の周期関数である。

（2）$y = \sin x$、$y = \cos x$ の値域は $-1 \leqq y \leqq 1$ で、振幅は 1 である。

（3）$y = \sin x$ は奇関数で、グラフは原点に関して対称である。

$y = \cos x$ は偶関数で、グラフは y 軸に関して対称である。

◎振幅を変える

$y = \sin x$、$y = \cos x$ は振幅 1 で周期 2π の周期関数であることを見てきた。しかし、フーリエ級数では、$a_n \cos nx$ や $b_n \sin nx$ の項が現れる。a_n や b_n は振幅であるが、この振幅について調べよう。

たとえば、$y = 2\sin x$ のグラフを考えよう。

（1）点 O を中心とする半径 1 の円を C_1、同じ点 O を中心とする半径 2 の円を C_2 と

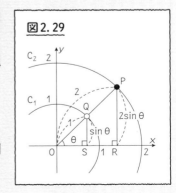
図2.29

する。円C_2、C_1上にそれぞれ点P、Qを図2.29のようにとると、

点Qの座標は　$(\cos\theta,\ \sin\theta)$
点Pの座標は　$(2\cos\theta,\ 2\sin\theta)$

である。

(2) 図2.30のように、円
がある座標平面αとグ
ラフを描く座標平面β
を横に並べる。そして、
点P、Qからx軸に平
行にそれぞれ直線を引
き、座標平面βで、直
線$x=\theta$との交点をそ

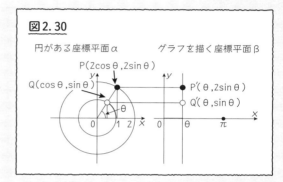

れぞれP'、Q'とする。点P'が描く曲線が$y=2\sin x$のグラフである。

(3) 動径OPがx軸の正の部分から回転し始めると、

① 　$x=\theta$で
P'のy座標が$2\sin\theta$
Q'のy座標が$\sin\theta$
だから、図2.31①の
ように P'の方がQ'よ
り2倍の距離だけx軸
より離れている。

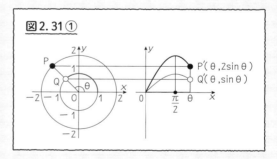

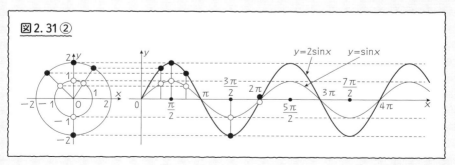

② $x=2\pi$ で、$\sin 2\pi=0$ だから、P′ と Q′ の座標はともに $(2\pi,\,0)$ となる。あとは、同じ形の曲線が繰返し現れる（図2.31②）。

図2.31②を見ると、$y=2\sin x$ のグラフは、$y=\sin x$ のグラフを x 軸をもとにして y 軸方向の上下に2倍に拡大したものであることがわかる。したがって、

　　$y=2\sin x$ は振幅2、周期 2π の周期関数

一般に、$a>0$ のとき、$y=a\sin x$ は振幅 a、周期 2π の周期関数である。そして、$y=-a\sin x\;(a>0)$ のグラフは、$y=a\sin x$ のグラフを x 軸に関して対称移動したもの（図2.32）だから、振幅は a で周期も 2π である。

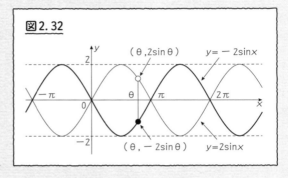

図2.32

まとめると、

$$|a|=\begin{cases} a & (a>0) \\ -a & (a<0) \end{cases}$$

a を0でない実数として、
　　$y=a\sin x$ は、振幅 $|a|$、周期 2π の周期関数

$y=a\cos x$ のグラフは、$y=a\sin x$ のグラフを x 軸方向へ平行移動したものだから、振幅や周期は $y=\sin x$ のグラフと変わらない。したがって、

a を0でない実数として、
　　$y=a\cos x$ は、振幅 $|a|$、周期 2π の周期関数

◎周期を変える

　ここでは、フーリエ級数に現れる $a_n \cos nx$ や $b_n \sin nx$ の項の n の意味について考えよう。

　たとえば、$y = \sin 2x$ のグラフを考えよう。

(1) ここでも、単位円がある
座標平面 α とグラフを描く
座標平面 β を並べる。

　単位円上に、点P、Qを
$\angle \mathrm{PO}x = 2\theta$、$\angle \mathrm{QO}x = \theta$
となるようにとる。点P、
Qから x 軸に平行にそれぞ
れ直線を引き、座標平面 β

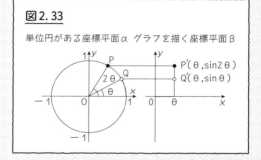

図2.33

単位円がある座標平面 α　グラフを描く座標平面 β

で、直線 $x = \theta$ との交点をそれ ぞれ点P′、Q′とする（図2.33）。点P′
の描く曲線が、$y = \sin 2x$ のグラフである。

(2)① 角度 θ で動くQに対して、角度 2θ で動くPはQの速さの2倍である。
　　そのため、$x = \theta$ で、θ の2倍の角 2θ にあたる $\sin$ の値 $\sin 2\theta$ をとる
　　ことになる（図2.34①）。

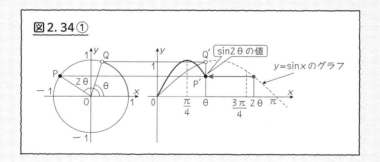

図2.34①

sin2θの値

$y = \sin x$ のグラフ

　　② $x = \pi$ のとき、$\sin 2x = \sin 2\pi = 0$、$\sin x = \sin \pi = 0$ だから、P′と
　　Q′の座標は共に $(\pi, 0)$ となる。Qが半周動く間に、Pは1周回っ
　　てしまう。この後は、P′は同じ曲線を描く（図2.34②）。

85

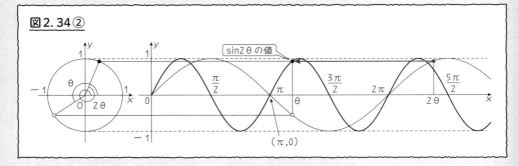

図2.34②

以上のことから、$y = \sin 2x$ は周期 $\dfrac{2\pi}{2} = \pi$ の周期関数である。

次に、$y = \sin\dfrac{x}{2}$ のグラフを考えよう。

(1) ここでも、単位円があ
る座標平面 α とグラフを
描く座標平面 β を並べる。
単位円上に、点P、Qを
$\angle \mathrm{PO}x = \dfrac{\theta}{2}$ 、$\angle \mathrm{QO}x =$
θ となるようにとる。点
P′、Q′ を図2.35のよう

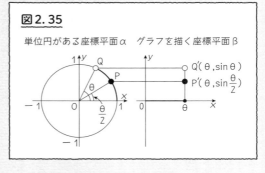

図2.35

単位円がある座標平面 α　　グラフを描く座標平面 β

にとると、点P′の描く曲線が、$y = \sin\dfrac{x}{2}$ のグラフである。

(2)①角度 θ で動くQに対して、角度 $\dfrac{\theta}{2}$ で動くPは、Qの速さの $\dfrac{1}{2}$ 倍で
ある。そのため、$x = \theta$ で、θ の半分の角 $\dfrac{\theta}{2}$ での $\sin$ の値 $\sin\dfrac{\theta}{2}$ を
とる（図2.36①）。

②Qが1周するとPは半周する。$x = 2\pi$ のとき、$\dfrac{\theta}{2} = \dfrac{2\pi}{2} = \pi$ だから、
$\sin\pi = 0$、$\sin 2\pi = 0$ となり、P′とQ′の座標は同じ $(2\pi, 0)$ になる。
そして、Qが2周してPは1周する。P′とQ′の座標は同じ $(4\pi,$
$0)$ になる（図2.36②）。

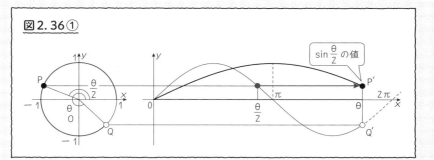

図2.36①

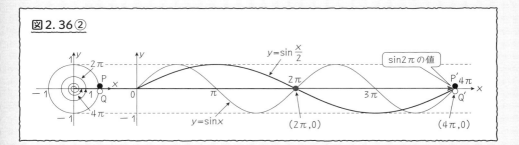

図2.36②

③この後、P′は、$0 < x \leqq 4\pi$ の間の曲線と同じ曲線を描く。このことから、$y = \sin \dfrac{x}{2}$ は周期 4π の周期関数である。

以上より、

$y = \sin 2x$ は周期 $\dfrac{2\pi}{2} = \pi$ の周期関数

$y = \sin \dfrac{1}{2}x$ は周期 $\dfrac{2\pi}{\dfrac{1}{2}} = 2\cdot 2\pi = 4\pi$ の周期関数

であることがわかった。そこで一般に、

> k が正の実数のとき、$y = \sin kx$ は周期 $\dfrac{2\pi}{k}$ の周期関数

である。

$y = \cos kx$ のグラフは、$y = \sin kx$ のグラフを x 軸方向へ平行移動したものだから、振幅や周期は $y = \sin kx$ のグラフと変わらない。したがって、

---

k が正の実数のとき、$y = \cos kx$ は周期 $\dfrac{2\pi}{k}$ の関数

◎波をずらす

　波の幅を広げたり、周期を短くしたりすることを考えてきたので、次に波がずれる場合について考えていこう。

　波がずれるということは、正弦曲線の平行移動である。関数の平行移動については、37ページで見てきたことから、

　　関数 $y = \sin(x - p)$ のグラフは、関数 $y = \sin x$ を x 軸方向へ p だけ平行移動したもの

である。このことは、すでに $y = \cos x$ のグラフが $y = \sin x$ の平行移動であることに用いてきた。

　ここでは、この平行移動を単位円上の点の回転による方法で確かめよう。たとえば、関数 $y = \sin\left(x - \dfrac{\pi}{3}\right)$ のグラフを考えよう。

(1) ここでも単位円がある座標平面 α とグラフを描く座標平面 β を並べる。単位円上に、P、Q を

$$\angle \mathrm{PO}x = \theta - \frac{\pi}{3}$$

$$\angle \mathrm{QO}x = \theta$$

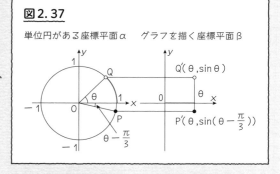

図2.37

単位円がある座標平面 α　　グラフを描く座標平面 β

となるようにとる。P、Q から x 軸に平行にそれぞれ直線を引き、座標平面 β で、直線 $x = \theta$ との交点をそれぞれP′、Q′ とする（図2.37）。P′ の描く曲線が、$y = \sin\left(x - \dfrac{\pi}{3}\right)$ のグラフである。

(2)①$\theta = 0$のとき、

$$Q' \, の \, y \, 座標は \sin 0 = 0$$

$$P' \, の \, y \, 座標は \sin\left(0 - \frac{\pi}{3}\right) = \sin\left(-\frac{\pi}{3}\right) = -\frac{\sqrt{3}}{2}$$

だから、Q'とP'は異なる位置にある（図2.38①）。

②点Qは角度θで動き、PはQよりも常に$\dfrac{\pi}{3}$遅く動く。そのため、$x = \theta$でθよりも手前の角 $\theta - \dfrac{\pi}{3}$ の$\sin$の値 $\sin\left(\theta - \dfrac{\pi}{3}\right)$ をとることになる（図2.38②）

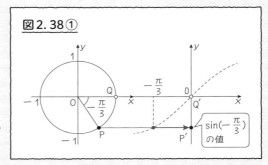

図2.38①

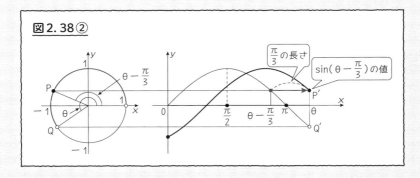

図2.38②

③$\theta = 2\pi$のとき、PとQは1周して、

$$P' \, の \, y \, 座標は \sin\left(2\pi - \frac{\pi}{3}\right) = \sin\frac{5\pi}{3} = -\frac{\sqrt{3}}{2}$$

$$Q' \, の \, y \, 座標は \sin 2\pi = 0$$

となる（図2.38③）。

④これ以後は、P'は$0 \leqq x \leqq 2\pi$の間の曲線を繰り返し描く（図2.38④）。

図2.38③

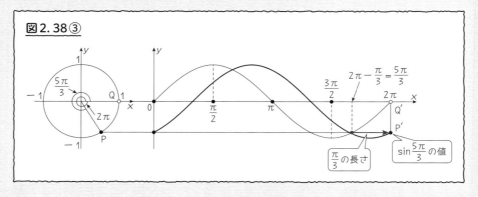

図2.38④

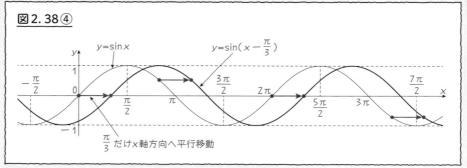

これらのことから、

関数 $y=\sin\left(x-\dfrac{\pi}{3}\right)$ のグラフは、関数 $y=\sin x$ のグラフを x 軸方向へ $\dfrac{\pi}{3}$ だけ平行移動したものである。

次に、関数 $y=\sin\left(x+\dfrac{\pi}{3}\right)$ のグラフを考えよう。

(1) ここでも、単位円がある座標平面 α とグラフを描く座標平面 β を並べる。単位円上に、P、Q を

$$\angle\mathrm{PO}x=\theta+\dfrac{\pi}{3}$$

$$\angle\mathrm{QO}x=\theta$$

となるようにとる。P、Q から x 軸に平行にそ

図2.39

単位円がある座標平面 α　グラフを描く座標平面 β

れぞれ直線を引き、座標平面βで、直線$x=\theta$との交点をそれぞれP′、Q′とする（図2.39）。P′の描く曲線が、$y=\sin\left(x+\dfrac{\pi}{3}\right)$のグラフである。

(2)①$\theta=0$のとき、

P′のy座標は$\sin\left(0+\dfrac{\pi}{3}\right)=\sin\dfrac{\pi}{3}=\dfrac{\sqrt{3}}{2}$

Q′のy座標は$\sin 0=0$

だから、P′とQ′は異なる位置にある（図2.40①）。

②点Qは角度θで動き、PはQよりも常に$\dfrac{\pi}{3}$速く動く。そのため、$x=\theta$でθよりも$\dfrac{\pi}{3}$だけ大きい$\theta+\dfrac{\pi}{3}$の$\sin$の値$\sin\left(\theta+\dfrac{\pi}{3}\right)$をとることになる（図2.40②）。

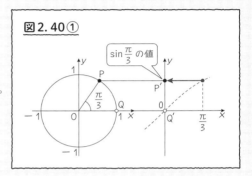

図2.40①

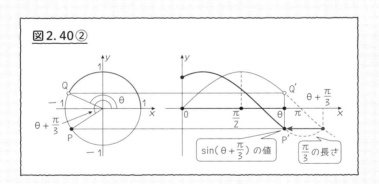

図2.40②

③$\theta=2\pi$のとき、PとQは1周して、

P′のy座標は$\sin\left(2\pi+\dfrac{\pi}{3}\right)=\sin\dfrac{7\pi}{3}=\dfrac{\sqrt{3}}{2}$

Q′のy座標は$\sin 2\pi=0$

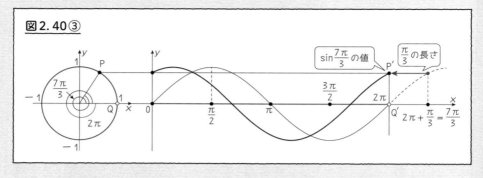

図2.40③

となる。

④これ以後は、P′は$0 \leqq x \leqq 2\pi$の間の曲線を繰り返し描く。

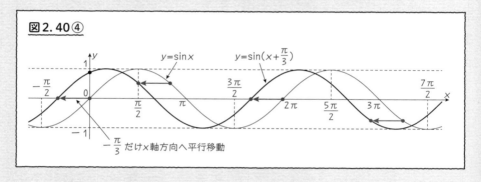

図2.40④

$y = \sin x$

$y = \sin\left(x + \dfrac{\pi}{3}\right)$

$-\dfrac{\pi}{3}$だけx軸方向へ平行移動

これらのことから、

　関数$y = \sin\left(x + \dfrac{\pi}{3}\right)$のグラフは、関数$y = \sin x$のグラフを$x$軸方向へ$-\dfrac{\pi}{3}$だけ平行移動したものである（図2.40④）。

以上より、一般に次のことがいえる。

$y = \sin(x - p)$のグラフは、
$y = \sin x$のグラフをx軸方向へpだけ平行移動したものある。

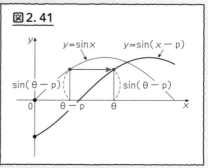

図2.41

$y = \sin x$　　$y = \sin(x - p)$

$\sin(\theta - p)$　　$\sin(\theta - p)$

同様に、

> $y = \cos(x - p)$ のグラフは、$y = \cos x$ のグラフをx軸方向へpだけ平行移動したものである。

◎波の変形

前項までに、波の幅や長さを延ばしたり、縮めたり、x軸方向へずらしたりした。ここまでのことを合わせると、

> aを0でない実数、kを正の実数、pを実数とするとき、
> 関数 $y = a \sin k(x - b)$
> は、振幅$|a|$、周期 $\dfrac{2\pi}{k}$ の周期関数で、$y = a \sin kx$ をx軸方向へpだけ平行移動した関数である（図2.42）。

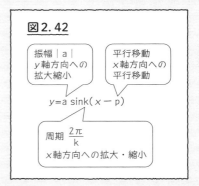

図2.42

振幅 $|a|$
y軸方向への拡大縮小

平行移動
x軸方向への平行移動

$y = a \sin k(x - p)$

周期 $\dfrac{2\pi}{k}$
x軸方向への拡大・縮小

今まで、関数$y = \sin x$のグラフを正弦曲線といってきたが、一般に、関数$y = a \sin k(x - b)$のグラフを**正弦曲線（正弦波）**ということがある。本書でも、関数$y = a \sin k(x - b)$のグラフを正弦曲線（正弦波）と呼ぶことにする。

それでは、関数 $y = 3 \sin\left(2x - \dfrac{\pi}{3}\right)$ のグラフがどのような形になるか調べよう。

まず、この式の括弧の中の2をくくり出して、

$$y = 3 \sin 2\left(x - \dfrac{\pi}{6}\right)$$

とする。

関数$y = \sin x$のグラフを変化させていく。

① $y = 3\sin x$

　→x軸をもとにして y軸方向へ 3 倍、振幅 3 （図2.43①）

② $y = 3\sin 2x$

　→①を y軸をもとにして、x軸方向へ $\dfrac{1}{2}$ 倍、周期 π

（図2.43②）

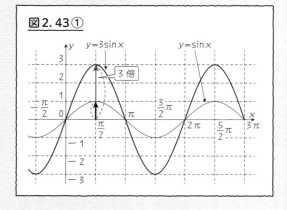

図2.43①

③ $y = 3\sin 2\left(x - \dfrac{\pi}{6}\right)$

　→②を x軸方向へ $\dfrac{\pi}{6}$ だけ平行移動

（図2.43③）

したがって、

$y = 3\sin 2\left(x - \dfrac{\pi}{6}\right)$、

すなわち、

$y = 3\sin\left(2x - \dfrac{\pi}{3}\right)$

のグラフは、図2.44 の太い実線である。

cosのグラフも sin と同じように描ける。

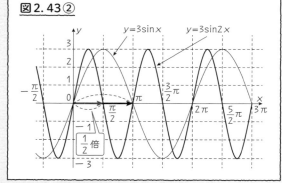

図2.43②

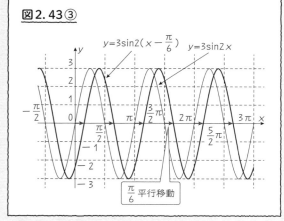

図2.43③

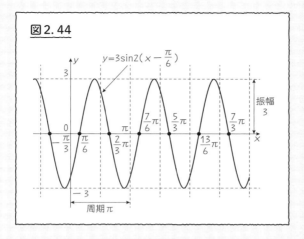

図2.44

$y = 3\sin 2\left(x - \dfrac{\pi}{6}\right)$

振幅 3

周期π

4 加法定理

ここでは、三角関数の中でもっとも重要な定理の1つである加法定理を導く。加法定理は、

$\sin(\alpha + \beta)$ が、$\sin\alpha$、$\sin\beta$でどのように表されるかを示している。単純に、$\sin(\alpha + \beta) = \sin\alpha + \sin\beta$になってくれれば簡単であるが、この式は正しくない。

それでは、加法定理を導き、それから導き出される公式について見ていこう。

◎加法定理

以下の式を三角関数の**加法定理**という。

(1) $\sin(\alpha + \beta) = \sin\alpha\cos\beta + \cos\alpha\sin\beta$

(2) $\sin(\alpha - \beta) = \sin\alpha\cos\beta - \cos\alpha\sin\beta$

(3) $\cos(\alpha + \beta) = \cos\alpha\cos\beta - \sin\alpha\sin\beta$

(4) $\cos(\alpha - \beta) = \cos\alpha\cos\beta + \sin\alpha\sin\beta$

加法定理の覚え方

$\sin(\alpha + \beta)$

$= \underset{\text{さいた}}{\sin\alpha}\underset{\text{コスモス}}{\cos\beta}$

$\quad + \underset{\text{コスモス}}{\cos\alpha}\underset{\text{さいた}}{\sin\beta}$

$\cos(\alpha + \beta)$

$= \underset{\text{コスモス}}{\cos\alpha}\underset{\text{コスモス}}{\cos\beta}$

$\quad - \underset{\text{さいた}}{\sin\alpha}\underset{\text{さいた}}{\sin\beta}$

それでは、加法定理を証明しよう。

ここでは、α、β、$\alpha+\beta$ が鋭角の場合について証明するが、加法定理は任意の角について成り立つ。

加法定理(1) を証明しよう。

① 図2.45① のように、単位円（半径1の円）上に点P、P′をそれぞれ

$$\angle \mathrm{PO}x = \alpha + \beta, \quad \angle \mathrm{P'O}x = \beta$$

となるようにとる。点Pから線分OP′に垂線PQをひき、点Qを通り x 軸に垂線QRをひく。さらに、点Pから x 軸および直線QRにそれぞれ垂線PS、PTをひく。

このとき、図2.45① で、

$$\mathrm{TR} = \mathrm{TQ} + \mathrm{QR} \qquad (2.6)\mathrm{a}$$

が成り立つ。そこで、TR、TQ、QRを sin、cos で表し (2.6)a に代入すると、加法定理(1) が示される。

② まず、TRについて考える（図2.45②）。

直角三角形POSにおいて、
PO = 1、$\angle \mathrm{POS} = \alpha + \beta$ だから、

$$\sin(\alpha+\beta) = \frac{\mathrm{PS}}{\mathrm{PO}} = \frac{\mathrm{PS}}{1} = \mathrm{PS}^{(注2.4)}$$

TR = PS だから、

$$\mathrm{TR} = \sin(\alpha+\beta) \qquad (2.6)\mathrm{b}$$

③ 次に、TQについて考える（図2.45③）。

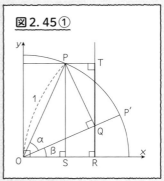

図2.45①

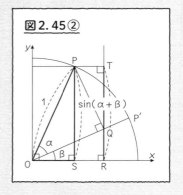

図2.45②

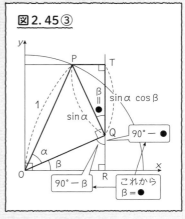

図2.45③

直角三角形POQにおいて、

PO = 1、∠POQ = α だから、

$$\sin\alpha = \frac{PQ}{PO} = \frac{PQ}{1} = PQ$$

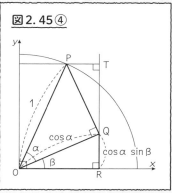

図2.45④

直角三角形PQTにおいて、

PQ = sin α、∠PQT = β だから、

$$\cos\beta = \frac{TQ}{PQ} = \frac{TQ}{\sin\alpha}$$

よって、$TQ = \sin\alpha\cos\beta$ (2.6)c

④次に、QRについて考える（図2.45④）。

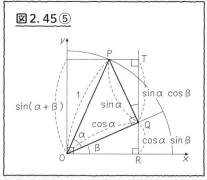

図2.45⑤

直角三角形POQにおいて、

PO = 1、∠POQ = α だから、

$$\cos\alpha = \frac{QO}{PO} = \frac{QO}{1} = QO$$

直角三角形QORにおいて、

QO = cos α、∠QOR = β だから、

（注2.4） $0° < \theta < 90°$ のとき、三角関数 $\sin\theta$、$\cos\theta$ は、図①において、

$$\sin\theta = \frac{y}{r} = \frac{(y座標)}{(半径)}、\quad \cos\theta = \frac{x}{r} = \frac{(x座標)}{(半径)} \quad \cdots①$$

であるが、直角三角形OPQに着目すると、図②において $r = OP$（斜辺）、$x = OQ$（底辺）、$y = PQ$（高さ）だから、

$$\sin\theta = \frac{PQ}{OP} = \frac{(高さ)}{(斜辺)}、\quad \cos\theta = \frac{OQ}{OP} = \frac{(底辺)}{(斜辺)} \quad \cdots②$$

となる。

このように、$0° < \theta < 90°$ のときは、$\sin\theta$、$\cos\theta$ を①の式で定義せず、直角三角形で②の式で定義することもできる。この定義による $\sin\theta$、$\cos\theta$ を三角比という。

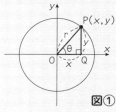

図①

図②

$$\sin\beta = \frac{QR}{QO} = \frac{QR}{\cos\alpha}$$

よって、

$$QR = \cos\alpha\sin\beta \qquad\qquad (2.6)d$$

以上で求めた (2.6)b、(2.6)c、(2.6)dを (2.6)aに代入して、

$$\sin(\alpha+\beta) = \sin\alpha\cos\beta + \cos\alpha\sin\beta$$

これで、加法定理(1) が示された（図5.45⑤）。

次に加法定理(2) を示そう。
加法定理(1) のβを−βに置き換えて、

$$\sin\{\alpha+(-\beta)\} = \sin\alpha\cos(-\beta) + \cos\alpha\sin(-\beta)$$

$\cos(-\beta) = \cos\beta$、　$\sin(-\beta) = -\sin\beta$　より

$$\sin(\alpha-\beta) = \sin\alpha\cos\beta - \cos\alpha\sin\beta$$

74ページのsin、cosの性質 (2)

よって、加法定理(2) が成り立つことがわかる。

加法定理(3)[注2.5]は、加法定理(1) の証明と同じように、図2.46より証明することができる。

加法定理(4)[注2.6]は、加法定理(3) のβの代わりに−βを代入すればよい。

加法定理によって、角α、βの三角関数の値がわかれば、α＋βの三角関数の値がわかる（以下、ラジアンだと計算が面倒なので、度数法で表す）。

たとえば、α＝45°、β＝30°のとき、

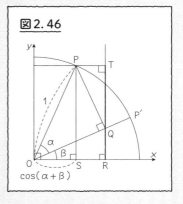

図2.46

$$\sin 75° = \sin(45° + 30°) = \sin 45° \cos 30° + \cos 45° \sin 30°$$

$$= \frac{1}{\sqrt{2}} \frac{\sqrt{3}}{2} + \frac{1}{\sqrt{2}} \frac{1}{2} = \frac{\sqrt{3}+1}{2\sqrt{2}} = \frac{\sqrt{6}+\sqrt{2}}{4}$$

と求めることができる。

◎ 2倍角の公式

　加法定理で、$\alpha = \beta$ である場合は、どのような式が導かれるか見ていこう。まず、

(1) 加法定理(1) $\sin(\alpha + \beta) = \sin \alpha \cos \beta + \cos \alpha \sin \beta$

(注2.5)　図2.46のように、各点をとる。
　① OS = OR − SR が成り立つ。
　② OS について考える。
　　直角三角形POSにおいて、PO = 1、∠POS = $\alpha + \beta$ だから、
$$\cos(\alpha + \beta) = \frac{OS}{PO} = \frac{OS}{1} = OS$$
　③次に、OR について考える。
　　直角三角形POQにおいて、PO = 1、∠POQ = α だから、
$$\cos \alpha = \frac{OQ}{PO} = \frac{OQ}{1} = OQ$$
　　さらに、直角三角形QORにおいて、OQ = $\cos \alpha$、∠QOR = β だから、
$$\cos \beta = \frac{OR}{OQ} = \frac{OR}{\cos \alpha}$$
　　よって、OR = $\cos \alpha \cos \beta$
　④次に、SR について考える。
　　直角三角形POQおいて、PO = 1、∠POQ = α だから、
$$\sin \alpha = \frac{PQ}{PO} = \frac{PQ}{1} = PQ$$
　　さらに、直角三角形PQTにおいて、PQ = $\sin \alpha$、∠PQT = β だから
$$\sin \beta = \frac{PT}{PQ} = \frac{PT}{\sin \alpha}$$
　　よって、PT = $\sin \alpha \sin \beta$
　　SR = PT だから　SR = $\sin \alpha \sin \beta$
　②、③、④で求めた式を、OS = OR − SR に代入して、
　$\cos(\alpha + \beta) = \cos \alpha \cos \beta - \sin \alpha \sin \beta$
(注2.6)　β を $-\beta$ に置き換えて、
　　　　$\cos\{\alpha + (-\beta)\} = \cos \alpha \cos(-\beta) - \sin \alpha \sin(-\beta)$
　　　　$\cos(-\beta) = \cos \beta$、　$\sin(-\beta) = -\sin \beta$　だから
　　　　$\cos(\alpha - \beta) = \cos \alpha \cos \beta - \sin \alpha (-\sin \beta)$
　　　　$\cos(\alpha - \beta) = \cos \alpha \cos \beta + \sin \alpha \sin \beta$
　　　　よって、加法定理(4) が成り立つことがわかる。

でα＝βとすれば、

$$\sin(\alpha + \alpha) = \sin\alpha\cos\alpha + \cos\alpha\sin\alpha$$

であるから

$$\sin 2\alpha = 2\sin\alpha\cos\alpha$$

(2) 加法定理(3) $\cos(\alpha + \beta) = \cos\alpha\cos\beta - \sin\alpha\sin\beta$

でα＝βとすれば、

$$\cos(\alpha + \alpha) = \cos\alpha\cos\alpha - \sin\alpha\sin\alpha$$
$$\cos 2\alpha = \cos^2\alpha - \sin^2\alpha \qquad (2.7)$$

が成り立つ。

73ページの （2.3） $\sin^2\theta + \cos^2\theta = 1$ より

(2.7) に $\cos^2\alpha = 1 - \sin^2\alpha$ を代入すると、

$$\cos 2\alpha = (1 - \sin^2\alpha) - \sin^2\alpha$$

よって、　　$\cos 2\alpha = 1 - 2\sin^2\alpha$

(2.7) に $\sin^2\alpha = 1 - \cos^2\alpha$ を代入すると、

$$\cos 2\alpha = \cos^2\alpha - (1 - \cos^2\alpha)$$

よって、　　$\cos 2\alpha = 2\cos^2\alpha - 1$

以上の式をまとめると、

（1） $\sin 2\alpha = 2\sin\alpha\cos\alpha$

（2） $\cos 2\alpha = \cos^2\alpha - \sin^2\alpha = 1 - 2\sin^2\alpha = 2\cos^2\alpha - 1$

これらを **2倍角の公式** という。

とくに、2倍角の公式(2) については、

$$\sin^2\alpha = \frac{1 - \cos 2\alpha}{2} \qquad (2.8)\text{a}$$

$$\cos^2\alpha = \frac{1+\cos 2\alpha}{2} \qquad\qquad (2.8)\text{b}$$

と変形できて、この形で用いられることが多い。

たとえば、$\sin^2 15°$ の値を求めてみよう。

$$\sin^2 15° = \frac{1-\cos 2\cdot 15°}{2} = \frac{1-\cos 30°}{2} = \frac{1-\dfrac{\sqrt{3}}{2}}{2}$$

$$= \frac{2-\sqrt{3}}{4}$$

◎足し算をかけ算へ

次に、加法定理から和・差を積に変える次の公式を導こう。

---

(1) $\sin\alpha + \sin\beta = 2\sin\dfrac{\alpha+\beta}{2}\cos\dfrac{\alpha-\beta}{2}$

(2) $\sin\alpha - \sin\beta = 2\cos\dfrac{\alpha+\beta}{2}\sin\dfrac{\alpha-\beta}{2}$

(3) $\cos\alpha + \cos\beta = 2\cos\dfrac{\alpha+\beta}{2}\cos\dfrac{\alpha-\beta}{2}$

(4) $\cos\alpha - \cos\beta = -2\sin\dfrac{\alpha+\beta}{2}\sin\dfrac{\alpha-\beta}{2}$

---

(1) 加法定理より

$$\sin(\gamma+\delta) = \sin\gamma\cos\delta + \cos\gamma\sin\delta \qquad \cdots\cdots①$$

$$\sin(\gamma-\delta) = \sin\gamma\cos\delta - \cos\gamma\sin\delta \qquad \cdots\cdots②$$

①＋②より、

$$\sin(\gamma+\delta) + \sin(\gamma-\delta) = 2\sin\gamma\cos\delta \qquad \cdots\cdots③$$

$\gamma + \delta = \alpha \cdots$ⓐ、 $\gamma - \delta = \beta \cdots$ⓑ とおくと、

ⓐ＋ⓑ より $2\gamma = \alpha + \beta$ よって $\gamma = \dfrac{\alpha + \beta}{2}$

ⓐ－ⓑ より $2\delta = \alpha - \beta$ よって $\delta = \dfrac{\alpha - \beta}{2}$

だから、これらを③に代入して、

$$\sin \alpha + \sin \beta = 2 \sin \frac{\alpha + \beta}{2} \cos \frac{\alpha - \beta}{2}$$

(2) ①から②を引き算し、(1) と同じようにすれば導かれる。

(3) 加法定理より、

$$\cos(\gamma + \delta) = \cos \gamma \cos \delta - \sin \gamma \sin \delta \qquad \cdots\cdots④$$
$$\cos(\gamma - \delta) = \cos \gamma \cos \delta + \sin \gamma \sin \delta \qquad \cdots\cdots⑤$$

④＋⑤より、

$$\cos(\gamma + \delta) + \cos(\gamma - \delta) = 2 \cos \gamma \cos \delta \qquad \cdots\cdots⑥$$

$\gamma + \delta = \alpha$ $\gamma - \delta = \beta$ とおくと、

$$\gamma = \frac{\alpha + \beta}{2} 、 \delta = \frac{\alpha - \beta}{2}$$

だから、これらを⑥に代入して、

$$\cos \alpha + \cos \beta = 2 \cos \frac{\alpha + \beta}{2} \cos \frac{\alpha - \beta}{2}$$

(4) ④から⑤を引き算し、(3) と同じようにすれば導かれる。

　　たとえば、$\cos 105° - \cos 15°$ の値を求めよう。

$$\cos 105° - \cos 15° = -2 \sin \frac{105° + 15°}{2} \sin \frac{105° - 15°}{2}$$

$$= -2 \sin 60° \sin 45°$$

$$= -2 \cdot \frac{\sqrt{3}}{2} \cdot \frac{1}{\sqrt{2}} = -\frac{\sqrt{3}}{\sqrt{2}} = -\frac{\sqrt{3} \cdot \sqrt{2}}{\sqrt{2} \cdot \sqrt{2}} = -\frac{\sqrt{6}}{2}$$

◎かけ算を足し算へ

ここでは、加法定理から積を和・差に変える公式を導こう。

---

(1) $\sin \alpha \cos \beta = \dfrac{1}{2} \{\sin(\alpha + \beta) + \sin(\alpha - \beta)\}$

(2) $\cos \alpha \sin \beta = \dfrac{1}{2} \{\sin(\alpha + \beta) - \sin(\alpha - \beta)\}$

(3) $\cos \alpha \cos \beta = \dfrac{1}{2} \{\cos(\alpha + \beta) + \cos(\alpha - \beta)\}$

(4) $\sin \alpha \sin \beta = -\dfrac{1}{2} \{\cos(\alpha + \beta) - \cos(\alpha - \beta)\}$

---

(1) 加法定理より、

$$\sin(\alpha + \beta) = \sin \alpha \cos \beta + \cos \alpha \sin \beta \qquad \cdots\cdots ①$$

$$\sin(\alpha - \beta) = \sin \alpha \cos \beta - \cos \alpha \sin \beta \qquad \cdots\cdots ②$$

①+②より、

$$\sin(\alpha + \beta) + \sin(\alpha - \beta) = 2 \sin \alpha \cos \beta$$

2で割って、

$$\sin \alpha \cos \beta = \frac{1}{2} \{\sin(\alpha + \beta) + \sin(\alpha - \beta)\}$$

(2) ①−②で導くことができる。

(3) 加法定理より、

$$\cos(\alpha + \beta) = \cos\alpha\cos\beta - \sin\alpha\sin\beta \qquad \cdots\cdots③$$

$$\cos(\alpha - \beta) = \cos\alpha\cos\beta + \sin\alpha\sin\beta \qquad \cdots\cdots④$$

③+④より、

$$\cos(\alpha + \beta) + \cos(\alpha - \beta) = 2\cos\alpha\cos\beta$$

2 で割って、

$$\cos\alpha\cos\beta = \frac{1}{2}\{\cos(\alpha + \beta) + \cos(\alpha - \beta)\}$$

(4) ③-④で導くことができる。

たとえば、$\sin 105°\ \cos 75°$の値を求めよう。

$$\begin{aligned}
\sin 105°\ \cos 75° &= \frac{1}{2}\{\sin(105° + 75°) + \sin(105° - 75°)\} \\
&= \frac{1}{2}(\sin 180° + \sin 30°) \\
&= \frac{1}{2}\left(0 + \frac{1}{2}\right) = \frac{1}{4}
\end{aligned}$$

◎三角関数の合成

ここでは、2 つの正弦波の和$a\sin x + b\cos x$を、加法定理を用いて、1 つの正弦波$r\sin(x + \alpha)$に変形するすることを考えよう。

このことは、

$$a\sin x + b\cos x = r\sin(x + \alpha)$$

となるrとαを求めることである。

加法定理を用いて、

$$\begin{aligned}
r\sin(x + \alpha) &= r(\sin x\cos\alpha + \cos x\theta\sin\alpha) \\
&= r\cos\alpha\cdot\sin x + r\sin\alpha\cdot\cos x
\end{aligned}$$

であるから、この式が

$$a \sin x + b \cos x$$

と等しくなるためには、

> 比較すると
> $$\underline{r\cos\alpha}\cdot\sin x + \underline{r\sin\alpha}\cdot\cos x$$
> $$\underline{a}\cdot\sin x + \underline{b}\cdot\cos x$$

$$a = r \cos\alpha \qquad b = r \sin\alpha$$

が成り立てばよい。

すなわち $\cos\alpha = \dfrac{a}{r}$、 $\sin\alpha = \dfrac{b}{r}$

となるような r、α を求めればよい。

そこで、図2.47のように、座標平面上に点 $P(a, b)$ をとり、x軸の正の部分を始線とするときの動径OPの表す角の1つを α とする。ただし、$-\pi < \alpha \leqq \pi$ とすることが多い。

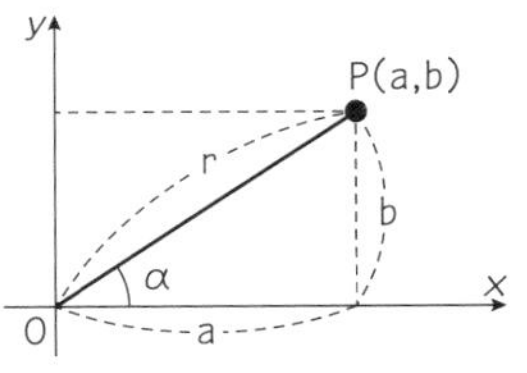

OP $= r$ とおくと、ピタゴラスの定理より $r = \sqrt{a^2 + b^2}$ であり、

$\sin\alpha = \dfrac{b}{r}$、 $\cos\alpha = \dfrac{a}{r}$ が成り立つ。

図2.47

このことより、r と α が決まるので、次のことが成り立つ。

$$a \sin x + b \cos x = r \sin(x + \alpha) \tag{2.9}$$

ここで、$r = \sqrt{a^2 + b^2}$、$\cos\alpha = \dfrac{a}{\sqrt{a^2 + b^2}}$、 $\sin\alpha = \dfrac{b}{\sqrt{a^2 + b^2}}$

（ただし、$-\pi < \alpha \leqq \pi$）

この式を**三角関数の合成**という。

それでは、$\sin x + \sqrt{3}\cos x$ を $r\sin(x + \alpha)$ の形に変形しよう。ただし、$r > 0$、$-\pi < \alpha < \pi$ とする。

次のような手順で、三角関数を合成する。

① (2.9) の a, b が $a = 1$, $b = \sqrt{3}$ であるから、点 $(1, \sqrt{3})$ をとり、底辺

1、高さ $\sqrt{3}$ の直角三角形を描く（図 2.48）。

②図2.48より斜辺

$$r = \sqrt{1^2 + \sqrt{3}^2} = \sqrt{1+3} = 2 、$$

角 $\alpha = \dfrac{\pi}{3}$ が決まる。

③（2.9）に当てはめると、

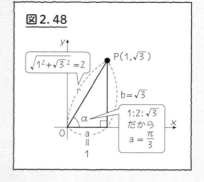

$$\sin x + \sqrt{3}\, \cos x = 2 \sin\left(x + \frac{\pi}{3}\right)$$

となる。

この式の意味は、2つの正弦波 $y = \sin x$ と $y = \sqrt{3}\cos x$ を重ね合わせると、1つの正弦波 $y = 2\sin\left(x + \dfrac{\pi}{3}\right)$ になることを示している（図2.49）。

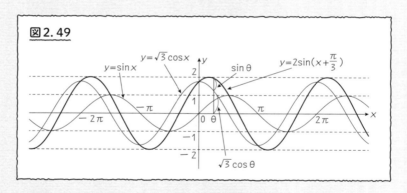

106

第3章

微分・積分

　フーリエ級数を導き出すためには微分と積分が必要不可欠である。そこで、この章では、微分と積分について考えていく。

本章の流れ

1. 関数 $y = f(x)$ において、x を限りなく a に近づけたとき、関数 $y = f(x)$ が $x = a$ 付近でどのような状態であるかを調べる。さらに、関数 $y = f(x)$ の連続性について考える。
2. 接線の傾きを求めることから、微分を導入する。そして、微分可能な関数とはどのような関数なのかを調べる。
3. 関数を微分するために、微分の性質や公式・方法について調べていく。
4. $\sin x$ を微分すると $\cos x$、$\cos x$ を微分すると $-\sin x$ になることを示す。
5. x^n、$\sin x$、$\cos x$ を n 回微分するとどうなるかを調べる。
6. $\sin x$、$\cos x$ を定数と無限個の x^n の項の和として表す。
7. 微分の逆操作として、不定積分を定義し、その性質を調べる。そして、不定積分と面積の関係を調べる。
8. 曲線 $y = f(x)$ と x 軸とで挟まれる図形の面積を求めるために、定積分を定義する。そして、その性質を調べ、2つの曲線で挟まれる図形の面積を求める。
9. 不定積分、定積分を計算するためのいくつかの方法について見ていく。

自然現象や社会現象などさまざまな現象は、時々刻々と変化している。これらの現象の瞬間的な変化の状態を表すのが、微分である。そして、それぞれの瞬間における変化をつなぎ合わせ、全体像を明らかにし、未来を予測するのが積分なのである。こうしたことから、微分と積分は、多くの分野で利用されている。

　微分は、接線を求めるために考えられ、積分は、面積を求めるために考えられてきた。ところが、17世紀に、ニュートンとライプニッツが、「微分と積分は逆の演算」であることを発見した。ニュートンは微分積分を物理学に応用し、ライプニッツは今日使われている記号を導入し、使いやすくした。

1　関数の極限

　微分は、接線を求めるために考えられた。それでは、接線とは何か？　次のように考える。

　図3.1のように、曲線$y = f(x)$上の2点A、Pを通る直線mを考える。Pが曲線に沿ってAに限りなく近づくとき、mがある直線ℓに限りなく近づくならば、この直線ℓを曲線$y = f(x)$の**接線**という（図3.1）。

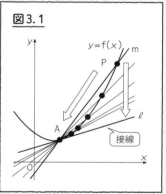

図3.1

　ここで、「Aに限りなく近づく」という操作がある。この操作は非常に重要なので、ここで考えていこう。

◎関数の極限が有限

　たとえば、関数$f(x) = x^2 + 1$において、xが1と異なる値をとりながら1に限りなく近づくとき、$f(x)$の値は$1^2 + 1 = 2$に限りなく近づくことがわかる（図3.2）。

　そこで、一般に、関数$f(x)$において、変数xがa

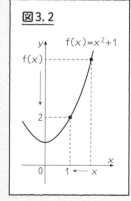

図3.2

と異なる値をとりながらaに限りなく近づくとき、それに応じて、$f(x)$の値が一定の値αに限りなく近づくならば、αを$x \to a$のときの関数$f(x)$の**極限値**または**極限**といい、記号で

$$\lim_{x \to a} f(x) = \alpha \quad \text{または「} x \to a \text{のとき} f(x) \to \alpha \text{」}$$

記号limは、極限、限度など意味するlimitの略である

と書く。

このとき、次のことが成り立つ。

$\displaystyle\lim_{x \to a} f(x) = \alpha$、$\displaystyle\lim_{x \to a} g(x) = \beta$ とする。pを実数として、

(1) $\displaystyle\lim_{x \to a} pf(x) = p \lim_{x \to a} f(x) = p\alpha$

(2) $\displaystyle\lim_{x \to a} \{f(x) + g(x)\} = \lim_{x \to a} f(x) + \lim_{x \to a} g(x) = \alpha + \beta$

(3) $\displaystyle\lim_{x \to a} f(x)g(x) = \lim_{x \to a} f(x) \cdot \lim_{x \to a} g(x) = \alpha\beta$

(4) $\displaystyle\lim_{x \to a} \frac{f(x)}{g(x)} = \frac{\displaystyle\lim_{x \to a} f(x)}{\displaystyle\lim_{x \to a} g(x)} = \frac{\alpha}{\beta}$

たとえば、次の極限値を求めると、

$$\lim_{x \to 2} \frac{x^2 - 3x}{x - 1} = \frac{2^2 - 3 \cdot 2}{2 - 1} = -2$$

xが2に限りなく近づくから

となる。

ところが、分数関数 $f(x) = \dfrac{x^2 - 1}{x - 1}$ の$x = 1$における極限は、

$$\lim_{x \to 1} \frac{x^2 - 1}{x - 1} = \frac{1^2 - 1}{1 - 1} = \frac{0}{0}$$

となり、極限がないように見える。このような場合を、**不定形**といい、注意する必要がある。

この場合は、

$$\lim_{x \to 1} \frac{x^2 - 1}{x - 1} = \lim_{x \to 1} \frac{(x + 1)(x - 1)}{x - 1} = \lim_{x \to 1}(x + 1) = 1 + 1 = 2$$

と計算する。すると、極限値が 2 であることが
わかる。

分数関数 $f(x) = \dfrac{x^2 - 1}{x - 1}$ は、$x = 1$ で分母が

0 になるから、$f(1)$ の値は存在しない。しかし、
$x \to 1$ のときの $f(x)$ の極限値は存在する（図3.
3）。

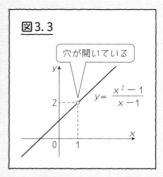

図3.3

◎関数の極限が無限

$y = \dfrac{1}{(x - 1)^2}$ は、x が限りなく 1 に近づく

とき、$\dfrac{1}{(x - 1)^2}$ の値は限りなく大きくなる
（図3.4）。

一般に、関数 $y = f(x)$ において、x が a と
異なる値をとりながら a に限りなく近づくと
き、$f(x)$ の値が限りなく大きくなるならば、
$x \to a$ のとき $f(x)$ は **正の無限大に発散する**
という。このことを、

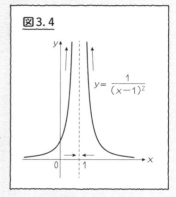

図3.4

$$\lim_{x \to a} f(x) = \infty$$

または

$$x \to a \quad \text{のとき} \quad f(x) \to \infty$$

と表す。

上記の例では、$\displaystyle\lim_{x \to 1} \dfrac{1}{(x - 1)^2} = \infty$ となる。

次に、$y = -\dfrac{1}{(x - 1)^2}$ では、x が限りなく

1 に近づくとき、$-\dfrac{1}{(x - 1)^2}$ の値は、負でそ

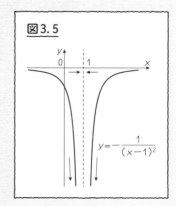

図3.5

の絶対値が限りなく大きくなる（図3.5）。

　一般に、関数 $y=f(x)$ において、x が a と異なる値をとりながら a に限りなく近づくとき、$f(x)$ の値が負で、その絶対値が限りなく大きくなるならば、$x \to a$ のとき $f(x)$ は**負の無限大に発散する**という。このことを、

$$\lim_{x \to a} f(x) = -\infty$$

または

$$x \to a \quad \text{のとき} \quad f(x) \to -\infty$$

と表す。

　上記の例では $\displaystyle\lim_{x \to 1}\left\{-\dfrac{1}{(x-1)^2}\right\}=-\infty$ となる。

　$f(x)$ が正の無限大に発散することを、$f(x)$ の極限は ∞ であるといい、$f(x)$ が負の無限大に発散することを、$f(x)$ の極限は $-\infty$ であるともいう。

　しかし、∞、$-\infty$ は極限値とは言わない。また、$-\infty$ と区別するために、∞ を $+\infty$ と書くこともある。

　関数 $f(x)$ において、

$$\lim_{x \to a} f(x) = \alpha \quad (\text{有限確定値})、\quad \lim_{x \to a} f(x) = +\infty、\quad \lim_{x \to a} f(x) = -\infty$$

のいずれでもない場合、$x \to a$ のとき $f(x)$ の**極限はない**という。

◎片側からの極限

　いままで「x が限りなく a に近づく」ことを $x \to a$ と書いてきたが、この記号は、

(1) x が a より大きい方から a に近づく

(2) x が a より小さい方から a に近づく

の2通りのことをまとめて表した記号である。

　ここでは、(1) と (2) の場合を区別して、

　(1)の場合を $x \to a+0$

　　（$a=0$ のときは、$x \to +0$）

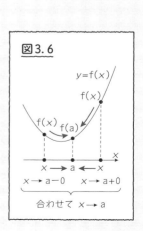

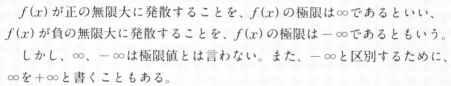

図3.6

$y=f(x)$

$f(x)$

$f(x)$ $f(a)$

$x \longrightarrow a \longleftarrow x$

$x \to a-0 \quad x \to a+0$

合わせて $x \to a$

111

(2)の場合を $x \to a - 0$

　　$(a = 0$ のときは、$x \to -0)$

と表すことにする（図3.6）。

　$x \to a + 0$ のとき、$f(x)$ の値が限りなく α に近づくならば、α を $f(x)$ の**右側極限**といい、$\displaystyle\lim_{x \to a+0} f(x) = \alpha$ と表す。この α を $f(a + 0)$ と書く。すなわち

$$\lim_{x \to a+0} f(x) = f(a + 0)$$

とくに、$a = 0$ のときは $\displaystyle\lim_{x \to +0} f(x) = f(+0)$ と表す。

　$x \to a - 0$ のとき、$f(x)$ の値が限りなく β に近づくならば、β を $f(x)$ の**左側極限**といい、$\displaystyle\lim_{x \to a-0} f(x) = \beta$ と表す。この β を $f(a - 0)$ と書く。すなわち、

$$\lim_{x \to a-0} f(x) = f(a - 0)$$

とくに、$a = 0$ のときは $\displaystyle\lim_{x \to -0} f(x) = f(-0)$ と表す。

　たとえば、関数 $f(x) = \dfrac{x^2 + x}{|x|}$ の $x = 0$ における右側極限 $f(+0)$ と左側極限 $f(-0)$ を求めよう。

　右側極限 $f(+0)$ は、

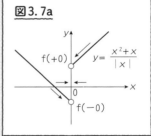

図3.7a

$$f(+0) = \lim_{x \to +0} \frac{x^2 + x}{|x|} = \lim_{x \to +0} \frac{x^2 + x}{x}$$

$x > 0$ で 0 に近づく

$x > 0$ のとき $|x| = x$

$$= \lim_{x \to +0} \frac{x(x + 1)}{x} = \lim_{x \to +0} (x + 1) = 1$$

　左側極限は、

$$f(-0) = \lim_{x \to -0} \frac{x^2 + x}{|x|} = \lim_{x \to -0} \frac{x^2 + x}{-x} = \lim_{x \to -0} \frac{x(x+1)}{-x}$$

$x < 0$ で 0 に近づく

$$= \lim_{x \to -0} \{-(x+1)\} = -1$$

$x < 0$ のとき $|x| = -x$

となる（図3.7a）。

このように、$x = 0$ で右側極限と左側極限が一致しない場合がある。このときは、$\lim\limits_{x \to 0} f(x)$ は1なのか、-1 なのか決まらない（図3.7b）。すなわち、$x = 1$ で極限は存在しない。

一般的に、$x = a$ で右側極限 $f(a+0)$、左側極限 $f(a-0)$ が存在しても、$f(a+0) \neq f(a-0)$ であるならば、$x \to a$ のとき $f(x)$ の極限は存在しない（図3.8）。

このようなことから、$f(x)$ が $x = a$ で極限が存在するためには、右側極限 $f(a+0)$ と左側極限 $f(a-0)$ が一致することである。

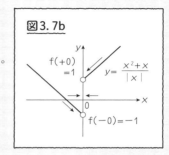

図3.7b

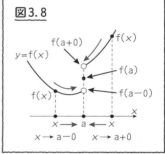

図3.8

$$\lim_{x \to a} f(x) = \alpha \Longleftrightarrow f(a+0) = f(a-0) = \alpha$$

(3.1)

$\lim\limits_{x \to a+0} f(x) = \lim\limits_{x \to a-0} f(x) = \alpha$ のこと

◎ $|x|$ が無限に大きくなるときの関数の極限

ここでは、関数 $f(x)$ において、変数 x の絶対値が限りなく大きくなる場合、すなわち、$x \to \infty$ や $x \to -\infty$ のときの $f(x)$ の極限について考えよう。

(1) $x \to \infty$ のとき、関数 $f(x)$ がある一定の値 α に限りなく近づく場合、この α を $x \to \infty$ のときの関数 $f(x)$ の極限値または極限といい、記号で $\lim\limits_{x \to \infty} f(x) = \alpha$ と表す（図3.9(1)）。

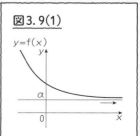

図3.9(1)

(2) $x \to -\infty$ のとき、関数 $f(x)$ がある一定の値 α に限りなく近づく場合、このαを $x \to -\infty$ のときの関数 $f(x)$ の**極限値**または**極限**といい、記号で $\displaystyle \lim_{x \to -\infty}(x) = \alpha$ と表す（図3.9(2)）。

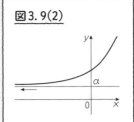

図3.9(2)

たとえば、

①$f(x) = \dfrac{1}{x}$ のとき、

> 極限が有限

$$\lim_{x \to \infty} f(x) = \lim_{x \to \infty} \frac{1}{x} = 0$$

$$\lim_{x \to -\infty} f(x) = \lim_{x \to -\infty} \frac{1}{x} = 0$$

が成り立つ（図3.10①）。

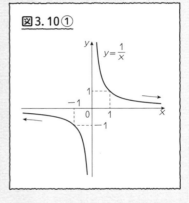

図3.10①

②$f(x) = x^3$ のとき、

> 極限が無限

$$\lim_{x \to \infty} f(x) = \lim_{x \to \infty} x^3 = \infty$$

$$\lim_{x \to -\infty} f(x) = \lim_{x \to -\infty} x^3 = -\infty$$

が成り立つ（図3.10②）。

$x \to +\infty$ における関数の極限の性質は、$x \to a$ の場合と同じである。

◎関数の連続性

関数 $y = f(x)$ が $x = a$ で連続であるとは、$x = a$ の付近でグラフが切れ目なくつながっていることである。このことは、x が a の右側から近づいたときの $f(x)$ の右側極限 $f(a+0)$ が $f(a)$ であり、x が a の左側から近づいたときの $f(x)$ の左側極限 $f(a-0)$ も $f(a)$ であることを示している（図3.11）。

すなわち、

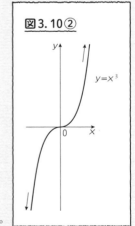

図3.10②

$y = x^3$

関数 $f(x)$ が $x = a$ で連続 $\iff$

$\quad f(a+0) = f(a-0) = f(a)$ $\qquad$ (3.2)

> $\lim\limits_{x \to a+0} f(x) = \lim\limits_{x \to a-0} f(x) = f(a)$ のこと

である。

たとえば、

(1) $f(x) = x^2 + 1$ は、$x = 1$ で連続、

(2) $g(x) = \begin{cases} \dfrac{x^2 - 1}{|x - 1|} & (x \neq 1) \\ 2 & (x = 1) \end{cases}$ は、$x = 1$ で連

続でない。

となるが、このことを見ていこう。

(1) $f(x) = x^2 + 1$ が $x = 1$ で連続であるか、ない

かを調べるためには、(3.2) より $f(1)$、

$f(1+0)$、$f(1-0)$ を求めればよい。

① $f(1) = 1^2 + 1 = 2$

② $f(1+0) = \lim\limits_{x \to 1+0} f(x) = \lim\limits_{x \to 1+0}(x^2 + 1)$

$\qquad = 1^2 + 1 = 2$

③ $f(1-0) = \lim\limits_{x \to 1-0} f(x) = \lim\limits_{x \to 1-0}(x^2 + 1)$

$\qquad = 1^2 + 1 = 2$

である。

> (3.2) が成り立つ

よって、$f(1) = f(1+0) = f(1-0)$

このことから

$\quad f(x) = x^2 + 1$ は $x = 1$ で連続である（図3.12）。

(2) 次に、

$$g(x) = \begin{cases} \dfrac{x^2 - 1}{|x - 1|} & (x \neq 1) \\ 2 & (x = 1) \end{cases} \qquad\qquad (3.3)$$

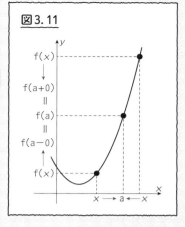

図3.11

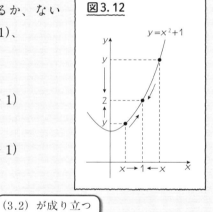

図3.12

が $x=1$ で連続でないことを調べよう。やはり、(3.2) より $g(1)$、$g(1+0)$、$g(1-0)$ を求める。

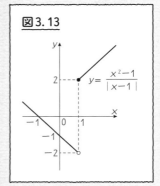

図 3.13

① $g(1)=2$

② $g(1+0)= \displaystyle\lim_{x \to 1+0} g(x)= \lim_{x \to 1+0} \frac{x^2-1}{|x-1|}$

$\qquad = \displaystyle\lim_{x \to 1+0} \frac{(x+1)(x-1)}{x-1}$

$\qquad = \displaystyle\lim_{x \to 1+0} (x+1)=1+1=2$

③ $g(1-0)= \displaystyle\lim_{x \to 1-0} g(x)= \lim_{x \to 1-0} \frac{x^2-1}{|x-1|}$

$\qquad = \displaystyle\lim_{x \to 1-0} \frac{(x+1)(x-1)}{-(x-1)}$

> $x<1$ より $x-1<0$ だから
> $|x-1|=-(x-1)$

$\qquad = \displaystyle\lim_{x \to 1-0} \frac{x+1}{-1}=\frac{1+1}{-1}=-2$

であるから、　$g(1)=g(1+0) \neq g(1+0)$

> (3.2) が成り立たない

したがって、$g(x)= \dfrac{x^2-1}{|x-1|}$ は $x=1$ で連続でない（図 3.13）。

関数の連続について、極限値の性質から次のことが成り立つ。

　関数 $f(x)$、$g(x)$ が定義域の $x=a$ で連続ならば、次の各関数もまた、$x=a$ で連続である。

(1) $pf(x)+qg(x)$　　　ただし、p、q は定数

(2) $f(x)g(x)$

(3) $\dfrac{f(x)}{g(x)}$　　　　　ただし、$g(a) \neq 0$

　関数 $y=f(x)$ が定義域のすべての x の値で連続であるとき、$y=f(x)$ は**連続である**という。

　たとえば、図3.14のように、$y=\dfrac{1}{x}$ は、$x=0$ のところで切れているが、

この関数の定義域は、分母を0にする$x=0$を除く実数なので定義域内では連続である。よって、連続関数である（図3.14）。

n次関数、三角関数、分数関数などは、連続関数である。

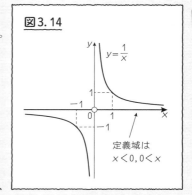

図3.14

$y = \dfrac{1}{x}$

定義域は
$x < 0, 0 < x$

◎区間内での関数の連続

関数$f(x)$が定義域内のある区間で、連続かどうかを考えることがある。そのとき、その区間の両端の値が区間に含まれるか、含まれないかが重要になる。たとえば、

115ページの関数(3.3) $g(x) = \begin{cases} \dfrac{x^2-1}{|x-1|} & (x \neq 1) \\ 2 & (x=1) \end{cases}$ は、

① 開区間$-1 < x < 1$では$g(x)$は連続

② 閉区間$-1 \leqq x \leqq 1$では$g(x)$は連続でないことを見ていこう。

閉区間、開区間については、第1章30ページ参照

① 開区間$-1 < x < 1$では、

$$g(x) = \frac{x^2-1}{|x-1|} = \frac{(x-1)(x+1)}{-(x-1)} = -x-1$$

となり、関数$g(x) = -x-1$は連続関数である（図3.15①）。

② 閉区間$-1 \leqq x \leqq 1$では、

$$g(x) = \begin{cases} -x-1 & (-1 \leqq x < 1) \\ 2 & (x=1) \end{cases}$$

である（図3.15②）。

xが左側から1に限りなく近づいたとき、左側極限は

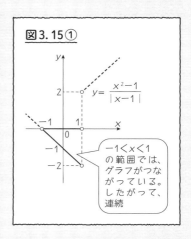

図3.15①

$y = \dfrac{x^2-1}{|x-1|}$

$-1 < x < 1$の範囲では、グラフがつながっている。したがって、連続

$$g(1-0) = \lim_{x \to 1-0} g(x)$$
$$= \lim_{x \to 1-0} (-x - 1)$$
$$= -2$$

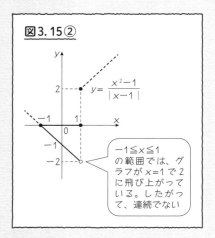

図3.15②

$$y = \frac{x^2 - 1}{|x - 1|}$$

−1≦x≦1 の範囲では、グラフが x=1 で 2 に飛び上がっている。したがって、連続でない

である。一方、$g(1) = 2$ となる。したがって、$g(1-0) \neq g(1)$ である。このことより、$g(x)$ は $-1 \leqq x \leqq 1$ で連続ない。

2　微分

　微分は、接線を求めるために考えられたので、まず接線の方程式を求めよう。その中でも重要なのが接線の傾きである。この接線の傾きを微分係数ともいう。この微分係数は、x が微小変化したときに y が微小変化する割合のことである。このために、微分係数を求めることが大切になる。そこで、微分係数を求めるために、導関数を導入する。

　しかし、どんな関数でも微分係数が求められるとは限らない。微分係数が求められる関数はどのような関数かを考える。

◎微分係数と接線

　曲線 $y = f(x)$ 上の点 $A(a, f(a))$ における接線 ℓ の方程式を求めよう。

　曲線 $y = f(x)$ 上に A と異なる点 $P(a+h, f(a+h))$ をとり、P を限りなく A に近づける。このとき、直線 AP は 1 つの直線 ℓ に限りなく近づくならば、直線 ℓ が曲線 $y = f(x)$ の A における接線である（図3.17）。

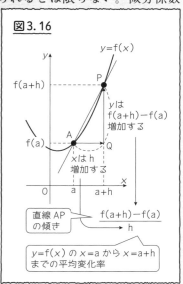

図3.16

$y = f(x)$

y は $f(a+h) - f(a)$ 増加する

x は h 増加する

直線 AP の傾き

$$\frac{f(a+h) - f(a)}{h}$$

$y=f(x)$ の $x=a$ から $x=a+h$ までの平均変化率

118

そのために、まず直線APの方程式を求めよう（図3.16）。

直線APは点 $A(a, f(a))$ を通り、傾き $\dfrac{f(a+h)-f(a)}{h}$ の直線だから、直線APの方程式は、

$$y = \frac{f(a+h)-f(a)}{h}(x-a) + f(a)$$

となる。

ここで、h は x の変化量、$f(a+h)-f(a)$ は、y の変化量なので、直線APの傾きは、

$$\frac{(y\,の変化量)}{(x\,の変化量)} = \frac{f(a+h)-f(a)}{h} \tag{3.4}$$

> 第1章40ページ（1.3）で見てきたように
> 点 (p, q) を通り、傾き k の直線の方程式は
> $$y = k(x-p) + q \cdots\cdots ①$$
> であった。ここでは
> $$q = f(a), \quad k = \frac{f(a+h)-f(a)}{h}$$
> なので、①に代入する

となる。また、これを $x=a$ から $x=a+h$ までの**平均変化率**ともいう（図3.16）。

ここで、Pを限りなくAに近づけることは、h を 0 に限りなく近づけることである（図3.17）。このとき、平均変化率(3.4) がある一定の値 α に限りなく近づくならば、この値 α を関数 $f(x)$ の $x=a$ における**微分係数**または**変化率**といい、α を $f'(a)$ と書く（図3.18）。

すなわち、

$$f'(a) = \lim_{h \to 0} \frac{f(a+h)-f(a)}{h} \tag{3.5}$$

または

h→0のとき $\dfrac{f(a+h)-f(a)}{h} \to f'(a)$

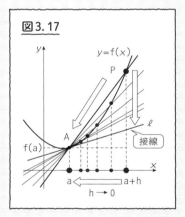

図3.17

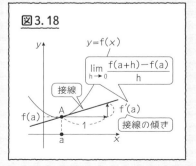

図3.18

と書く。$f'(a)$をエフ・ダッシュaという（図3.18）。

　この微分係数$f'(a)$が接線の傾きだから、曲線$y=f(x)$上の点A$(a, f(a))$における接線の方程式は、

$$y = f'(a)(x-a) + f(a) \qquad\qquad (3.6)$$

である。

　それでは、具体例として$y=x^2+x$の$x=-2$における接線の方程式を求めよう。

　$f(x)=x^2+x$　とおく。(3.6)を使うから、$f'(-2)$、$f(-2)$を求める。

$$
\begin{aligned}
f'(-2) &= \lim_{h \to 0} \frac{f(-2+h)-f(-2)}{h} \quad\text{(3.5) より}\\
&= \lim_{h \to 0} \frac{\{(-2+h)^2+(-2+h)\}-\{(-2)^2+(-2)\}}{h}\\
&= \lim_{h \to 0} \frac{\{(4-4h+h^2)-2+h\}-\{4-2\}}{h}\\
&= \lim_{h \to 0} \frac{-3h+h^2}{h} = \lim_{h \to 0}(-3+h) = -3
\end{aligned}
$$

$$f(-2) = (-2)^2 + (-2) = 2$$

　したがって、$x=-2$のおける接線は、点$(-2, 2)$を通り、傾きが-3の直線である。接線の方程式は、(3.6)に代入して、

$$y = -3\{x-(-2)\} + 2$$

よって$y=-3x-4$

　これが、$y=x^2+x$の$x=-2$における接線の方程式である（図3.19）。

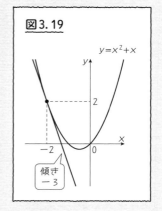

図3.19

120

◎導関数

前項で、関数$y = f(x)$の$x = a$における微分係数$f'(a)$は、$x = a$における接線の傾きであることがわかった。そこで、この微分係数を求めるために導関数を、ここで考えていこう。

まず、$y = x^2$の$x = a$における微分係数を求めよう。

$f(x) = x^2$だから、微分係数の定義式(3.5)に代入すると、

$$f'(a) = \lim_{h \to 0} \frac{f(a+h) - f(a)}{h} = \lim_{h \to 0} \frac{(a+h)^2 - a^2}{h}$$

$$= \lim_{h \to 0} \frac{a^2 + 2ab + h^2 - a^2}{h} = \lim_{h \to 0} \frac{h(2a+h)}{h}$$

$$= \lim_{h \to 0} (2a+h) = 2a$$

> hが0に近づき$2a$が残る

よって、$f'(a) = 2a$ (3.7)

そこで、

$x = -1$における微分係数$f'(-1)$は、(3.7)のaを-1にして、

$$f'(-1) = 2 \cdot (-1) = -2$$

と求められる(図3.20)。

同様に、$x = 2$における微分係数$f'(2)$は、(3.7)のaを2にして

$$f'(2) = 2 \cdot 2 = 4$$

と求められる(図3.20)。

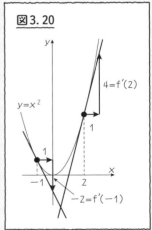

図3.20

このように、文字aにおける微分係数$f'(a)$を求めてから、aに具体的な数1、2、3、……を代入すれば、具体的な微分係数$f'(1)$、$f'(2)$、$f'(3)$、……がすぐに求められる。ここで、aに値を代入するから、aは変数と考える。しかし、文字aでは変数らしくないので、文字aを用いる代わりに、変数らしい文字xを使って、$f'(x)$と書く。この$f'(x)$を$f(x)$の導関数という。

すなわち、導関数を次のように定義する。

$$f'(x) = \lim_{h \to 0} \frac{f(x + h) - f(x)}{h} \qquad (3.8)$$

関数 $f(x)$ の導関数 $f'(x)$ を求めることを、$f(x)$ を**微分する**という。導関数の記号として $f'(x)$ のほかに、次のような記号を用いることがある。

$\{f(x)\}'$、y'、$\dfrac{dy}{dx}$ （ディーワイ・ディーエックスとよむ）、

$\dfrac{d}{dx} f(x)$

たとえば、$y = x^2$ について、$f(x) = x^2$ だから、導関数を次のように書く。

$$f'(x) = 2x、(x^2)' = 2x、y' = 2x、\frac{dy}{dx} = 2x、\frac{d}{dx} f(x) = 2x$$

これらは、すべて同じ意味である。

◎微分可能

しかし、微分係数が存在しなければ、導関数も定義できない。そこで、微分係数について、詳しく調べていこう。

$x = a$ における $y = f(x)$ の微分係数は (3.5) より、

$$f'(a) = \lim_{h \to 0} \frac{f(a + h) - f(a)}{h}$$

である。ここで、

$\lim\limits_{h \to 0}$ は「h が限りなく 0 に近づく」であった。しかし、この近づき方には、

(1) h が正の数の方から 0 に近づく

(2) h が負の数の方から 0 に近づく

の 2 方向からの近づき方がある（図3.21）。

前者を右側微分係数（または右微分係数）といい、

$$f'_+(a) = \lim_{h \to +0} \frac{f(a+h) - f(a)}{h}$$

$h \to +0 : 0$の前の＋に注意

後者を左側微分係数（または左微分係数）といい、

$h \to -0 : 0$の前の－に注意

$$f'_-(a) = \lim_{h \to -0} \frac{f(a+h) - f(a)}{h}$$

この右側微分係数$f'_+(a)$と左側微分係数$f'_-(a)$が異なると微分係数$f'(a)$が一意に決まらないので、微分係数$f'(a)$は考えられない。

たとえば、関数$y = |x^2 - 1|$の$x = 1$における微分係数を考えよう。

関数$y = |x^2 - 1|$は、

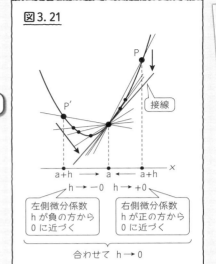

図3.21

接線

左側微分係数
hが負の方から
0に近づく

右側微分係数
hが正の方から
0に近づく

合わせて $h \to 0$

$$x^2 - 1 \geqq 0 \quad \text{すなわち} \quad x \leqq -1,$$
$$1 \leqq x \quad \text{のとき、}$$
$$y = |x^2 - 1| = x^2 - 1$$
$$x^2 - 1 < 0 \quad \text{すなわち} \quad -1 < x < 1 \quad \text{のとき}$$
$$y = |x^2 - 1| = -(x^2 - 1) = -x^2 + 1$$

$x^2 - 1 \geqq 0$より$x^2 \geqq 1$
2乗して1以上になるためには、
$x \leqq -1$または$1 \leqq x$
これを$x \leqq -1$、$1 \leqq x$と書く

絶対値（32ページ（注1.3））
$|a| = \begin{cases} a & (a \geqq 0 \text{ のとき}) \\ -a & (a < 0 \text{ のとき}) \end{cases}$

となる。したがって、グラフは図3.22の太い実線になる。

さて、$x = 1$における関数$y = |x^2 - 1|$の右側微分係数$f'_+(1)$は、

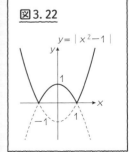

図3.22

$y = |x^2 - 1|$

$$f'_+(1) = \lim_{h \to +0} \frac{|(1+h)^2 - 1| - |1^2 - 1|}{h}$$
$$= \lim_{h \to +0} \frac{\{(1+h)^2 - 1\} - 0}{h}$$

$h > 0$だから、$(1+h)^2 - 1 > 0$
よって、$|(1+h)^2 - 1| = (1+h)^2 - 1$

$$= \lim_{h \to +0} \frac{(1^2 + 2h + h^2) - 1}{h}$$

$$= \lim_{h \to +0} \frac{2h + h^2}{h} = \lim_{h \to +0} (2 + h) = 2$$

$x = 1$における関数$y = |x - 1|$の左側微分係数$f'_-(1)$は

$$f'_-(1) = \lim_{h \to -0} \frac{|(1 + h)^2 - 1| - |-1^2 + 1|}{h}$$

$$= \lim_{h \to -0} \frac{-\{(1 + h)^2 - 1\} - 0}{h}$$

$$= \lim_{h \to -0} \frac{-(1^2 + 2h + h^2) + 1}{h}$$

$$= \lim_{h \to -0} \frac{-2h - h^2}{h} = \lim_{h \to -0} (-2 - h) = -2$$

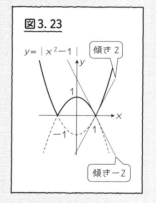

$h < 0$だから、
$(1 + h)^2 - 1 < 0$
よって、
$|(1 + h)^2 - 1|$
$\quad = -\{(1 + h)^2 - 1\}$

となる（図3.23）。

これらより、関数$y = |x^2 - 1|$の$x = 1$におけ
る右側微分係数は2で、左側微分係数は-2とな
り、一致しない。このため、微分係数が決まらな
いので、

「$x = 1$では、関数$y = |x^2 - 1|$の微分係数は存
在しない」

このように、微分係数が存在しないxの値aが
ある場合は、このような値aでは導関数の値
$f'(a)$は決まらない。

そこで、関数$f(x)$について、

図 3.23

$y = |x^2 - 1|$　傾き2

1

-1　1

傾き-2

$x = a$における微分係数$f'(a)$が存在する（すなわち、右側微分係数と左側
微分係数が等しい）とき、$f(x)$は、$x = a$で**微分可能**である。

という。さらに、

開区間$a<x<b$のすべてのxについて微分係数が存在するとき、開区間$a<x<b$で、$f(x)$は微分可能である。

という。

　$y=f(x)$ が微分可能ならば、定義域内のすべての点で、右からの接線の傾きと、左からの接線の傾きが等しくなり、曲線は滑らかにつながる（図3.24）。すなわち、**微分可能な関数は滑らかに変化する関数である**。

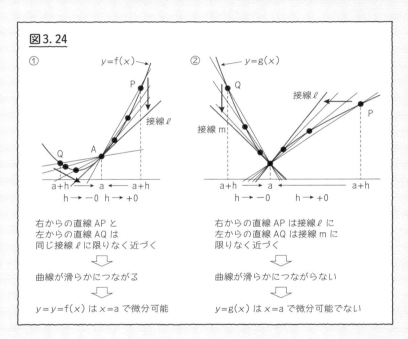

図3.24

① 　　　　　$y=f(x)$
　　　　　　　　　　　P
　　　　　　　　　　　　　　　接線ℓ
　　　　Q　A
　　　a+h　a　a+h
　　　$h\to-0$　$h\to+0$

右からの直線 AP と
左からの直線 AQ は
同じ接線ℓに限りなく近づく
⇩
曲線が滑らかにつながる
⇩
$y=y=f(x)$ は $x=a$ で微分可能

② 　　　　　$y=g(x)$
　　　　Q
　　　　　　　　　接線ℓ
　接線 m
　　a+h　a　　　　　a+h　P
　　$h\to-0$　$h\to+0$

右からの直線 AP は接線ℓに
左からの直線 AQ は接線 m に
限りなく近づく
⇩
曲線が滑らかにつながらない
⇩
$y=g(x)$ は $x=a$ で微分可能でない

3　微分の計算

　$y=f(x)$ の微分係数を求めるためには、導関数を求めることが重要である。しかし、導関数の定義では、$\lim$ がついているので、$\lim$ の計算をしなければならない。この計算が面倒である。$\lim$ の計算をしなくても済むように、ここでは導関数を導くいろいろな方法を調べていこう。ただし、こ

の項で考える関数はすべて微分可能であるとする。

◎ x^n の微分

それでは、$y = x^3$ の導関数を求めよう。$f(x) = x^3$ だから、導関数の定義式(3.8)より

$$(x^3)' = \lim_{h \to 0} \frac{f(x + h) - f(x)}{h} = \lim_{h \to 0} \frac{(x + h)^3 - x^3}{h}$$

$$= \lim_{h \to 0} \frac{(x^3 + 3x^2 h + 3xh^2 + h^3) - x^3}{h}$$

$$= \lim_{h \to 0} \frac{h(3x^2 + 3xh + h^2)}{h}$$

$$= \lim_{h \to 0} (3x^2 + 3xh + h^2) = 3x^2$$

> $(x + h)^3 = (x + h)^2 (x + h)$
> $= (x^2 + 2xh + h^2)(x + h)$
> $= x^3 + 2x^2 h + xh^2$
> $\quad + x^2 h + 2xh^2 + h^3$
> $= x^3 + 3x^2 h + 3xh^2 + h^3$

> $h \to 0$ だから $3xh + h^2 \to 0$
> となり、$3x^2$ だけが残る

よって、$y = x^3$ の導関数は $y' = (x^3)' = 3x^2$ である。

次に、c を定数として、定数関数 $y = c$(38ページ参照)の導関数を求めよう。$f(x) = c$ だから、導関数の定義式(3.8)より

$$(c)' = \lim_{h \to 0} \frac{f(x + h) - f(x)}{h} = \lim_{h \to 0} \frac{c - c}{h} = \lim_{h \to 0} 0 = 0$$

関数 $y = x$ の導関数は、$f(x) = x$ だから、導関数の定義式(3.8)より

$$(x)' = \lim_{h \to 0} \frac{f(x + h) - f(x)}{h} = \lim_{h \to 0} \frac{(x + h) - x}{h} = \lim_{h \to 0} \frac{h}{h}$$

$$= \lim_{h \to 0} 1 = 1$$

> $(x^3)' = 3x^{3-1}$

である。以上をまとめると

$(c)' = 0$、$(x)' = 1$、$(x^2)' = 2x$(前項より)、$(x^3)' = 3x^2$

となる。

上式の3番目と4番目の式を見ると、右肩の数字が x の前に出て、右肩の数字が1減っていることがわかる。

2番目の式では、$1 = x^0$（240ページ参照）と考えると、$(x^1)' = 1 \cdot x^0$となり、3番目と4番目の式と同じ規則性がある。

　すなわち、一般に、自然数nについて

$$(x^n)' = nx^{n-1} \tag{3.9}$$

が成り立つ。

　以上のことをまとめると、

---

(1) cが定数のとき　　$(c)' = 0$

(2) nが自然数のとき　$(x^n)' = nx^{n-1}$　　とくに、$(x)' = 1$

　それでは、微分の公式を用いて、$y = x^6$を微分しよう。

$$y' = (x^6)' = 6x^{6-1} = 6x^5$$

となる。

　この公式を使えば、$\lim$の計算をしなくてもx^nの導関数が求められることになる。

◎微分の性質

　x^nの微分の公式(3.9)だけではいろいろな関数の導関数を求めることができないので、さらに、導関数を求める方法を調べよう。

　微分の重要な性質である次の式が成り立つ。

2つの関数$y = f(x)$、$y = g(x)$と実数p、qについて、

$$\{pf(x) + qg(x)\}' = pf'(x) + qg'(x) \tag{3.10}$$

　この式を微分の**線形性**[注3.1]という。

　それでは、(3.10)を証明しよう。導関数の定義式(3.8)から、

$$\{pf(x)+qg(x)\}' = \lim_{h \to 0} \frac{\{pf(x+h)+qg(x+h)\}-\{pf(x)+qg(x)\}}{h}$$

$$= \lim_{h \to 0} \frac{\{pf(x+h)-pf(x)\}+\{qg(x+h)-qg(x)\}}{h}$$

$$= \lim_{h \to 0} \frac{p\{f(x+h)-f(x)\}}{h} + \lim_{h \to 0} \frac{q\{g(x+h)-g(x)\}}{h}$$

$$= p \lim_{h \to 0} \frac{f(x+h)-f(x)}{h} + q \lim_{h \to 0} \frac{g(x+h)-g(x)}{h}$$

$$= pf'(x)+qg'(x)$$

ここでは、2つの関数の線形性を示しているが、3つ以上の関数についても同じような式が成り立つ。たとえば、3つの関数$f(x)$、$g(x)$、$h(x)$と実数p、q、rについて、次の式が成り立つ[注3.2]。

$$\{pf(x)+qg(x)+rh(x)\}' = pf'(x)+qg'(x)+rh'(x)$$

微分の線形性と公式$(c)'=0$、$(x^n)'=nx^{n-1}$を用いると、
関数$y=2x^3-3x+5$の導関数は、

微分の線形性より

$$y' = (2x^3-3x+5)' = 2(x^3)'-3(x)'+(5)'$$

（注3.1）　線形性とは、直線をグラフにもつ関数$f(x)=kx$の特有な性質
　　　　$f(pu+qv) = pf(u)+qf(v)$　……①
のことである。①は、次のように示される。
　　　　$f(pu+qv) = k(pu+qv) = p \cdot ku + q \cdot kv$
　　　　　　　　　　　$= pf(u)+qf(v)$
①の式をグラフで表すのは、難しいので、①と同値の式

　　　　$f(u+v) = f(u)+f(v)$
　　　　$(pu) = pf(u)$ 　……②

を、図で表すと右の図になる。
　　このようなことから、①（または②）と同じような式が成り立つことを線形性という。
　この線形性は、数学では重要な概念で、この性質があると扱いやすい。

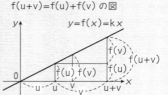
f(u+v)=f(u)+f(v) の図

（注3.2）　$qg(x)+rh(x)$を1つの関数と考えて、(3.10)を2回使う。
　　　　$\{pf(x)+qg(x)+rh(x)\}' = pf'(x)+\{qg(x)+rh(x)\}' = pf'(x)+qg'(x)+rh'(x)$

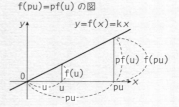
f(pu)=pf(u) の図

$$= 2 \cdot 3x^{3-1} - 3 \cdot 1 + 0$$

$$= 6x^2 - 3$$

公式 $(c)' = 0$、$(x^n)' = nx^{n-1}$ より

となり、面倒な lim の計算がなくなる。

また、関数全体の微分 $(2x^3 - 3x + 5)'$ に対して、各項ごとの微分 $2(x^3)' - 3(x)' + (5)'$ を**項別微分**ともいう。

◎変数が x、y でない場合の導関数

変数が x、y 以外の文字で表されている場合にも、導関数については、今までと同様に取り扱う。

たとえば、t の関数 $s = f(t)$ の導関数を、s'、$f'(t)$、$\dfrac{ds}{dt}$、$\dfrac{d}{dt}f(t)$ などで表す。

また、この導関数を求めることを、変数を明記して、s を t で微分するということもある。

半径 r の円の面積を表す式

r を変数とする関数 $S = \pi r^2$ を r で微分すると、

$$\frac{dS}{dr} = \pi(r^2)' = \pi \cdot 2r^{2-1} = 2\pi r$$

半径 r の円周の長さ

となる(注3.3)。

◎積の微分法

今度は、2つの関数 $y = f(x)$、$y = g(x)$ をかけ合わせてできる関数 $y = f(x)g(x)$ を微分しよう。やはり、導関数の定義式(3.8)から求める。

$$\{f(x)g(x)\}' = \lim_{h \to 0}\frac{f(x+h)g(x+h) - f(x)g(x)}{h}$$

(注3.3) 半径 r の円の面積を半径 r で微分すると円周の長さになる。それは、半径 r が極めて微小に増加(または減少)すると、面積は周の長さ分だけ増加(または減少)することを意味している。

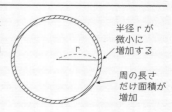

半径 r が微小に増加する

周の長さだけ面積が増加

$f(x)g(x+h)$ をひいて、たす

$$= \lim_{h \to 0} \frac{f(x+h)g(x+h) - f(x)g(x+h) + f(x)g(x+h) - f(x)g(x)}{h}$$

$$= \lim_{h \to 0} \frac{\{f(x+h) - f(x)\}g(x+h) + f(x)\{g(x+h) - g(x)\}}{h}$$

$$= \lim_{h \to 0} \frac{f(x+h) - f(x)}{h} g(x+h) + \lim_{h \to 0} f(x) \frac{g(x+h) - g(x)}{h}$$

$$= \lim_{h \to 0} \frac{f(x+h) - f(x)}{h} \cdot \lim_{h \to 0} g(x+h)$$

$$+ \lim_{h \to 0} f(x) \cdot \lim_{h \to 0} \frac{g(x+h) - g(x)}{h}$$

$$= f'(x)g(x) + f(x)g'(x)$$

したがって、積の導関数が求められた。

2つの微分可能な関数 $y = f(x)$ と $y = g(x)$ に対して、

$$\{f(x)g(x)\}' = f'(x)g(x) + f(x)g'(x) \tag{3.11}$$

（前の微分）＋（後ろの微分）

たとえば、$f(x) = (x^2 + 1)$、$g(x) = 2x - 1$ のかけ算である関数 $y = (x^2 + 1)(2x - 1)$ の導関数は、

（前の微分）＋（後ろの微分）

$$y' = \{(x^2 + 1)(2x - 1)\}'$$
$$= (x^2 + 1)'(2x - 1) + (x^2 + 1)(2x - 1)'$$
$$= 2x(2x - 1) + (x^2 + 1) \cdot 2$$
$$= 6x^2 - 2x + 2$$

積の微分を使わずに計算すると、
$y = (x^2 + 1)(2x - 1) = 2x^3 - x^2 + 2x - 1$ だから
$y' = 2 \cdot 3x^2 - 2x + 2 = 6x^2 - 2x + 2$ となり一致する

となる。

3つ以上の関数の積の場合も、同じような式が成り立つ。たとえば、3つの関数の積については、次の式が成り立つ[注3.4]。

$$\{f(x)g(x)h(x)\}' = f'(x)g(x)h(x) + f(x)g'(x)h(x)$$
$$+ f(x)g(x)h'(x)$$

◎商の微分法

積の微分が終わったから、次は商の微分を考えよう。

$y = f(x)$ を関数 $y = g(x)$ で割ってできる関数 $y = \dfrac{f(x)}{g(x)}$ の導関数を求めよう。

両辺に $g(x)$ をかけて、$g(x)y = f(x)$

この式の両辺を x で微分すると、積の微分から、

$$g'(x)y + g(x)y' = f'(x)$$

この式から、y' を求めると、

$$y' = \frac{f'(x) - g'(x)y}{g(x)} = \frac{f'(x) - g'(x)\dfrac{f(x)}{g(x)}}{g(x)}$$

$$= \frac{f'(x)g(x) - f(x)g'(x)}{\{g(x)\}^2}$$

> $y = \dfrac{f(x)}{g(x)}$ だから

したがって、商の導関数が求められた。

とくに、$\left(\dfrac{1}{g(x)}\right)' = \dfrac{(1)'g(x) - 1 \cdot g'(x)}{\{g(x)\}^2} = \dfrac{0 \cdot g(x) - 1 \cdot g'(x)}{\{g(x)\}^2}$

$$= \frac{-g'(x)}{\{g(x)\}^2} = -\frac{g'(x)}{\{g(x)\}^2}$$

以上のことをまとめると、

2つの微分可能な関数 $y = f(x)$ と $y = g(x)$ に対して、

$$\left(\frac{f(x)}{g(x)}\right)' = \frac{f'(x)g(x) - f(x)g'(x)}{\{g(x)\}^2} \qquad (3.12)a$$

とくに、$\left(\dfrac{1}{g(x)}\right)' = -\dfrac{g'(x)}{\{g(x)\}^2}$ \qquad (3.12)b

---

(注3.4)　$g(x)h(x)$ を1つの関数と考えて、(3.11) を2回使う。

$\{f(x)g(x)h(x)\}' = f'(x)\{g(x)h(x)\} + f(x)\{g(x)h(x)\}'$

$= f'(x)g(x)h(x) + f(x)\{g'(x)h(x) + g(x)h'(x)\}$

$= f'(x)g(x)h(x) + f(x)g'(x)h(x) + f(x)g(x)h'(x)$

たとえば、$y = \dfrac{2x}{x-1}$ を微分すると、

$$y' = \frac{(2x)'(x-1) - x^2(x-1)'}{(x-1)^2} = \frac{2\cdot(x-1) - 2x\cdot 1}{(x-1)^2}$$

$$= -\frac{2}{(x-1)^2}$$

◎合成関数の微分

次に、ちょっと難しいが、合成関数の微分を見ていこう。

第1章の61ページで見てきたように、合成関数は2つの関数 $y = f(x)$、$y = g(x)$ で、$g(x)$ を $f(x)$ の x に代入してできる新しい関数 $f(g(x))$ のことをいう。

ここでは、$f(g(x))$ の微分を考えよう。やはり、導関数の定義式（3.8）からスタートする。

$g(x+h) - g(x)$ でわって、かける

$$\{f(g(x))\}' = \lim_{h \to 0} \frac{f(g(x+h)) - f(g(x))}{h}$$

$$= \lim_{h \to 0} \frac{f(g(x+h)) - f(g(x))}{g(x+h) - g(x)} \cdot \frac{g(x+h) - g(x)}{h}$$

$$= \lim_{h \to 0} \frac{f(g(x+h)) - f(g(x))}{g(x+h) - g(x)} \cdot \lim_{h \to 0} \frac{g(x+h) - g(x)}{h}$$

$$\cdots\cdots ①$$

ここで、$u = g(x)$、$g(x+h) - g(x) = k$ とおくと、$h \to 0$ のとき $g(x+h) - g(x) \to 0$ であるから $k \to 0$ となる。

また、$g(x+h) - g(x) = k$ より $g(x+h) = g(x) + k = u + k$ であるから、

$$（①の第1式）= \lim_{h \to 0} \frac{f(g(x+h)) - f(g(x))}{g(x+h) - g(x)}$$

$g(x+h) = u + k$ だから

$h \to 0$ が $k \to 0$ になる

$$= \lim_{k \to 0} \frac{f(u+k) - f(u)}{k}$$

$g(x+h) - g(x) = k$ だから

$$= f'(u)$$

132

ただし、$f'(u)$ は $f(u)$ を u で微分している。

$$(\text{①の第2式}) = \lim_{h \to 0} \frac{g(x+h) - g(x)}{h} = g'(x)$$

ただし、$g'(x)$ は $g(x)$ を x で微分している。よって、

$$\{f(g(x))\}' = \lim_{h \to 0} \frac{f(g(x+h)) - f(g(x))}{h} = f'(u)g'(x)$$
$$= f'(g(x))g'(x)$$

外 $f(u)$ を u で微分して中 $g(x)$ を x で微分してかける

すなわち、次のことが成り立つ。

2つの関数 $y = f(u)$、$u = g(x)$ の合成関数 $y = f(g(x))$ に対して、

$$\{f(g(x))\}' = f'(u)g'(x) = f'(g(x))g'(x) \tag{3.13}a$$

ここで、$f'(u)$ は $f(u)$ を u で微分している。

この合成関数の微分 (3.13)a で、微分する変数を明らかにするときは、

$$\frac{dy}{dx} = \frac{dy}{du} \cdot \frac{du}{dx} \tag{3.13}b$$

形式的に du を約分して
$$\frac{dy}{du} \cdot \frac{du}{dx} = \frac{dy}{d\!\!\!/u} \cdot \frac{d\!\!\!/u}{dx} = \frac{dy}{dx}$$
とみることもできる。

と書くこともある。

たとえば、a、b を実数、n を自然数として $y = (ax+b)^n$ を x で微分しよう。

$y = (ax+b)^n$ を $y = u^n$ と $u = ax+b$ の合成関数と考えると、

$$\{(ax+b)^n\}' = (u^n)'(ax+b)' = nu^{n-1} \cdot a$$

外 $f(u) = u^n$ を微分　　　中 $g(x) = ax+b$ を微分

$$= n(ax+b)^{n-1} \cdot a = na(ax+b)^{n-1}$$

したがって、次の式が成り立つ。

$$\{(ax+b)^n\}' = na(ax+b)^{n-1} \tag{3.14}$$

4　sin x、cos x の微分

　微分の準備ができたので、ここで、いよいよ $\sin x$、$\cos x$ を微分するとどうなるか見ていこう。

◎ sin x の微分

　まず、$y = \sin x$ を微分しよう。出発点は、やはり導関数の定義(3.8) からである。$f(x) = \sin x$ とおくと、

$$(\sin x)' = \lim_{h \to 0} \frac{f(x+h) - f(x)}{h} = \lim_{h \to 0} \frac{\sin(x+h) - \sin x}{h}$$

となるが、この分子に和・差から積へ直す公式（101ページ）
$\sin \alpha - \sin \beta = 2\cos\dfrac{\alpha+\beta}{2}\sin\dfrac{\alpha-\beta}{2}$ をあてはめると

$$\sin(x+h) - \sin x = 2\cos\frac{(x+h)+x}{2}\sin\frac{(x+h)-x}{2}$$
$$= 2\cos\left(x+\frac{h}{2}\right)\sin\frac{h}{2}$$

よって、

$$(\sin x)' = \lim_{h \to 0} \frac{\sin(x+h) - \sin x}{h}$$
$$= \lim_{h \to 0} \frac{2\cos\left(x+\dfrac{h}{2}\right)\sin\dfrac{h}{2}}{h}$$
$$= \lim_{h \to 0} \frac{\cos\left(x+\dfrac{h}{2}\right)\sin\dfrac{h}{2}}{\dfrac{h}{2}} = \lim_{h \to 0} \cos\left(x+\frac{h}{2}\right)\cdot\frac{\sin\dfrac{h}{2}}{\dfrac{h}{2}}$$

$$\frac{(分子) \times \dfrac{1}{2}}{(分母) \times \dfrac{1}{2}}$$

$$= \lim_{h \to 0} \cos\left(x + \frac{h}{2}\right) \cdot \lim_{h \to 0} \frac{\sin\dfrac{h}{2}}{\dfrac{h}{2}} \qquad \cdots\cdots ①$$

$$(①の第１式) = \lim_{h \to 0} \cos\left(x + \frac{h}{2}\right) = \cos x \tag{3.15}$$

①の第２式では $\dfrac{h}{2} = \theta$ とおくと、

$h \to 0$ のとき $\dfrac{h}{2} \to 0$ だから $\theta \to 0$ である。そこで、

$$(①の第２式) = \lim_{h \to 0} \frac{\sin\dfrac{h}{2}}{\dfrac{h}{2}} = \lim_{\theta \to 0} \frac{\sin\theta}{\theta}$$

となる。

ここで、

$$\lim_{\theta \to 0} \frac{\sin\theta}{\theta} = 1 \tag{3.16}$$

が成り立つ。ここでは、感覚的に（3.16）が成り立つことを示そう。

図3.25のように、半径１の円を考える。θ はラジアンだから弧 PA の長さに等しい。

$\sin\theta$ は、線分 PQ の長さに等しい。

ここで、θ を０に限りなく近づけると、弧 PA の長さと線分 PQ の長さは限りなく等しい長さに近づく。すなわち、θ と $\sin\theta$ の値は限りなく等しい値に近づく。

このことを数値で確かめると表3.1のように、θ と $\sin\theta$ は同じ値に近づくこと

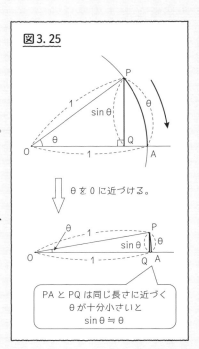

図3.25

θ を０に近づける。

PA と PQ は同じ長さに近づく
θ が十分小さいと
$\sin\theta \fallingdotseq \theta$

表3.1		
θ	$\sin\theta$	$\sin\theta \div \theta$
0.1	0.0998334166…	0.9983341664…
0.05	0.0499791692…	0.9995833854…
0.025	0.0249973959…	0.9998958365…
0.0125	0.0124996744…	0.9999739585…
0.00625	0.0062499593…	0.9999934895…
0.003125	0.0031249949…	0.9999983723…
0.0015625	0.0015624993…	0.999999593…
0.00078125	0.0007812499…	0.9999998982…
0.000390625	0.0003906249…	0.9999999745…

同じ値に近づく　　　　　　　　1に近づく

がわかる。すなわち、θが十分小さければ、$\sin\theta \fallingdotseq \theta$ が成り立つ。したがって、

$$\lim_{\theta \to 0} \frac{\sin\theta}{\theta} = 1$$

がいえる。

そこで、$\sin x$の微分に戻る。①に（3.15）と（3.16）を代入すると、

$$(\sin x)' = \lim_{h \to 0} \cos\left(x + \frac{h}{2}\right) \cdot \lim_{h \to 0} \frac{\sin\dfrac{h}{2}}{\dfrac{h}{2}} = \cos x \cdot 1 = \cos x$$

これで、$(\sin x)' = \cos x$ が成り立つことがわかった。

◎ $\cos x$ の微分

次に、$y = \cos x$の導関数を、$\sin x$の微分を利用して求めよう。

三角関数の性質（74ページ）$\sin\left(\theta + \dfrac{h}{2}\right) = \cos\theta$ より

$$y = \cos x = \sin\left(x + \frac{\pi}{2}\right) \tag{3.17}$$

となる。

関数 (3.17) を $y = \sin u$ と $u = x + \frac{\pi}{2}$ のと合成関数として、微分すると、

u で微分 x で微分

$$
\begin{aligned}
(\cos x)' &= \left\{\sin\left(x + \frac{\pi}{2}\right)\right\}' = (\sin u)'\left(x + \frac{\pi}{2}\right)' \\
&= \cos u \cdot (1 + 0) \\
&= \cos\left(x + \frac{\pi}{2}\right) \\
&= -\sin x
\end{aligned}
$$

三角関数の性質
$\cos\left(\theta + \frac{\pi}{2}\right) = -\sin\theta$
を用いる

以上より、$(\cos x)' = -\sin x$ となる。

これで、$\sin x$、$\cos x$ の微分がわかった。これらのことから、三角関数の微分は次のようになる。

$$(\sin x)' = \cos x \tag{3.18}$$
$$(\cos x)' = -\sin x \tag{3.19}$$

次に、$a(\neq 0)$、b を実数として、関数 $y = \sin(ax + b)$ を微分しよう。

$u = ax + b$ とおき、$y = \sin(ax + b)$ を $y = \sin u$ と $u = ax + b$ の合成関数とする。合成関数の微分により

$$
\begin{aligned}
y' &= \{\sin(ax + b)\}' = \{\sin u\}'(ax + b)' \\
&= \cos u \cdot a = a\cos(ax + b)
\end{aligned}
$$

よって、$\{\sin(ax + b)\}' = a\cos(ax + b)$
同じように、$\{\cos(ax + b)\}' = -a(\sin ax + b)$
が成り立つ。

$$\{\sin(ax+b)\}' = a\cos(ax+b) \tag{3.20}$$
$$\{\cos(ax+b)\}' = -a\sin(ax+b) \tag{3.21}$$

5　高次導関数

今まで、微分可能な関数 $y=f(x)$ を微分して導関数 $y'=f'(x)$ を求めた。これを**第1次導関数**といい、$y^{(1)}=f^{(1)}(x)$ とも書く。

導関数 $f'(x)$ も微分可能な関数ならば、さらに微分することができる。それを $f(x)$ の**第2次導関数**といい、$y''=f''(x)$ または $y^{(2)}=f^{(2)}(x)$ と書く。

第2次導関数 $f''(x)$ が微分可能な関数ならば、$f''(x)$ を微分して得られる関数を $f(x)$ の**第3次導関数**といい、$y'''=f'''(x)$ または $y^{(3)}=f^{(3)}(x)$ と書く。

図3.26

$y=f(x)$
　⇩　微分可能
$y'=f'(x)$ …第1次導関数
　⇩　微分可能
$y''=f''(x)$ …第2次導関数
　⇩　微分可能
$y'''=f'''(x)$ …第3次導関数
　⇩　微分可能
………
　⇩　微分可能
$y^{(n)}=f^{(n)}(x)$ …第n次導関数
　⇩　微分可能
………

このように、導関数が微分可能ならば何回でも微分することができる。

n を自然数として、一般に n 回微分して得られる関数を、$f(x)$ の**第n次導関数**といい、$y^{(n)}$、$f^{(n)}(x)$ などと表す。また、$y^{(0)}$、$f^{(0)}(x)$ で、それぞれ y、$f(x)$ を表すこともある。

第2次以上の導関数をまとめて、**高次導関数**という。

◎$y=x^n$ を続けて微分する

たとえば、$y=x^4$　という関数は、

$$y^{(1)} = (x^4)' = 4x^{4-1} = 4x^3$$
$$y^{(2)} = (4x^3)' = 4(x^3)' = 4 \times 3x^{3-1} = 4 \times 3x^2$$
$$y^{(3)} = (4 \times 3x^2)' = 4 \times 3(x^2)' = 4 \times 3 \times 2x^{2-1} = 4 \times 3 \times 2x$$

$$y^{(4)} = (4 \times 3 \times 2x)' = 4 \times 3 \times 2(x)' = 4 \times 3 \times 2 \times 1$$

このように、x^4 は、1回微分するごとに、x の次数（x の右肩に乗っている数4を x の**次数**という）が1つずつ下がっていき、4回微分すると x が消えてしまい、$y^{(4)} = 4 \times 3 \times 2 \times 1$ になる。

ここで、$4 \times 3 \times 2 \times 1$ と書くと式が長くなるので、$4 \times 3 \times 2 \times 1$ のことを4!と書き、4の**階乗**という。この書き方を使うと、$y^{(4)} = 4!$ となる。

一般に、自然数 n について

$$n! = n(n-1)(n-2) \cdots\cdots 3 \cdot 2 \cdot 1$$

と定義し、$0! = 1$ とする。

自然数 n が大きくなるにしたがって、$n!$ はびっくりするほど速く大きくなるので、記号!が使われたともいう（図3.27）。

これらのことから、

$y = x^n$ の n 次導関数は、$y^{(n)} = (x^n)^{(n)} = n!$

図3.27

1!=1
2!=2
3!=6
4!=24
5!=120
6!=720
7!=5040
8!=40320
9!=362880
10!=3628800

◎ $y = \sin x$ を続けて微分する

次に $y = \sin x$ をどんどん微分していこう。

$$y^{(1)} = \cos x$$
$$y^{(2)} = (\cos x)' = -\sin x$$
$$y^{(3)} = (-\sin x)' = -(\sin x)'$$
$$= -\cos x$$
$$y^{(4)} = (-\cos x)' = -(\cos x)'$$
$$= -(-\sin x) = \sin x$$

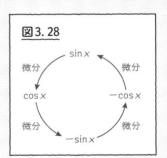

図3.28

となり、$\sin x$ は4回微分すると元に戻る（図3.28）。

◎ $y = \cos x$ を続けて微分する

次に $y = \cos x$ を微分していくとどうなるか。

$$y^{(1)} = -\sin x$$
$$y^{(2)} = (-\sin x)' = -\cos x$$
$$y^{(3)} = (-\cos x)' = -(\cos x)' = -(-\sin x) = \sin x$$
$$y^{(4)} = (\sin x)' = \cos x$$

となり、$\cos x$ も4回微分すると元に戻る（図3.28）。この4回で元に戻るのは $\sin x$、$\cos x$ の重要な性質である。

6 ベキ級数展開

$\sin x$、$\cos x$ の微分を見てきたので、ここでは微分を使って、$\sin x$、$\cos x$ を定数と無限個の x^n の項の和で表すことを目標にする。つまり、次の式を導くことにある。

$$\sin x = x - \frac{1}{3!}x^3 + \frac{1}{5!}x^5 - \frac{1}{7!}x^7 + \cdots + \frac{(-1)^n}{(2n+1)!}x^{2n+1} + \cdots$$

$$(3.22)$$

$$\cos x = 1 - \frac{1}{2!}x^2 + \frac{1}{4!}x^4 - \frac{1}{6!}x^6 + \cdots + \frac{(-1)^n}{(2n)!}x^{2n} + \cdots$$

$$(3.23)$$

ここで、…は同じような式が続くことを意味している。

このように関数 $f(x)$ を定数と無限個の x^n の項の和で表すことを**ベキ級数展開**するという。関数をベキ級数展開すると、異なる関数が x^n の項の和という同じ表し方になるので、比較することができるようになる。これらのべき級数展開は、微分・積分の創始者であるニュートンやライプニッツ（1646〜1716年）もすでに知っており、積極的に利用していた。

◎和を表す記号Σ

　今までは、（3.22）や（3.23）のように定数とx^nの項の和を書き並べていたが、この方法は理解しやすいものの書くスペースをとるし、計算で不便なことがある。そこで、ここからは和の記号Σ（Σは、ギリシア文字シグマであり、Sum（和）の頭文字Sにあたる）を用いて表すこともある。たとえば、$\sum_{k=1}^{5} 2k$と書くと、「kに１から５までの整数を代入してそれらを足し算する」ことを意味する。すなわち、

$$\sum_{k=1}^{5} 2k = 2 \cdot 1 + 2 \cdot 2 + 2 \cdot 3 + 2 \cdot 4 + 2 \cdot 5$$

である。

　とくに、$\sum_{k=1}^{5} 2$は５個の２を足し算することを意味する。すなわち、

$$\sum_{k=1}^{5} 2 = 2 + 2 + 2 + 2 + 2$$

である。

　ここでは、文字kを用いたが、他の文字を用いてもよい。たとえば、

(1) $\displaystyle\sum_{i=1}^{5} i^2 = 1^2 + 2^2 + 3^2 + 4^2 + 5^2$ 　iに１から５までの整数を入れて足し算する

(2) $\displaystyle\sum_{m=1}^{8} 3 = 3 + 3 + 3 + 3 + 3 + 3 + 3 + 3$ 　３を８個足し算する

(3) $\displaystyle\sum_{n=4}^{7} (n - 3) = (4 - 3) + (5 - 3) + (6 - 3) + (7 - 3)$

という具合である。　　nに４から７までの整数を入れて足し算する

　$\sin x$、$\cos x$のベキ級数展開は、無限個の項を足し算するので、無限を表す記号∞を用いて、次のように表すことができる。

nに0, 1, 2, … と順に整数を入れて、足し算する

（3.22）は　　$\displaystyle\sin x = \sum_{n=0}^{\infty} \frac{(-1)^n}{(2n + 1)!} x^{2n+1}$

(3.23) は $\quad \cos x = \displaystyle\sum_{n=0}^{\infty} \frac{(-1)^n}{(2n)!} x^{2n}$

ただし、$(-1)^0 = 1$、$x^0 = 1$ とする。一般に、0 でない実数 a について、$a^0 = 1$（240ページ参照）である。

Σ も線形性をもっている。

$$\sum_{k=1}^{n} (pa_k + qb_k) = p \sum_{k=1}^{n} a_k + q \sum_{k=1}^{n} b_k \quad (p \text{、} q \text{は} k \text{に関係ない定数}) \quad (3.24)$$

(3.24) が成り立つことは、実際に和を書き並べるとわかりやすい。

$$
\begin{aligned}
\sum_{k=1}^{n} (pa_k + qb_k) &= (pa_1 + qb_1) + (pa_2 + qb_2) + \cdots\cdots + (pa_n + qb_n) \\
&= (pa_1 + pa_2 + \cdots\cdots + pa_n) \\
&\qquad\qquad + (qb_1 + qb_2 + \cdots\cdots + qb_n) \\
&= p(a_1 + a_2 + \cdots\cdots + a_n) + q(b_1 + b_2 + \cdots\cdots + q_n) \\
&= p \sum_{k=1}^{n} a_k + q \sum_{k=1}^{n} b_k
\end{aligned}
$$

◎ベキ級数と無限級数

x を変数として、x^n の項の無限個を＋で結んで得られる式

$$a_0 + a_1 x + a_2 x^2 + \quad \cdots \quad + x^{n-1} + \cdots \tag{3.25}$$

を**ベキ級数**という。ここではこの式の意味について考えていこう。

そこで、ベキ級数を考える前に、無限個の数を足し算する場合を考える。無限個の数を＋で結んで得られる式を**無限級数**という。

たとえば、

$$S = \sum_{k=1}^{\infty}\left(\frac{1}{2}\right)^{k-1} = 1 + \frac{1}{2} + \left(\frac{1}{2}\right)^2 + \cdots + \left(\frac{1}{2}\right)^{n-1} + \cdots \quad (3.26)$$

は無限級数である。まず、この式の意味を考えよう。

無限級数 (3.26) の最初からn個の項を取り出した式

$$S_n = \sum_{k=1}^{n}\left(\frac{1}{2}\right)^{k-1} = 1 + \frac{1}{2} + \left(\frac{1}{2}\right)^2 + \cdots + \left(\frac{1}{2}\right)^{n-1} \quad (3.27)$$

を考える。このS_nを無限級数(3.27) の**部分和**という。部分和は有限個の数の和だから、普通の足し算ができる。そこで、nに1から順に自然数を代入して、S_nの値を求める。

$n=1$のとき　$S_1 = 1$、

$n=2$のとき　$S_2 = 1 + \dfrac{1}{2} = \dfrac{3}{2} = 1.5$、

$n=3$のとき

$$S_3 = 1 + \frac{1}{2} + \left(\frac{1}{2}\right)^2 = \frac{7}{4} = 1.75$$

と計算を続けて、nを限りなく大きくしていく。すると、右の図3.29のようにS_nの値は限りなく2に近づく。この極限値2を無限級数 (3.26)の和とする。すなわち、

図3.29

$S_1 = 1$
$S_2 = 1.5$
$S_3 = 1.75$
$S_4 = 1.875$
$S_5 = 1.9375$
$S_6 = 1.96875$
$S_7 = 1.984375$
$S_8 = 1.9921875$
$S_9 = 1.99609375$
$S_{10} = 1.998046875$
$S_{11} = 1.99951171875$
$S_{12} = 1.999755859375$

$\underset{S}{\downarrow} \quad \overset{n \to \infty}{\underset{2}{\downarrow}}$

$$S = \sum_{k=1}^{\infty}\left(\frac{1}{2}\right)^{k-1} = 1 + \frac{1}{2} + \left(\frac{1}{2}\right)^2 + \cdots + \left(\frac{1}{2}\right)^{n-1} + \cdots = 2$$

と書く。

このように、無限級数の部分和S_nがnを限りなく大きくするとき、ある値に限りなく近づくならば、その無限級数は**収束する**といい、その値を**無限級数の和**という。

次の例として、無限級数

$$S = \sum_{k=1}^{\infty} 2^{k-1} = 1 + 2 + 2^2 + \cdots + 2^{n-1} + \cdots \qquad (3.28)$$

を考えよう。部分和は、

$$S_n = \sum_{k=1}^{n} 2^{k-1} = 1 + 2 + 2^2 + \cdots + 2^{n-1} \qquad (3.29)$$

となる。

$n = 1$ のとき $S = 1$

$n = 2$ のとき $S = 1 + 2 = 3$

$n = 3$ のとき $S = 1 + 2 + 2^2 = 7$

この計算を続けて、n を限りなく大きくすると、右の表のように S_n の値は限りなく大きくなる（図3.30）。これを

$$\lim_{n \to \infty} S_n = \sum_{k=1}^{\infty} 2^{k-1} = \infty$$

図3.30

$S_1 = 1$
$S_2 = 3$
$S_3 = 7$
$S_4 = 15$
$S_5 = 31$
$S_6 = 63$
$S_7 = 127$

$\downarrow n \to \infty \downarrow$

$S \qquad \infty$

と書き、無限級数は**発散**するという。この場合は、無限級数（3.28）の和は考えない。このように、無限級数は、和が存在する場合と存在しない場合がある。

さて、ベキ級数について考えよう。

例として、ベキ級数

$$S = 1 + x + x^2 + \quad \cdots \quad + x^{n-1} + \quad \cdots \qquad (3.30)$$

について見ていこう。

x は変数だから、数値を代入することができる。

$x = \dfrac{1}{2}$ を代入すると、ベキ級数（3.30）は無限級数（3.26）になる。この場合は和が存在する。ところが、$x = 2$ を代入すると、ベキ級数（3.30）は無限級数（3.28）になり、発散して、和が存在しない。

このように、x に代入する数値によって、ベキ級数の和が求められたり、

求められなかったりする。そこで、ベキ級数(3.30) に代入して、和が求められる数全体をベキ級数(3.30) の定義域 D とすれば、1つの関数になる。

たとえば、ベキ級数(3.30) は、$-1 < x < 1$ で収束し和が求められるが、$x \leqq -1$、$1 \leqq x$ で発散するから和が求められない。すなわち、ベキ級数(3. 30) は定義域が $-1 < x < 1$ の関数と考えられる。

◎関数を定数と無限個の x^n の項の和で表す

関数 $f(x)$ はベキ級数で表されるとし、そのベキ級数が収束すると仮定する。そこで、

$$f(x) = a_0 + a_1 x + a_2 x^2 + a_3 x^3 + a_4 x^4 + a_5 x^5 + \cdots \qquad (3.31)$$

とおいて、係数 a_n（$n = 0, 1, 2, 3, \cdots\cdots$）を次の方法で求める。

（ア）$x = 0$ を代入　（イ）両辺を x で微分する

この操作を繰り返し行う。

① $f(x) = a_0 + a_1 x + a_2 x^2 + a_3 x^3 + a_4 x^4 + a_5 x^5 + \cdots\cdots$

（ア）$x = 0$ を代入する。$f(0) = a_0$　よって　$a_0 = f(0)$

（イ）両辺を x で微分する。

> $f^{(1)}(x)$ は $f'(x)$ のこと（138ページ）

$f^{(1)}(x) = 0 + a_1 \cdot 1 + a_2 \cdot 2x + a_3 \cdot 3x^2 + a_4 \cdot 4x^3 + a_5 \cdot 5x^4 + \cdots\cdots$

したがって、

② $f^{(1)}(x) = a_1 + 2a_2 x + 3a_3 x^2 + 4a_4 x^3 + 5a_5 x^4 + \cdots\cdots$

（ア）$x = 0$ を代入する。$f^{(1)}(0) = a_1$ よって　$a_1 = f^{(1)}(0)$

（イ）両辺を x で微分する。

$f^{(2)}(x) = 0 + 2a_2 \cdot 1 + 3a_3 \cdot 2x + 4a_4 \cdot 3x^2 + 5a_5 \cdot 4x^3 + \cdots\cdots$

> $f^{(2)}(x)$ は $f''(x)$ のこと（138ページ）

したがって、

③ $f^{(2)}(x) = 1 \cdot 2a_2 + 2 \cdot 3a_3 x + 3 \cdot 4a_4 x^2 + 4 \cdot 5a_5 x^3 + \cdots\cdots$

（ア）$x = 0$ を代入する。$f^{(2)}(0) = 1 \cdot 2a_2$

$1 \cdot 2 = 2!$　と書くから　　$a_2 = \dfrac{f^{(2)}(0)}{2!}$

（イ）両辺を x で微分する。

$$f^{(3)}(x) = 0 + 2 \cdot 3 a_3 \cdot 1 + 3 \cdot 4 a_4 \cdot 2x + 4 \cdot 5 a_5 \cdot 3x^2 + \cdots\cdots$$

したがって、

④ $f^{(3)}(x) = 1 \cdot 2 \cdot 3 a_3 + 2 \cdot 3 \cdot 4 a_4 x + 3 \cdot 4 \cdot 5 a_5 x^2 + \cdots\cdots$

（ア）$x = 0$ を代入する。$f^{(3)}(0) = 1 \cdot 2 \cdot 3 a_3$

$1 \cdot 2 \cdot 3 = 3!$　と書くから　　$a_3 = \dfrac{f^{(3)}(0)}{3!}$

（イ）両辺を x で微分する。

$$f^{(4)}(x) = 0 + 2 \cdot 3 \cdot 4 a_4 \cdot 1 + 3 \cdot 4 \cdot 5 a_5 \cdot 2x + \cdots\cdots$$

したがって、

⑤ $f^{(4)}(x) = 1 \cdot 2 \cdot 3 \cdot 4 a_4 + 2 \cdot 3 \cdot 4 \cdot 5 a_5 x + \cdots\cdots$

$\cdots\cdots\cdots\cdots$

この操作を続けると、$a_4 = \dfrac{f^{(4)}(0)}{4!}$、$a_5 = \dfrac{f^{(5)}(0)}{5!}$、$\cdots\cdots$
と次々に求められる。

x_n の項の係数は、$a_n = \dfrac{f^{(n)}(0)}{n!}$ となる。

これで、a_n $(n = 0, 1, 2, 3, \cdots\cdots)$ が求められたので、(3.31) に代入して、

$$\begin{aligned}
f(x) &= f(0) + \frac{f^{(1)}(0)}{1!}x + \frac{f^{(2)}(0)}{2!}x^2 + \frac{f^{(3)}(0)}{3!}x^3 \\
&\quad + \frac{f^{(4)}(0)}{4!}x^4 + \cdots\cdots + \frac{f^{(n)}(0)}{n!}x^n + \cdots\cdots \\
&= \sum_{n=0}^{\infty} \frac{f^{(n)}(0)}{n!}x^n
\end{aligned}$$

$$\tag{3.32}$$

と関数 $f(x)$ のベキ級数展開が求められた。

◎ sin x のベキ級数展開

$f(x) = \sin x$ は無限回微分可能であり、ベキ級数展開できることがわかっている。(3.32) に当てはめて、$\sin x$ のベキ級数展開を求めよう。139 ページで求めたことから、

$$f(x) = \sin x, \qquad f^{(1)}(x) = \cos x$$
$$f^{(2)}(x) = -\sin x, \qquad f^{(3)}(x) = -\cos x,$$
$$f^{(4)}(x) = \sin x, \qquad \cdots\cdots$$

となり元に戻る。そこで、$x = 0$ を代入して、

$$f(0) = \sin 0 = 0, \qquad f^{(1)}(0) = \cos 0 = 1,$$
$$f^{(2)}(0) = -\sin 0 = 0, \qquad f^{(3)}(0) = -\cos 0 = -1,$$
$$f^{(4)}(0) = \sin 0 = 0, \qquad \cdots\cdots$$

これらの式を見ると、偶数回の微分では $f^{(2n)}(0) = 0$ であり、奇数回の微分で 1 または -1 になるから、$f^{(2n+1)}(0) = (-1)^{n}$ である。

これらを、$f(x)$ のベキ級数に代入して、

$$\sin x = 0 + \frac{1}{1!}x + \frac{0}{2!}x^2 + \frac{-1}{3!}x^3 + \frac{0}{4!}x^4 + \cdots\cdots$$
$$+ \frac{0}{(2n)!}x^{2n} + \frac{(-1)^{n}}{(2n+1)!}x^{2n+1} + \cdots\cdots$$
$$= x - \frac{1}{3!}x^3 + \frac{1}{5!}x^5 - \frac{1}{7!}x^7 + \cdots\cdots$$
$$+ \frac{(-1)^{n}}{(2n+1)!}x^{2n+1} + \cdots\cdots$$

$\cos x$ についても、$\sin x$ と同じようにベキ級数展開ができ、すべての実数で収束する。

それらをまとめると、

$$\sin x = x - \frac{1}{3!}\,x^3 + \frac{1}{5!}\,x^5 - \frac{1}{7!}\,x^7 + \cdots + \frac{(-1)^n}{(2n+1)!}\,x^{2n+1} + \cdots$$

$$= \sum_{n=0}^{\infty} \frac{(-1)^n}{(2n+1)!}\,x^{2n+1} \tag{3.22}$$

$$\cos x = 1 - \frac{1}{2!}\,x^2 + \frac{1}{4!}\,x^4 - \frac{1}{6!}\,x^6 + \cdots + \frac{(-1)^n}{(2n)!}\,x^{2n} + \cdots$$

$$= \sum_{n=0}^{\infty} \frac{(-1)^n}{(2n)!}\,x^{2n} \tag{3.23}$$

$y = \sin x$ を n 次関数で近似する様子を見ると、図3.31のようなグラフに
なる。n 次関数の次数 n が大きくなるにしたがって、n 次関数のグラフは、
$y = \sin x$ のグラフに近づいていることがわかる。

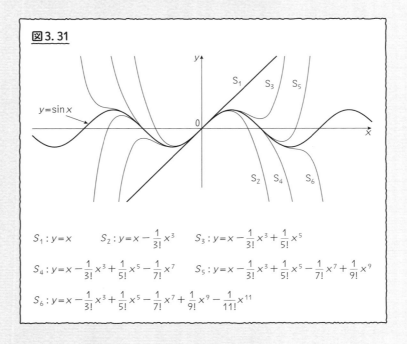

図3.31

$S_1 : y = x$　　　$S_2 : y = x - \frac{1}{3!}x^3$　　　$S_3 : y = x - \frac{1}{3!}x^3 + \frac{1}{5!}x^5$

$S_4 : y = x - \frac{1}{3!}x^3 + \frac{1}{5!}x^5 - \frac{1}{7!}x^7$　　　$S_5 : y = x - \frac{1}{3!}x^3 + \frac{1}{5!}x^5 - \frac{1}{7!}x^7 + \frac{1}{9!}x^9$

$S_6 : y = x - \frac{1}{3!}x^3 + \frac{1}{5!}x^5 - \frac{1}{7!}x^7 + \frac{1}{9!}x^9 - \frac{1}{11!}x^{11}$

7　不定積分

　積分は面積を求めるために考えられてきたが、微分の逆の操作であることがニュートンとライプニッツによって示された。ここでは、積分は微分の逆の操作であるとして、積分を定義する。

◎不定積分とは

　今までは、関数を微分して導関数を求めることを見てきた。

$$\text{関数 } y = f(x) \xrightarrow{\lceil 微分 \rfloor} \text{導関数 } y' = f'(x)$$

　ここでは、導関数から元の関数を求めることを考える。それを、**積分**という。

$$\text{関数 } y = f(x) \xleftarrow{\lceil 積分 \rfloor} \text{導関数 } y' = f'(x)$$

　それでは、具体例で考えよう。

$$y = x^2 \xrightarrow{微分} y' = 2x$$
$$y = x^2 + 3 \longrightarrow y' = 2x$$
$$y = x^2 - 2 \longrightarrow y' = 2x$$
$$\vdots \qquad\qquad \vdots$$

　このように、左の関数を微分すると、導関数はすべて同じ式になる。これは、定数を微分すると 0 になるからである。逆に、$y' = 2x$ から y を求めようとすると、

$$y = x^2 \xleftarrow{積分} y' = 2x$$
$$y = x^2 + 3 \longleftarrow y' = 2x$$
$$y = x^2 - 2 \longleftarrow y' = 2x$$
$$\vdots \qquad\qquad \vdots$$

と無数にあるので、どの式を表しているのかわからな

い。しかし、これらの関数は、x^2 の部分は同じで、x がつかない定数項だけが違う。そこで、定数項をCで表し、

$$y = x^2 + \text{C} \longleftarrow y' = 2x$$

と書く。このCを**積分定数**という。

一般に、$\text{F}'(x) = f(x)$ となる $\text{F}(x)$ を $f(x)$ の**不定積分**または**原始関数**という。不定積分を求めることを**積分する**という。記号では

$$\int f(x)dx = \text{F}(x) + \text{C} \quad (\text{Cは積分定数})$$

と書く。左辺の $\int f(x)dx$ は、インテグラル・エフエックス・ディエックスと読む。

F'(x) ＝f(x) のとき
$$\int f(x)dx = \text{F}(x) + \text{C} \quad (\text{Cは積分定数}) \tag{3.33}$$

---

n を自然数とし、p を実数とすると、

$$\left(\frac{1}{n+1}x^{n+1}\right)' = \frac{1}{n+1}\cdot(x^{n+1})' = \frac{1}{n+1}\cdot(n+1)x^n = x^n$$
$$(px)' = p(x)' = p \cdot 1 = p$$

であるから、$\dfrac{1}{n+1}x^{n+1}$ は x^n の不定積分、px は定数 p の不定積分である。したがって、Cを積分定数として、

$$\int x^n dx = \frac{1}{n+1}x^{n+1} + \text{C} \tag{3.34a}$$

$$\int p dx = px + \text{C} \tag{3.34b}$$

ここで、$p = 1$ の場合の $\int 1 dx$ を $\int dx$ と書くこともある。

今後、とくに断らなくても、Cは積分定数とする。

たとえば、x^3 の不定積分を求めよう。

$$\int x^3\, dx = \frac{1}{3+1}x^{3+1} + \mathrm{C} = \frac{1}{4}x^4 + \mathrm{C}$$

次に、$\sin x$、$\cos x$ については、

$$(-\cos x)' = -(\cos x)'$$
$$= -(-\sin x) = \sin x,$$
$$(\sin x)' = \cos x$$

> $(\frac{1}{4}x^4 + \mathrm{C})' = \frac{1}{4}\cdot 4x^3 + 0 = x^3$
> となり、元に戻る。
> このように、不定積分を微分して、元に戻るか確認することは大切である。

であるから、$-\cos x$ は $\sin x$ の不定積分であり、$\sin x$ は $\cos x$ の不定積分である。したがって、

$$\int \sin x\ dx = -\cos x + \mathrm{C} \qquad\qquad (3.35)\mathrm{a}$$

$$\int \cos x\ dx = \sin x + \mathrm{C} \qquad\qquad (3.35)\mathrm{b}$$

が成り立つ。

◎不定積分の線形性

次に、この不定積分の性質について調べよう。

$\mathrm{F}'(x) = f(x)$、$\mathrm{G}'(x) = g(x)$、p と q を定数として、微分の線形性より、

$$\{p\mathrm{F}(x) + q\mathrm{G}(x)\}' = p\mathrm{F}'(x) + q\mathrm{G}'(x) = pf(x) + qg(x)$$

である。この式から、$p\mathrm{F}(x) + q\mathrm{G}(x)$ は $pf(x) + qg(x)$ の不定積分の１つであることがわかる。したがって、

$$\int \{pf(x) + qg(x)\}\, dx = p\mathrm{F}(x) + q\mathrm{G}(x) + \mathrm{C}$$
$$= p\int f(x)dx + q\int g(x)dx$$

> 不定積分の定義式(3.33) の左辺には積分定数Cがないように、$\int \square\, dx$ の中に積分定数Cを含むので、積分記号 $\int \square\, dx$ があるときは、積分定数Cを書かない

そこで、微分の場合と同じように、不定積分も線形性を持っている。

$$\int \{pf(x) + qg(x)\}dx = p\int f(x)dx + q\int g(x)dx \qquad (3.36)$$

3つ以上関数についても、(3.36) と同じような式が成り立つ。

不定積分の線形性と公式を使うと、次のように積分ができる。

$$\int (x^2 - 3x + 2)\,dx = \int x^2\,dx - 3\int x\,dx + 2\int dx \quad \text{線形性}$$

$$= \frac{1}{2+1}x^{2+1} - 3 \cdot \frac{1}{1+1}x^2 + 2x + \mathrm{C}$$

$$= \frac{1}{3}x^3 - \frac{3}{2}x^2 + 2x + \mathrm{C}$$

積分定数Cは、積分記号 $\int \square\,dx$ がなくなったら、まとめて1つだけ書けばよい

$$\int (\cos x + 2\sin x)dx = \int \cos x\,dx + 2\int \sin x\,dx$$

$$= \sin x - 2\cos x + \mathrm{C}$$

線形性

◎不定積分と面積

ここで、不定積分と面積の関係を見ていこう。

初めに、図3.32のように、関数 $f(x) = 2x + 1$ と x 軸で挟まれた台形 APP'A' の面積と不定積分の関係を見ていこう。

$a > 0$、$x > a$ なる実数 a、x に対して、4 点 A$(a, 0)$、A'$(a, 2a + 1)$、P$(x, 0)$、P'$(x, 2x + 1)$ とし、台形 APP'A' の面積を S(x) とする。

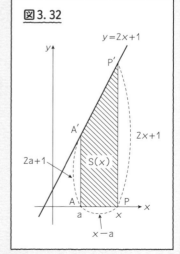

図3.32

$y = 2x + 1$

P'

A'

$2x + 1$

$2a + 1$

S(x)

A

P

a

x

x − a

$$\mathrm{S}(x) = \frac{\{(2a+1) + (2x+1)\}(x-a)}{2}$$

$$= (x + a + 1)(x - a)$$

$$= x^2 + x - a^2 - a$$

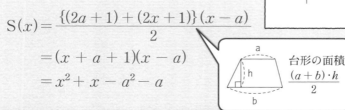

台形の面積 $\dfrac{(a+b)\cdot h}{2}$

となる。

　この台形の面積$S(x)$をxの関数としてxで微分すると、

$$S'(x) = (x^2 + x - a^2 - a)' = 2x + 1$$

となり、関数$f(x) = 2x + 1$と一致する。すなわち、

$$S'(x) = f(x) \tag{3.37}$$

が成り立つ。つまり、関数$f(x) = 2x + 1$の不定積分は、面積を表す関数$S(x)$であることがわかる。

　この不定積分と面積の関係(3.37)は、もう少し一般的な関数$y = f(x)$についても成り立つので、そのことを見ていこう。

① aを実数として、区間$a \leqq x$で$f(x) \geqq 0$とする。図3.33①のように4点

$$\text{A}\ (a, 0)、\text{A}'\ (a, f(a))、$$
$$\text{P}\ (x, 0)、\text{P}'\ (x, f(x))$$

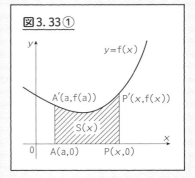

図3.33①

をとり、曲線A'P'と線分APで挟まれる斜線部分APP'A'の面積を$S(x)$とする。

② 次に、図3.33②のように、$h > 0$である実数hに対して、

点Q $(x+h, 0)$、Q' $(x+h, f(x+h))$

をとる。

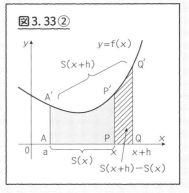

図3.33②

曲線A'P'と線分APで挟まれる網掛け部分APP'A'の面積は$S(x)$、曲線A'Q'と線分AQで挟まれる網掛けと斜線部分AQQ'A'の面積は、$S(x + h)$であるから、

曲線P'Q'と線分PQで挟まれる斜線部分PQQ'P'の面積は、

$$S(x + h) - S(x)$$

となる。

③ 次に、図3.33③の斜線部分PQQ′P′の面積と等しい面積をもつ長方形PQVUをつくり、線分UVと曲線$y=f(x)$の交点をT$(t, f(t))$ とする。

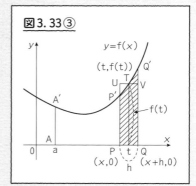

図3.33③

　（斜線部分PQQ′P′の面積）
$$= S(x+h) - S(x)$$
　（長方形PQVUの面積）$= f(t)h$
であるから、

$$S(x+h) - S(x) = f(t)h$$

両辺をhで割って、

$$\frac{S(x+h) - S(x)}{h} = f(t) \tag{3.38}$$

が成り立つ。

ここまで、$h>0$ としてきたが、(3.38) は $h<0$ のときも成り立つ[注3.5]。

④ (3.38) で$h \to 0$ とすると、

$$\lim_{h \to 0}\frac{S(x+h) - S(x)}{h} = \lim_{h \to 0} f(t) \tag{3.39a}$$

であり、(3.39)aの右辺は、

(注3.5)　$h<0$ のときは、$x+h<x$ だから右図のようにQはPより左側にある。このことより、
（斜線部分PQQ′P′の面積）$= S(x) - S(x+h)$ また、
PQ $= x - (x+h) = -h$ であるから、
（長方形PQVUの面積）$= f(t) \cdot (-h) = -hf(t)$
この２つの面積は等しいから、
$S(x) - S(x+h) = -hf(t)$
両辺に -1 をかけて　　$S(x+h) - S(x) = hf(t)$
hで割って　$\dfrac{S(x+h)}{h} = f(t)$
これで、$h<0$ のときも (3.38) は成り立つ。

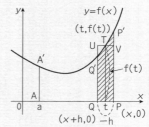

$h>0$ のとき $x \le t \le x+h$、

$h<0$ のとき $x+h \le t \le x$

であるから、$h \to 0$ のとき $x \le t \le x$ となり、

$$\lim_{h \to 0} f(t) = f(x)$$

である。(3.39)a の右辺に代入して、

$$\lim_{h \to 0} \frac{S(x+h)-S(x)}{h} = f(x) \tag{3.39}b$$

(3.39)b の左辺は、導関数の定義式(3.8) であるから $S'(x)$ に等しい。すなわち、

$$S'(x) = f(x) \tag{3.37}$$

以上のことから、

曲線 $y = f(x)$ と x 軸とで挟まれる図形の面積を表す関数 $S(x)$ は、関数 $f(x)$ の不定積分の1つである。

8 定積分

7（不定積分）で、関数 $y = f(x)$ と x 軸で挟まれる図形の面積を表す関数 $S(x)$ は、$f(x)$ の不定積分であることを見てきた。

次に、関数 $y = f(x)$ は区間 $a \le x \le b$ で $f(x) \ge 0$ とするとき、曲線 $y = f(x)$ と x 軸、および2直線 $x = a$、$x = b$ で囲まれる図形の面積（図3.34の斜線部分）を求めよう。

図3.35のように、点 A$(a, 0)$、A$'(a, f(a))$、

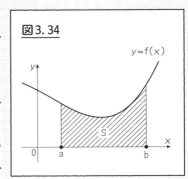

図3.34

P(x, 0)、P′(x, $f(x)$) をとり、曲線A′P′と線分APで挟まれる斜線部分APP′A′の面積をS(x)とする。

7で見てきたように、

$$S'(x) = f(x)$$

が成り立つ。

S(x) 以外の$f(x)$の不定積分をF(x) とすると、S(x) とF(x) の違いは定数部分であるから、

$$S(x) = F(x) + C \tag{3.40}$$

となる。

(3.40) に、$x = a$を代入すると、S(a) = F(a) + C
S(a) のつくり方よりS(a) = 0[注3.6]　であるから、

$$0 = F(a) + C$$

よってC = −F(a)

(3.40) に代入して　　　　S(x) = F(x) − F(a)
$x = b$を代入すると　　　S(b) = F(b) − F(a)
S(b) = Sであるから　　　S = F(b) − F(a)[注3.7]

となる。そこで、F(b) − F(a) のことを

$$\int_a^b f(x)dx = F(b) - F(a)$$

図3.35

(a, f(a))
A′
(x, f(x))
P′
$y = f(x)$
S(x)
a　b
0　A(a,0)　P(x,0)

(注3.6)　S(x) は図3.35のように、線分AA′とPP′ではさまれる斜線の部分の面積を表す。$x = a$になると右図のように、線分AA′とPP′が重なり、斜線部分は線分になる。そのとき、面積は0になる。すなわち、S(a) = 0

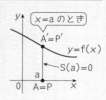

$x = a$ のとき
A′= P′
$y = f(x)$
S(a) = 0
a
0　A = P

と書き、これを$f(x)$のaからbまでの**定積分**という。

すなわち、

> $a≦x≦b$の範囲で$f(x)≧0$のとき、曲線$y＝f(x)$、x軸、$x＝a$、$x＝b$で囲まれる図形の面積Sは、
>
> $$S = \int_a^b f(x)dx = F(b) - F(a) \quad (3.41)$$
>
> ここで、$F'(x)＝f(x)$である。

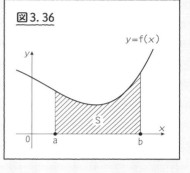

図3.36

ただし、定積分が面積を表すのは、$a≦x≦b$の範囲で$f(x)≧0$のときであることに注意する。

微分の逆が積分であり、それが面積を表すことを見てきたが、これだけでは、積分記号の意味が明確ではない。本来、積分は次の区分求積法から考え出されもので、積分の記号もここから生まれた。

（注3.7） この$F(x)$は、x軸上の任意の点C$(c, 0)$から始まる図①の斜線部分の面積を表す関数である。$F(a)$は、図②の斜線部分の面積を表し$F(b)$は、図③の斜線部分の面積を表す。したがって、$F(b)-F(a)$は図④の斜線部分の面積になる。

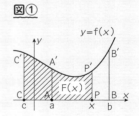

図①

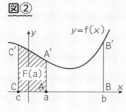

図②

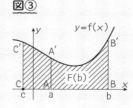

図③

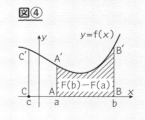

図④

◎区分求積法

図3.37のように、曲線$y=f(x)$とx軸および2直線$x=a$、$x=b$で囲まれた図形の面積Sを求めよう。

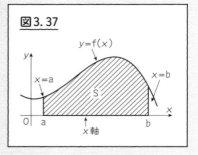

①まず、区間$a \leqq x \leqq b$をn等分して、図3.38①のように長方形で図形を覆う。

②図3.38②のk番目の長方形の縦の長さは、$f(x_k)$、横の長さは、$d_n=\dfrac{b-a}{n}$だから、k番目の長方形の面積は$f(x_k) \cdot d_n$である。

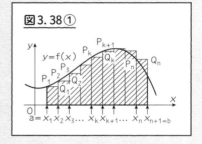

③次に、図3.38③のようにn個の長方形の面積を足すと、

$$S_n = f(x_1)d_n + f(x_2)d_n + \cdots + f(x_k)d_n + \cdots + f(x_n)d_n$$

$$= \sum_{k=1}^{n} f(x_k)d_n$$

$$= \sum_{k=1}^{n} f(x_k)\frac{b-a}{n} \quad (3.42)$$

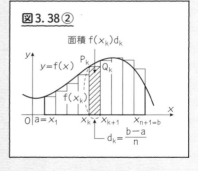

となり、この和S_nは面積Sの近似値になる。これを**リーマン和**という。

④ここで、nを限りなく大きくする（$n \to \infty$）と、分割が限りなく細かく（$d_n \to 0$）なり、長方形が限りなく細くなる。すると、その和は面積Sに限りなく近づく（図3.38④）。すなわち、

$$S = \lim_{n \to \infty} \sum_{k=1}^{n} f(x_k)\frac{b-a}{n} \quad (3.43)$$

が面積である。この（3.43）を

$$S = \int_a^b f(x)dx$$

と書く

記号 $\int$ は、和を意味する Sum の頭文字 S を縦に細長くしたものである

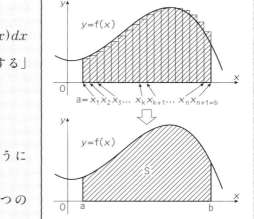

図3.38③

面積 $f(x_k)d_k$

$$S_n = \sum_{k=1}^{n} f(x_k)d_k$$

このように、$n \to \infty$ にすることによって
Σ が $\int$、$f(x_k)$ が $f(x)$、$\dfrac{b-a}{n}$ が dx に
書き変える（図3.39）。

すなわち、定積分の図形的な意
味は、
「非常に細い長方形の面積 $f(x)dx$
を a から b まで足し算（$\displaystyle\int_a^b$）する」
ということである（図3.40）。

図3.38④

◎定積分とは

改めて、定積分を以下のように
定義する。
$\{F(x)\}' = f(x)$ のとき、2つの

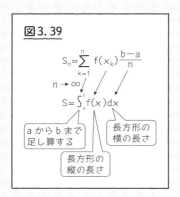

図3.39

$$S_n = \sum_{k=1}^{n} f(x_k)\frac{b-a}{n}$$

$n \to \infty$

$$S = \int_a^b f(x)dx$$

a から b まで
足し算する

長方形の
横の長さ

長方形の
縦の長さ

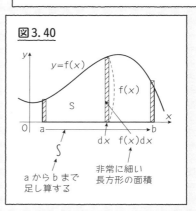

図3.40

a から b まで
足し算する

非常に細い
長方形の面積

第3章

159

実数 a、b に対して、$F(b) - F(a)$ を a から b までの定積分といい、記号 $\int_a^b f(x)dx$ で表す。

また、$F(b) - F(a)$ を記号 $[F(x)]_a^b$ で表すことにする。すなわち、

$F'(x) = f(x)$ のとき

$$\int_a^b f(x)dx = [F(x)]_a^b = F(b) - F(a) \tag{3.44}$$

a をこの定積分の下端、b を上端という。定積分を求めることを、関数 $f(x)$ を a から b まで積分するという。a、b の大小は関係なく、$a > b$、$a = b$、$a < b$ のいずれでもよい。

$\{F(x)\}' = f(x)$ のとき $\int f(x)dx = F(x) + C$ であるが、この積分定数 C は定積分では、不要になる。それは、

$$[F(x) + C]_a^b = \{F(b) + C\} - \{F(a) + C\}$$
$$= F(b) - F(a) = [F(x)]_a^b$$

となるからである。

たとえば、$f(x) = x^2$ を -1 から 2 まで積分しよう。

$$\int_{-1}^2 x^2\, dx = \left[\frac{1}{3}x^3\right]_{-1}^2 = \frac{1}{3}\cdot 2^3 - \frac{1}{3}\cdot(-1)^3$$
$$= \frac{9}{3} = 3$$

と計算する（図3.41）。

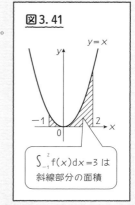

図3.41

$\int_{-1}^2 f(x)dx = 3$ は斜線部分の面積

◎定積分の線形性

定積分も不定積分と同様に線形性を持っている。このことを見ていこう。

関数 $f(x)$、$g(x)$ の不定積分の1つをそれぞれ $F(x)$、$G(x)$ とする。すなわち、$F'(x) = f(x)$、$G'(x) = g(x)$ とする。

p と q を定数として、微分の線形性より

$$\{p\mathrm{F}(x) + q\mathrm{G}(x)\}' = p\mathrm{F}'(x) + q\mathrm{G}'(x) = pf(x) + qg(x)$$

が成り立つから、$p\mathrm{F}(x) + q\mathrm{G}(x)$ は $pf(x) + qg(x)$ の不定積分である。
そこで、

$$
\begin{aligned}
\int_a^b \{pf(x) + qg(x)\}dx &= \left[p\,\mathrm{F}(x) + q\,\mathrm{G}(x)\right]_a^b \\
&= \{p\mathrm{F}(b) + q\mathrm{G}(b)\} - \{p\,\mathrm{F}(a) + q\,\mathrm{G}(a)\} \\
&= p\{\mathrm{F}(b) - \mathrm{F}(a)\} + q\{\mathrm{G}(b) - \mathrm{G}(a)\} \\
&= p\int_a^b f(x)dx + q\int_a^b g(x)dx
\end{aligned}
$$

したがって、次の式が成り立つ。

$$\int_a^b \{pf(x) + qg(x)\}dx = p\int_a^b f(x)dx + q\int_a^b g(x)dx \tag{3.45}$$

この式を定積分の **線形性** という。この性質を使うと、次のような方法で
定積分ができる。

$$
\begin{aligned}
\int_1^2 (x^2 + 3x - 5)dx &= \int_1^2 x^2 dx + 3\int_1^2 x\,dx - \int_1^2 5dx \\
&= \left[\frac{1}{3}x^3\right]_1^2 + 3\left[\frac{1}{2}x^2\right]_1^2 - \left[5x\right]_1^2 \\
&= \frac{2^3 - 1^3}{3} + 3\cdot\frac{2^2 - 1^2}{2} - 5(2 - 1) \\
&= \frac{7}{3} + \frac{9}{2} - 5 = \frac{14 + 27 - 30}{6} = \frac{11}{6}
\end{aligned}
$$

このように丁寧に書くと面倒なので、次のように書くことが多い。

$$\int_{1}^{2}(x^2 + 3x - 5)dx = \left[\frac{1}{3}x^3 + \frac{3}{2}x^2 - 5x\right]_{1}^{2}$$

$$= \frac{1}{3}(2^3 - 1^3) + \frac{3}{2}(2^2 - 1^2) - 5(2 - 1)$$

$$= \frac{7}{3} + \frac{9}{2} - 5 = \frac{14 + 27 - 30}{6} = \frac{11}{6}$$

◎定積分の性質

定積分は、線形性以外にも、次の性質を持っている。

(1) $\displaystyle\int_{a}^{a}f(x)dx = 0$ ← 上端・下端が同じ   (3.46)

（上端と下端が入れ替わる）

(2) $\displaystyle\int_{a}^{b}f(x)dx = -\int_{b}^{a}f(x)dx$ (3.47)

マイナスがつく

(3) $\displaystyle\int_{a}^{b}f(x)dx = \int_{a}^{p}f(x)dx = +\int_{p}^{b}f(x)dx$ （p は任意の実数） (3.48)

関数が同じ / 前の積分の上端と後ろの積分の下端が同じ

これらの性質について調べよう。

(1) 定積分の上端と下端が一致したときは、次のように定積分の値は0になる。

$$\int_{a}^{a}f(x)dx = \left[F(x)\right]_{a}^{a} = F(a) - F(a) = 0$$

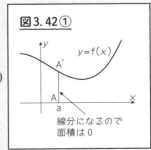

図3.42①

$y = f(x)$

線分になるので
面積は0

　図で考えると、図3.42①のように、面積を求める図形が線分になるので、面積は0となる。

(2) 定積分の上端と下端が入れかわったときは、次のようにマイナスがつく。

$$\int_a^b f(x)dx = [F(x)]_a^b = F(b) - F(a) = -\{F(a) - F(a)\}$$

$$= -[F(x)]_b^a = -\int_b^a f(x)dx$$

このことは、積分する向きが変わると、積分の値はプラス、マイナスが代わることを意味している（図3.42②）。

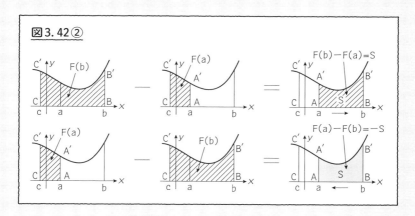

図3.42②

(3) aからbまでの積分の値は、aからpまでの定積分の値とpからbまでの定積分の値の和になる。ここで、pはa、bによらない任意の実数でよい（図3.42③）。

$$\int_a^b f(x)dx = [F(x)]_a^b = F(b) - F(a)$$

$$= F(b) - F(p) + F(p) - F(a)$$

$$= \{F(p) - F(a)\} + \{F(b) - F(p)\}$$

$$= [F(x)]_a^p + [F(x)]_p^b$$

$$= \int_a^p f(x)dx + \int_p^b f(x)dx$$

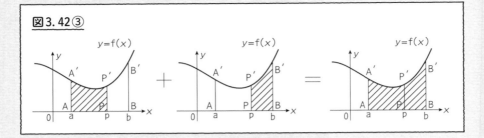

図3.42③

◎ 2つの曲線ではさまれた図形の面積

定積分は曲線 $y=f(x)$ と x 軸で挟まれた図形の面積を表すことを示してきた。ここでは、2つの曲線で挟まれた図形の面積を求める方法を考えよう。

区間 $a \leqq x \leqq b$ で $f(x) \geqq g(x) \geqq 0$ のとき、$y=f(x)$ と $y=g(x)$ および $x=a$ と $x=b$ で囲まれた図形（図3.43①の斜線部分）の面積Sを求めよう。

図3.43②の斜線の部分の面積をS_1、図3.43③の斜線の部分の面積S_2とすると、

$$S_1 = \int_a^b f(x)dx、\quad S_2 = \int_a^b g(x)dx$$

である。定積分の線形性より、

$$S = S_1 - S_2 = \int_a^b f(x)dx - \int_a^b g(x)dx = \int_a^b \{f(x) - g(x)\}dx$$

が成り立つ。

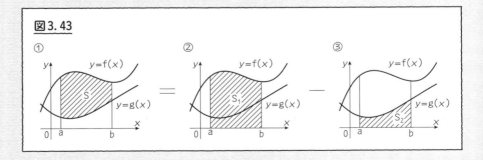

図3.43

図3.43①では、囲まれている図形がx軸より上にあるが、囲まれている図形がx軸より下にあるときは、$y=f(x)$、$y=g(x)$がともに区間$a \leqq x \leqq b$で正になるように、y軸方向へcだけ平行移動させる（図3.44）。平行移動させても面積は変わらないから、

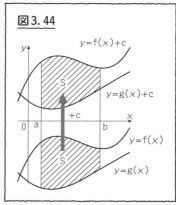

図3.44

$$S = \int_a^b \{f(x) + c\} - \{g(x) + c\} dx$$
$$= \int_a^b \{f(x) - g(x)\} dx$$

　以上より、2つの曲線で挟まれている図形の面積を求めるには、図形の上の曲線から下の曲線を引いて、左端から右端に向かって積分すればよいことがわかる。

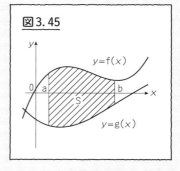

図3.45

区間$a \leqq x \leqq b$において、$f(x) \geqq g(x)$とする。

2つの曲線$y=f(x)$、$y=g(x)$、および2直線$x=a$、$x=b$で囲まれる図形の面積Sは、

$$S = \int_a^b \{f(x) - g(x)\} dx \qquad (3.49)$$

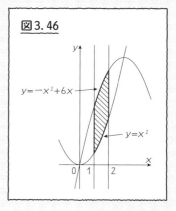

図3.46

　たとえば、2つの放物線$y=-x^2+6x$、$y=x^2$と2直線$x=1$、$x=2$で囲まれた図形の面積を求めてみよう（図3.46）。

$1 \leqq x \leqq 2$で$-x^2+6x \geqq x^2$であるから、求める面積Sは、

$$S = \int_1^2 \{(-x^2 + 6x) - x^2\}dx$$

$$= \int_1^2 (-2x^2 + 6x)dx$$

$$= \left[-\frac{2}{3}x^3 + 3x^2\right]_1^2 = -\frac{2}{3}(8-1) + 3(4-1) = \frac{13}{3}$$

すなわち、図3.46の斜線の部分の面積は、$\frac{13}{3}$ となる。

次に、図3.47のように、区間 $a \leqq x \leqq b$ で、$g(x) \leqq 0$ である関数 $y = g(x)$ のグラフと x 軸とで挟まれる図形 ABB'A' の面積 S と定積分 $\int_a^b g(x)dx$ の関係について調べよう。

x 軸の方程式は $y = 0$ だから、$f(x) = 0$（定数関数）として、2つの曲線で挟まれる図形の面積を求める式(3.49)

$$S = \int_a^b \{f(x) - g(x)\}dx$$

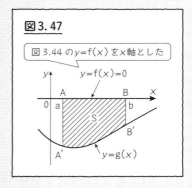

図3.47

図3.44 の y=f(x) を x軸とした

に、$f(x) = 0$ を代入すると、

$$S = \int_a^b \{0 - g(x)\}dx$$

$$= -\int_a^b g(x)dx$$

となる。

したがって、

$$\int_a^b g(x)dx = -S$$

このように、定積分の値が面積Sにマイナス（－）を付けた値になることがある。そこで、面積に符号（＋や－のこと）をつけた値を**符号付面積**

とよぶことにする。

たとえば、次の例を見てみよう。

$$\int_0^\pi \sin x \, dx = [-\cos x]_0^\pi = -\cos \pi + \cos 0 = -(-1) + 1 = 2$$

この値 2 は、図 3.48 の斜線部分の面積である。

$$\int_\pi^{2\pi} \sin x \, dx = [-\cos x]_\pi^{2\pi} = -\cos 2\pi + \cos \pi$$
$$= -1 + (-1) = -2$$

この値 −2 は、図 3.48 の網掛け部分の面積に−を付けた値である。

そこで、関数 $y = \sin x$ の 0 から 2π まで定積分の値は、

$$\int_0^{2\pi} \sin x \, dx = [-\cos x]_0^{2\pi} = -\cos 2\pi + \cos 0$$
$$= -1 + 1 = 0$$

となる。この値 0 は、図 3.48 の斜線部分の面積 2 と網掛けの部分の符号付面積−2 を足した値である。

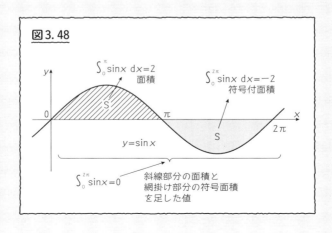

図 3.48

9 積分の計算

ここでは、フーリエ級数を求めるために必要な積分の計算方法を見ていこう。

◎偶関数、奇関数の定積分

フーリエ級数を求めるとき、第1章57ページで見てきた偶関数、奇関数の性質を利用すると計算がラクになることが多い。

そこで、この偶関数・奇関数の定積分を考えよう。

(1) 偶関数の定積分

$f(x)$ が偶関数ならば、y軸に関して対称である。

そこで、図3.49のように、曲線 $y=f(x)$ と x軸、y軸および直線 $x=a$ で囲まれる図形OABCの面積と、曲線 $y=f(x)$ と x軸、y軸および直線 $x=-a$ で囲まれる図形OA′B′Cの面積は等しい。

さらに、図3.49のように、2つ

図3.49

偶関数 f(x)：y に関して対称な関数

f(−x)=f(x)

$\int_{-a}^{0} f(x)dx$　$\int_{0}^{a} f(x)dx$

y軸の右と左の面積が等しい

の図形OABCとOA′B′Cは、x軸に関して同じ側にあるから積分の値も符号（プラスマイナス）が一致する。したがって、

$$\int_{-a}^{0} f(x)dx = \int_{0}^{a} f(x)dx$$

となり

$$\int_{-a}^{a} f(x)dx = \int_{-a}^{0} f(x)dx + \int_{0}^{a} f(x)dx$$

$$= \int_{0}^{a} f(x)dx + \int_{0}^{a} f(x)dx$$

$$= 2\int_0^a f(x)dx$$

すなわち、$f(x)$ が偶関数ならば、

$$\int_{-a}^a f(x)dx = 2\int_0^a f(x)dx$$

が成り立つ。

(2) 奇関数の定積分

$f(x)$ が奇関数ならば、原点に関して対称である。そこで、図 3.50 のように、曲線 $y = f(x)$ と x 軸および直線 $x = a$、で囲まれる図形 OAB の面積と、曲線 $y = f(x)$ と x 軸および直線 $x = -a$、で囲まれる図形 OA′B′ の面積は等しい。

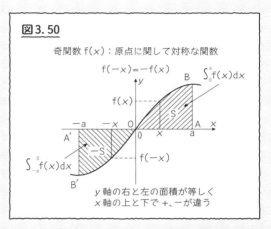

図 3.50

奇関数 f(x)：原点に関して対称な関数

f(−x)＝−f(x)

$\int_0^a f(x)dx$

f(x)

$\int_{-a}^0 f(x)dx$

f(−x)

y 軸の右と左の面積が等しく
x 軸の上と下で ＋、－ が違う

しかし、図 3.50 のように、2 つの図形 OAB と OA′B′ は x 軸に関して反対側にあるから、積分の値は符号（プラスマイナス）が違う。

したがって、$\displaystyle\int_{-a}^0 f(x)dx = -\int_0^a f(x)dx$ となり、

$$\int_{-a}^a f(x)dx = \int_{-a}^0 f(x)dx + \int_0^a f(x)dx$$

$$= -\int_0^a f(x)dx + \int_0^a f(x)dx = 0$$

すなわち、$f(x)$ が奇関数ならば、

$$\int_{-a}^a f(x)dx = 0$$

が成り立つ。

(1)、(2) の結果より、次のことが成り立つ。

$f(x)$ が偶関数ならば $\displaystyle\int_{-a}^{a} f(x)dx = 2\int_{0}^{a} f(x)dx$ (3.50)

$f(x)$ が奇関数ならば $\displaystyle\int_{-a}^{a} f(x)dx = 0$ (3.51)

たとえば、n が自然数のとき、x^{2n} は偶関数、x^{2n+1} は奇関数である（57ページ）から、

$$\int_{-a}^{a} x^{2n}dx = 2\int_{0}^{a} x^{2n}dx,$$

$$\int_{-a}^{a} x^{2n+1}dx = 0$$

> $f(-x) = (-x)^{2n} = x^{2n} = f(x)$
> だから $f(x) = x^{2n}$ は偶関数
> $f(-x) = (-x)^{2n+1} = -x^{2n+1} = -f(x)$
> だから $f(x) = x^{2n+1}$ は奇関数

である。

この式を利用すると、

$$\int_{-2}^{2} (3x^2 - 4x + 1)dx$$

$$= 3\int_{-2}^{2} x^2 dx - 4\int_{-2}^{2} x\,dx + \int_{-2}^{2} 1dx$$

$$= 3\cdot 2\int_{0}^{2} x^2 dx - 4\cdot 0 + 2\int_{0}^{2} 1dx$$

> 偶関数は 2 倍の 0 から 2 になる

> 奇関数は積分すると 0

$$= 6\left[\frac{1}{3}x^3\right]_{0}^{2} + 2\bigl[x\bigr]_{0}^{2}$$

$$= 6\cdot\frac{1}{3}\cdot 2^3 + 2\cdot 2 = 16 + 4 = 20$$

この書き方だと面倒なので、次のように書くことが多い。

$$\int_{-2}^{2} (3x^2 - 4x + 1)dx = 2\int_{0}^{2} (3x^2 + 1)dx$$

奇関数は、−2から2ま
で積分すると0になる
ので、計算から除外する。
偶関数は、0から2の積
分の2倍になる

$$= 2\left[3 \cdot \frac{1}{3}x^3 + x\right]_{0}^{2} = 2(8 + 2) = 20$$

三角関数については、82ページで示したように $\sin x$ は奇関数、$\cos x$ は偶関数であるから

$$\int_{-\frac{\pi}{2}}^{\frac{\pi}{2}} (\sin x + \cos x)dx = 2\int_{0}^{\frac{\pi}{2}} \cos x\, dx = 2[\sin x]_{0}^{\frac{\pi}{2}}$$

$$= 2\left(\sin\frac{\pi}{2} - \sin 0\right) = 2(1 - 0) = 2$$

$$\int_{-\frac{\pi}{2}}^{\frac{\pi}{2}} \sin x \cos x\, dx = 0$$

$\sin x$ は奇関数、$\cos x$ は偶関数
だから、$\sin x \cos x$ は奇関数

◎置換積分法

$\int f(x)dx$ を x で積分すると計算が大変だったり、x で積分できないとき、x を変数 t の関数 $x = g(t)$ と置き換えることによって、変数 t で積分する方法である。このように、置き換えることによって積分するから**置換積分**という。

置換積分は、合成関数の微分法から導かれる。

(1) 不定積分の置換積分

関数 $f(x)$ の不定積分の1つを $F(x)$ とすると、

$$\int f(x)dx = F(x) + C$$

133ページ参照

である。さらに、x が t の関数 $x = g(t)$ であるとき、合成関数の微分法より、

外：$F(x) + C$ を x で微分して、中：$g(t)$ を t で微分してかけ算する

$$\{F(g(t)) + C\}' = \{F(x) + C\}' \cdot g'(t) = F'(x)g'(t)$$
$$= f(x)g'(t) = f(g(t))g'(t) \tag{3.52}$$

$F'(x) = f(x)$

したがって、$F(g(t))+C$ は $f(g(t))g'(t)$ の不定積分である。すなわち、

$$\int f(g(t))g'(t)dt = F(g(t))+C$$

この式の右辺は、

$$F(g(t))+C = F(x)+C = \int f(x)dx$$

であるから、

$$\int f(x)dx = \int f(g(t))g'(t)dt$$

となる。これを**置換積分法**という。

ここで、$x=g(t)$ の両辺を t で微分すると $\dfrac{dx}{dt}=g'(t)$ となる。

そこで、形式的に dt を両辺にかけると、$dx=g'(t)dt$ となるので、dx に $g'(t)dt$ を代入すると考えてもよい。

$$\underset{dx=g'(t)dt}{\underline{\int f(x)dx}} = \int f(g(t))\underline{g'(t)dt} \qquad \text{ただし、} x=g(t) \qquad (3.53)$$

たとえば、a は 0 でない実数、b を実数として、

$$\int \sin(ax+b)dx$$

を求めよう。

$ax+b=t$ とおくと $x=\dfrac{t-b}{a}$ であるから、

両辺を t で微分すると $\dfrac{dx}{dt}=\dfrac{1}{a}$

両辺に dt をかけて $dx=\dfrac{1}{a}dt$

フリガナ			年　齢	
氏　　名				歳
住　　所	〒			
		TEL　　（　　　）		
e-mail アドレス				
職業または 学校名				

アンケート

ご購読ありがとうございます。以下にご記入いただいた内容は今後の
出版企画の参考にさせていただきたく存じます。なお、ご返信いただ
いた方の中から毎月抽選で10名の方に粗品を差し上げます。

- -

● 書籍名

● 本書をご購入した書店名

● 本書についてのご感想やご意見をお聞かせください。

● 本にしたら良いと思うテーマを教えてください。

● 本を書いてもらいたい人を教えてください。

★読者様のお声は、新聞・雑誌・広告・ホームページ等で匿名にて掲載
　させていただく場合がございます。ご了承ください。

ご協力ありがとうございました。

したがって、

$$\int \sin(ax+b)\underline{dx} = \int \sin t \cdot \frac{1}{a}dt = \frac{1}{a}\int \sin t\, dt$$

$$= \frac{1}{a}(-\cos t) + \mathrm{C}$$

$$= -\frac{1}{a}\cos(ax+b) + \mathrm{C}$$

とくに、$b = 0$ のときは、

$$\int \sin ax dx = -\frac{1}{a}\cos ax + \mathrm{C}$$

$\cos(ax+b)^{(注3.8)}$ についても、同じように計算することができるから、

$$\int \sin(ax+b)dx = -\frac{1}{a}\cos(ax+b) + \mathrm{C} \qquad (3.54)\mathrm{a}$$

$$\int \sin ax dx = -\frac{1}{a}\cos ax + \mathrm{C} \qquad (3.54)\mathrm{b}$$

$$\int \cos(ax+b)dx = \frac{1}{a}\sin(ax+b) + \mathrm{C} \qquad (3.55)\mathrm{a}$$

$$\int \cos ax dx = \frac{1}{a}\sin ax + \mathrm{C} \qquad (3.55)\mathrm{b}$$

が成り立つ。

この 4 つの式 (3.54)a 〜 (3.55)b$^{(注3.9)}$ は、フーリエ級数を求めるときに、よく用いられる。

(注3.8) $ax + b = t$ とおくと $x = \dfrac{t-b}{a}$ であるから

両辺を t で微分すると $\dfrac{dx}{dt} = \dfrac{1}{a}$、両辺に dt をかけて $dx = \dfrac{1}{a}dt$

したがって、

$$\int \cos(ax+b)dx = \int \cos t \cdot \frac{1}{a}dt = \frac{1}{a}\int \cos t\, dt = \frac{1}{a}\sin t + \mathrm{C} = \frac{1}{a}\sin(ax+b) + \mathrm{C}$$

(2) 定積分の置換積分

関数 $f(x)$ について、定積分 $\int_a^b f(x)dx$ の置換積分を考えよう。

変数 x が区間 $\alpha \le t \le \beta$ で微分可能な関数 $x = g(t)$ であるとする。そして、$a = g(\alpha)$、$b = g(\beta)$ ならば、t が α から β まで変化すると、x は a から b まで変化する。この関係を表 3.3 のように書く。

このとき、$f(x)$ の不定積分の 1 つを $F(x)$ とおくと、(3.52) より $F(g(t))$ は $f(g(t))g'(t)$ の不定積分である。

よって、

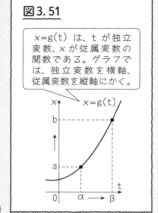

図 3.51

$x = g(t)$ は、t が独立変数、x が従属変数の関数である。グラフでは、独立変数を横軸、従属変数を縦軸にかく。

$$\int_\alpha^\beta f(g(t))g'(t)dt = \left[F(g(t))\right]_\alpha^\beta$$
$$= F(g(\beta)) - F(g(\alpha))$$
$$= F(b) - F(a)$$
$$= \left[F(x)\right]_a^b$$
$$= \int_a^b f(x)dx$$

表 3.3

x	$a \to b$
t	$\alpha \to \beta$

したがって、定積分に関して、次の置換積分法の公式が成り立つ。

(注 3.9) (3.54)a と (3.55)a を置換積分を用いて導き出したが、実は 138 ページの (3.20) $\{\sin(ax + b)\}' = a\cos(ax + b)$ と (3.21) $\{\cos(ax + b)\}' = -a\sin(ax + b)$ より

$\{-\dfrac{1}{a}\cos(ax + b)\}' = -\dfrac{1}{a}\{\cos(ax + b)\}' = -\dfrac{1}{a} \cdot \{-a\sin(ax + b)\} = \sin(ax + b)$

$\{\dfrac{1}{a}\sin(ax + b)\}' = \dfrac{1}{a}\{\sin(ax + b)\}' = \dfrac{1}{a} \cdot a\cos(ax + b) = \cos(ax + b)$

となり、

$-\dfrac{1}{a}\cos(ax + b)$ は、$\sin(ax + b)$ の不定積分、$\dfrac{1}{a}\sin(ax + b)$ は、$\cos(ax + b)$ の不定積分である。このことから、(3.54)a と (3.55)a が成り立つ。

$\alpha \leqq t \leqq \beta$ で微分可能な関数 $x = g(t)$ に対し、$a = g(\alpha)$、$b = g(\beta)$ であるとき、

$$\int_a^b f(x)\,dx = \int_\alpha^\beta f(g(t))g'(t)\,dt \tag{3.56}$$

たとえば、$\displaystyle\int_0^2 \left(\frac{1}{2}x - 1\right)^3 dx$ を計算してみよう。

$\dfrac{1}{2}x - 1 = t$ とおくと、$x = 2t + 2$

両辺を t で微分して $\dfrac{dx}{dt} = 2$

dt を両辺にかけて $dx = 2dt$

である。次に積分区間は、$t = \dfrac{1}{2}x - 1$ とおいたから、

$x = 0$ のとき、$t = \dfrac{1}{2}\cdot 0 - 1 = -1$

$x = 2$ のとき、$t = \dfrac{1}{2}\cdot 2 - 1 = 0$

したがって、t が -1 から 0 まで変化するとき x は 0 から 2 まで変化する。よって、x と t の対応は表3.4のようになる。

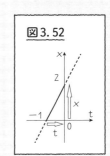

図3.52

表3.4

x	$0 \rightarrow 2$
t	$-1 \rightarrow 0$

$$\int_0^2 \left(\frac{1}{2}x - 1\right)^3 dx = \int_{-1}^0 t^3 \cdot 2\,dt = \left[2 \cdot \frac{1}{4}t^4\right]_{-1}^0$$
$$= \frac{1}{2}\{0^4 - (-1)^4\} = -\frac{1}{2}$$

$-\dfrac{1}{2}$ は、図3.53の斜線部分の面積にマイナスがついた値である。

◎部分積分法

2つの関数 $f(x)$、$g(x)$ の積 $f(x)g(x)$ を積分する1つの方法に**部分積分法**がある。部分積分法は、積の微分法から導かれる。

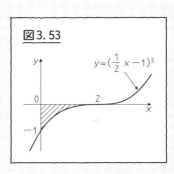

図3.53

$y = \left(\frac{1}{2}x - 1\right)^3$

(1) 不定積分の部分積分

　一般の2つの関数 $f(x)$、$g(x)$ の積 $f(x)g(x)$ を微分することから始まる。

　積の微分法は、

$$\{f(x)g(x)\}' = f'(x)g(x) + f(x)g'(x)$$

であるから、$f'(x)g(x)$ を左辺に移項して、

$$\{f(x)g(x)\}' - f'(x)g(x) = f(x)g'(x)$$

左辺と右辺を入れ替えて、

$$f(x)g'(x) = \{f(x)g(x)\}' - f'(x)g(x) \tag{3.57}$$

である。両辺を x で積分すると、

$$\int f(x)g'(x)dx = \int \{f(x)g(x)\}'dx - \int f'(x)g(x)dx$$

$\int \{f(x)g(x)\}'dx = f(x)g(x)$ であるから

$$\int f(x)g'(x)dx = f(x)g(x) - \int f'(x)g(x)dx$$

が成り立つ。これを**部分積分法**という。

$$\int f(x)g'(x)dx = f(x)g(x) - \int f'(x)g(x)dx \tag{3.58}$$

たとえば、関数 $f(x) = (2x+1)\cos x$ を積分しよう。

$$\int (2x+1)\cos x \, dx = (2x+1)\sin x - \int 2 \cdot \sin x \, dx$$
$$= (2x+1)\sin x - 2(-\cos x) + C$$
$$= (2x+1)\sin x + 2\cos x + C$$

(2) 定積分の部分積分。

(3.57) の両辺を x で、a から b まで積分すると、

$$\int_a^b f(x)g'(x)dx = \int_a^b [\{f(x)g(x)\}' - f'(x)g(x)]dx$$

$$\int_a^b f(x)g'(x)dx = \int_a^b \{f(x)g(x)\}' dx - \int_a^b f'(x)g(x)dx$$

$\int_a^b \{f(x)g(x)\}' dx = [f(x)g(x)]_a^b$ であるから

$$\int_a^b f(x)g'(x)dx = [f(x)g(x)]_a^b - \int_a^b f'(x)g(x)dx \tag{3.59}$$

たとえば $\int_0^{\frac{\pi}{2}} x \cos x\, dx$ を計算しよう。

$\cos x = (\sin x)'$ であるから、

$$\int_0^{\frac{\pi}{2}} x \cos x\, dx = [x \sin x]_0^{\frac{\pi}{2}} - \int_0^{\frac{\pi}{2}} 1 \cdot \sin x\, dx$$

微分　積分

$$= \left(\frac{\pi}{2} \sin \frac{\pi}{2} - 0 \cdot \sin 0 \right) - \int_0^{\frac{\pi}{2}} \sin x\, dx$$

$$= \frac{\pi}{2} - [-\cos x]_0^{\frac{\pi}{2}}$$

$$= \frac{\pi}{2} + \left(\cos \frac{\pi}{2} - \cos 0 \right) = \frac{\pi}{2} - 1$$

第4章

フーリエ級数

定数関数と $\sin nx$、$\cos nx$ の和として表される式、

$$\frac{1}{2}a_0 + \sum_{n=1}^{\infty}(a_n \cos nx + b_n \sin nx)$$

をフーリエ級数という。

この章では、周期関数 $f(x)$ をフーリエ級数で表していく。

本章の流れ

1．周期 2π の周期関数 $f(x)$ がフーリエ級数で表されるためには、その周期関数が「滑らか」でなければならない。そこで、「滑らか」という条件の下で、周期関数 $f(x)$ をフーリエ級数で表す。そして、具体的な周期関数のフーリエ級数を求める。
2．さらに、周期 2π の周期関数 $f(x)$ が不連続な場合でも「区分的に滑らか」ならば、$f(x)$ が不連続になる x の値以外では、フーリエ級数で表せる。しかし、不連続になる x の値では、$f(x)$ とそのフーリエ級数は一致しない場合がある。そのあたりの様子をグラフで見ていく。ただし、不連続な場合は今までの積分ではなく、少し拡張した広義積分を用いて計算する。次に、具体的な区分的に滑らかな周期 2π の関数のフーリエ級数を求める。さらに、$f(x)$ が偶関数の場合、奇関数の場合のフーリエ級数を求める。
3．最後に、区分的に滑らかな周期関数 $f(x)$ の周期が一般的な周期 $2L$（L は任意の正の実数）の場合のフーリエ級数を求める。

1 　滑らかな周期2πの周期関数のフーリエ級数

さて、いよいよ周期2πの周期関数$f(x)$を

$$f(x) = \frac{1}{2}a_0 + \sum_{n=1}^{\infty}(a_n \cos nx + b_n \sin nx) \tag{4.1}$$

のように、定数関数と$\sin nx$、$\cos nx$（$n = 1, 2, 3, \cdots\cdots$）の和として表そう。この（4.1）を$f(x)$の**フーリエ級数展開**といい、右辺を$f(x)$の**フーリエ級数**という。そして、各係数$a_0$、$a_n$、$b_n$（$n = 1, 2, 3, \cdots\cdots$）を**フーリエ係数**という。

◎周期2πの周期関数のフーリエ級数の求め方

周期2πの周期関数$f(x)$が（4.1）のようにフーリエ級数で表すことができるならば、あとは係数a_0、a_n、b_n（$n = 1, 2, 3, \cdots\cdots$）がわかれば、フーリエ級数は決まる。そこで、係数$a_0$、$a_n$、$b_n$（$n = 1, 2, 3, \cdots\cdots$）の求め方を見ていこう。

ベキ級数展開（146ページ）のときは微分を用いたが、ここでは積分を用いてフーリエ係数を求める。

そのときに使われるのが、次の（4.2）a〜（4.2）eの sin・cos の積分公式である。

> 下記の（4.2）a〜（4.2）eの式を sin・cos の積分公式と呼ぶのは一般的ではないが、本書ではこのように呼ぶことにする

（1）　$\displaystyle\int_{-\pi}^{\pi} \cos nx \, dx = 0$ 　　　　　　　　　　　　　（4.2）a

（2）　$\displaystyle\int_{-\pi}^{\pi} \sin nx \, dx = 0$ 　　　　　　　　　　　　　（4.2）b

（3）　$\displaystyle\int_{-\pi}^{\pi} \cos mx \cos nx \, dx = \begin{cases} 0 & (m \neq n のとき) \\ \pi & (m = n のとき) \end{cases}$ 　（4.2）c

（4）　$\displaystyle\int_{-\pi}^{\pi} \cos mx \sin nx \, dx = 0$ 　　　　　　　　　　（4.2）d

（5）　$\displaystyle\int_{-\pi}^{\pi} \sin mx \sin nx \, dx = \begin{cases} 0 & (m \neq n のとき) \\ \pi & (m = n のとき) \end{cases}$ 　（4.2）e

これらの式は、次項で証明することにして、これらの公式を使うと $f(x)$ のフーリエ係数が次のように簡単に求められる。

(1) はじめに a_0 を求める。

(4.1) の両辺を、区間 $-\pi \leqq x \leqq \pi$ で積分する。

$$\int_{-\pi}^{\pi} f(x)dx = \int_{-\pi}^{\pi} \left\{ \frac{1}{2}a_0 + \sum_{n=1}^{\infty}(a_n \cos nx + b_n \sin nx) \right\} dx$$

右辺の全体の積分を1つひとつの積分に分けると、

$$\int_{-\pi}^{\pi} f(x)dx$$

$$= \frac{1}{2}a_0 \underbrace{\int_{-\pi}^{\pi} 1 dx}_{①} + \sum_{n=1}^{\infty} a_n \underbrace{\int_{-\pi}^{\pi} \cos nx\, dx}_{②} + \sum_{n=1}^{\infty} b_n \underbrace{\int_{-\pi}^{\pi} \sin nx\, dx}_{③}$$

ここで、

① $\displaystyle\int_{-\pi}^{\pi} 1 dx$ ② $\displaystyle\int_{-\pi}^{\pi} \cos nx\, dx$ ③ $\displaystyle\int_{-\pi}^{\pi} \sin nx\, dx$

を計算する。

実は、②と③は $\sin \cdot \cos$ の積分公式 (4.2)a、(4.2)b より 0 であることがわかる。したがって、①だけ計算すればよい。①を計算すると、

> x に π を代入し、$-\pi$ を代入して引く

① $\displaystyle\int_{-\pi}^{\pi} 1 dx = [x]_{-\pi}^{\pi} = \pi - (-\pi) = 2\pi$

以上より

> $\displaystyle\int 1 dx = x$ より
> ここで、積分定数Cを省略している。以下も同様

$$\int_{-\pi}^{\pi} f(x)dx$$

$$= \frac{1}{2}a_0 \underbrace{\int_{-\pi}^{\pi} 1 dx}_{①=2\pi} + \sum_{n=1}^{\infty} a_n \underbrace{\int_{-\pi}^{\pi} \cos nx\, dx}_{②=0} + \sum_{n=1}^{\infty} b_n \underbrace{\int_{-\pi}^{\pi} \sin nx\, dx}_{③=0}$$

> (4.2)a より   (4.2)b より

$\displaystyle\int_{-\pi}^{\pi}1dx=2\pi$ 以外は、すべて 0 になるから、

$$\int_{-\pi}^{\pi}f(x)dx=\frac{1}{2}a_0\cdot2\pi=a_0\pi$$

この式から $\displaystyle a_0=\frac{1}{\pi}\int_{-\pi}^{\pi}f(x)dx$

これで、a_0 が求められた。

(2) 次に、a_n を求める。

sin・cos の積分公式(4.2)a〜 (4.2)d を用いるために、m を自然数として (4.1) の両辺に $\cos mx$ をかけて、$-\pi$ から π まで積分する。

$$\int_{-\pi}^{\pi}f(x)\cos mx\,dx$$
$$=\int_{-\pi}^{\pi}\left\{\frac{1}{2}a_0+\sum_{n=1}^{\infty}(a_n\cos nx+b_n\sin nx)\right\}\cos mx\,dx$$

右辺の全体の積分を 1 つ 1 つの積分に分けると、

$$\int_{-\pi}^{\pi}f(x)\cos mx\,dx=\underbrace{\frac{1}{2}a_0\int_{-\pi}^{\pi}\cos mx\,dx}_{④}$$

$$+\underbrace{\sum_{n=1}^{\infty}a_n\int_{-\pi}^{\pi}\cos mx\cos nx\,dx}_{⑤}+\underbrace{\sum_{n=1}^{\infty}b_n\int_{-\pi}^{\pi}\cos mx\sin nx\,dx}_{⑥}$$

ここで、sin・cos の積分公式(4.2)a、(4.2)c、(4.2)d を用いると、

$$\int_{-\pi}^{\pi} f(x)\cos mx\, dx = \frac{1}{2}a_0 \underbrace{\int_{-\pi}^{\pi} \cos mx\, dx}_{\substack{\textcircled{4}=0 \\ (4.2)a\, \text{より}}}$$

$$+ \sum_{n=1}^{\infty} a_n \underbrace{\int_{-\pi}^{\pi} \cos mx\cos nx\, dx}_{\substack{\textcircled{5}= \begin{cases} m \neq n\, \text{のとき}\, 0 \\ m = n\, \text{のとき}\, \pi \end{cases} \\ (4.2)c\, \text{より}}} + \sum_{n=1}^{\infty} b_n \underbrace{\int_{-\pi}^{\pi} \cos mx\sin nx\, dx}_{\substack{\textcircled{6}=0 \\ (4.2)d\, \text{より}}}$$

結局、$\displaystyle\int_{-\pi}^{\pi} \cos mx\cos mx\, dx = \pi$ 以外はすべて 0 になるから、

$$\int_{-\pi}^{\pi} f(x)\cos mx\, dx = a_m \int_{-\pi}^{\pi} \cos mx\cos mx\, dx = a_m \pi$$

よって $\displaystyle a_m = \frac{1}{\pi}\int_{-\pi}^{\pi} f(x)\cos mx\, dx$

(3) 同じように、(4.1) の両辺に $\sin mx$ をかけて、$-\pi$ から π まで積分する。

$$\int_{-\pi}^{\pi} f(x)\sin mx\, dx$$

$$= \int_{-\pi}^{\pi} \left\{ \frac{1}{2}a_0 + \sum_{n=1}^{\infty}(a_n\cos nx + b_n\sin nx) \right\}\sin mx\, dx$$

右辺の全体の積分を 1 つひとつの積分に分けると、

$$\int_{-\pi}^{\pi} f(x)\sin mx\, dx = \frac{1}{2}a_0 \underbrace{\int_{-\pi}^{\pi} \sin mx\, dx}_{\textcircled{7}}$$

$$+ \sum_{n=1}^{\infty} a_n \underbrace{\int_{-\pi}^{\pi} \sin mx\cos nx\, dx}_{\textcircled{8}} + \sum_{n=1}^{\infty} b_n \underbrace{\int_{-\pi}^{\pi} \sin mx\sin nx\, dx}_{\textcircled{9}}$$

ここで、sin・cosの積分公式(4.2)b、(4.2)d、(4.2)eを用いると、

$$\int_{-\pi}^{\pi} f(x)\sin mx\, dx = \frac{1}{2}a_0 \underbrace{\int_{-\pi}^{\pi} \sin mx\, dx}_{\textcircled{7}\,=\,0}$$

(4.2)bより

$$+ \sum_{n=1}^{\infty} a_{\mathrm{n}} \underbrace{\int_{-\pi}^{\pi} \sin mx \cos nx\, dx}_{\textcircled{8}\,=\,0} + \sum_{n=1}^{\infty} b_{\mathrm{n}} \underbrace{\int_{-\pi}^{\pi} \sin mx \sin nx\, dx}_{\textcircled{9}\,=\,\begin{cases} m \neq n \text{ のとき } 0 \\ m = n \text{ のとき } \pi \end{cases}}$$

(4.2)dより

(4.2)eより

$\displaystyle\int_{-\pi}^{\pi} \sin mx \sin mx\, dx = \pi$ 以外はすべて 0 になるから、

$$\int_{-\pi}^{\pi} f(x)\sin mx\, dx = b_{\mathrm{m}} \int_{-\pi}^{\pi} \sin mx \sin mx\, dx = b_{\mathrm{m}}\pi$$

となり、$b_{\mathrm{m}} = \dfrac{1}{\pi}\displaystyle\int_{-\pi}^{\pi} f(x)\sin mx\, dx$

これで、フーリエ係数a_0、a_{n}、b_{n} $(n = 1, 2, 3, \cdots\cdots)$ がわかった。まとめると、

周期2πの周期関数$f(x)$がフーリエ級数展開できるならば、次の式が成り立つ。

$$f(x) = \frac{1}{2}a_0 + \sum_{n=1}^{\infty}(a_{\mathrm{n}}\cos nx + b_{\mathrm{n}}\sin nx) \tag{4.1}$$

ここで、$a_0 = \dfrac{1}{\pi}\displaystyle\int_{-\pi}^{\pi} f(x)dx \tag{4.3a}$

$$a_{\mathrm{n}} = \frac{1}{\pi}\int_{-\pi}^{\pi} f(x)\cos nx\, dx \tag{4.3b}$$

184

$$b_{\mathrm n} = \frac{1}{\pi} \int_{-\pi}^{\pi} f(x) \sin nx \, dx \qquad (4.3)\mathrm{c}$$

$$(n = 1, 2, 3, \cdots\cdots)$$

前出では、$a_{\mathrm m} = \dfrac{1}{\pi} \displaystyle\int_{-\pi}^{\pi} f(x) \cos mx \, dx$、$b_{\mathrm m} = \dfrac{1}{\pi} \displaystyle\int_{-\pi}^{\pi} f(x) \sin mx \, dx$

同じ文字 同じ文字

と文字 m を使っていたが、ここでは文字 n を使う

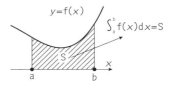

◎ sin・cos の積分公式の証明

sin・cos の積分公式を用いることによって、$f(x)$ のフーリエ級数の係数 a_0、$a_{\mathrm n}$、$b_{\mathrm n}$ $(n = 1, 2, 3, \cdots)$ を求めることができた。

あとは、sin・cos の積分公式 $(4.2)\mathrm{a} \sim (4.2)\mathrm{e}$ を導こう。

(1) はじめに、$\displaystyle\int_{-\pi}^{\pi} \cos nx \, dx = 0$ を導こう。

この左辺の積分を計算すれば求められるが、計算だけでは形式的になり、$(4.2)\mathrm{a}$ の意味がわからない。そこで、はじめに図形の面積を用いて、この式の意味を考えよう。

そのために、定積分の意味をおさらいしておく。

　157ページで見てきたように、区間 $a \leqq x \leqq b$ で連続な関数 $f(x)$ の定積分の値 $\displaystyle\int_{a}^{b} f(x) dx$ は、区間 $a \leqq x \leqq b$ で、

図4.1①

① $f(x) \geqq 0$ ならば、$f(x)$ のグラフと x 軸で挟まれる図形の面積 S に等しい（図4.1①）。

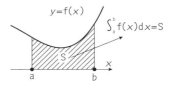

② $f(x) \leqq 0$ ならば、$f(x)$ のグラフと x 軸で挟まれる図形の面積 S にマイナスをつけた $-S$ に等しい（図4.2②）。

図4.1②

これが、定積分の値であった。ここに面積に $-$ を付けた値が出てくる。166ページで、面積に $+$、$-$ を付けた値を「符号付面積」と呼んだ。

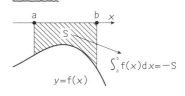

さて、$n=3$として、定積分 $\displaystyle\int_{-\pi}^{\pi} \cos 3x\, dx$ を図で見ていこう。

この定積分は関数 $y=\cos 3x$ の区間 $-\pi \leqq x \leqq \pi$ の積分だから、図4.2の斜線の図形の符号付面積の和になる。

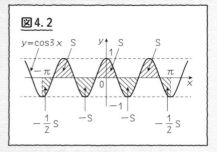

図4.2

x軸より上の山が正の値、x軸より下の谷が負の値になる。山の面積と谷の面積は等しいので、山の面積をSとすると、谷の符号付面積は $-$S である。そこで、図4.2より、

$$\int_{-\pi}^{\pi} \cos 3x\, dx = -\frac{1}{2}S + S - S + S - S + S - \frac{1}{2}S = 0$$

すなわち、$\displaystyle\int_{-\pi}^{\pi} \cos 3x\, dx = 0$ であることがわかった。

このように、$\displaystyle\int_{-\pi}^{\pi} \cos 3x\, dx = 0$ は、$y=\cos 3x$ と x軸とで囲まれる図形の面積が、$\cos 3x \geqq 0$ の部分と $\cos 3x \leqq 0$ の部分の面積が等しいことを表している。

それでは、実際に定積分 $\displaystyle\int_{-\pi}^{\pi} \cos nx\, dx$ を計算しよう。このとき、58ページで学んだ偶関数、奇関数の性質を利用すると計算がラクになる。

そこで、偶関数、奇関数のおさらいをしておこう。

①$g(-x)=g(x)$ が成り立つとき、関数 $g(x)$ を偶関数という。

　$g(x)$ が偶関数のとき、次のことが成り立つ。

　・$y=g(x)$ のグラフは y軸に関して対称。

　・$\displaystyle\int_{-a}^{a} g(x)dx = 2\int_{0}^{a} g(x)dx$

図4.3①

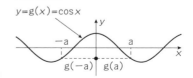

②$h(-x)=-h(x)$ が成り立つとき、関数 $h(x)$ を奇関数という。

$h(x)$が奇関数のとき、次のことが成り立つ。

- $y=h(x)$のグラフは原点に関して対称。
- $\displaystyle\int_{-a}^{a} h(x)\,dx = 0$

図4.3②

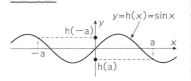

この偶関数、奇関数の性質を用いて、(4.2)aの両辺を区間$-\pi \leqq x \leqq \pi$で積分しよう。

82ページで示したように、$\cos nx$は、偶関数だから、

$$\int_{-\pi}^{\pi} \cos nx\,dx = 2\int_{0}^{\pi} \cos nx\,dx$$

偶関数の性質

積分の公式 $\displaystyle\int \cos ax\,dx = \frac{1}{a}\sin ax$

$$= \left[2\frac{1}{n}\sin nx \right]_{0}^{\pi}$$

$n>0$だから$n \neq 0$

xにπを代入し、0を代入して引く

$$= \frac{2}{n}(\sin n\pi - \sin 0) = 0$$

nが整数だから$\sin n\pi = 0$

これで、$\displaystyle\int_{-\pi}^{\pi} \cos nx\,dx = 0$であることがわかった。

(2) 次に、$\displaystyle\int_{-\pi}^{\pi} \sin nx\,dx = 0$を導こう。

ここでも、$n=3$として、定積分$\displaystyle\int_{-\pi}^{\pi} \sin 3x\,dx$を図で考えよう。

この積分は、関数$y = \sin 3x$の区間$-\pi \leqq x \leqq \pi$の積分だから、図4.4の斜線の図形の符号付面積の和になる。(1)の場合と同じように、山の面積のをSとすると、谷の符号付面積は$-S$である。そこで、図4.4より、

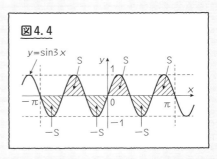

図4.4

187

$$\int_{-\pi}^{\pi} \sin 3x\, dx = -S + S - S + S - S + S = 0$$

やはり、$\displaystyle\int_{-\pi}^{\pi} \sin 3x\, dx = 0$ になった。

それでは、$\displaystyle\int_{-\pi}^{\pi} \sin nx\, dx = 0$ を計算で導こう。これは、$\sin nx$ が奇関数であることから、

$$\int_{-\pi}^{\pi} \sin nx\, dx = 0 \quad \text{← 奇関数の性質}$$

であることがわかる。

(3) 次に $\displaystyle\int_{-\pi}^{\pi} \cos mx \cos nx\, dx$

$$= \begin{cases} 0 \ (m \neq n \ \text{のとき}) \\ \pi \ (m = n \ \text{のとき}) \end{cases}$$

を導こう。

ここでも、計算する前に、この積分を図で見ていく。

①$m \neq n$ と②$m = n$ の場合に分けて考える。

$m \neq n$ のとき
 $y = \cos mx \cdot \cos nx$ のグラフはx軸の上下に現れる（図4.5①）。
$m = n$ のとき
 $\cos mx \cdot \cos mx = \cos^2 mx \geqq 0$
 となり、$y = \cos^2 mx$ のグラフは、
 x軸より上に現れる（図4.5②）
このために、$m \neq n$ と $m = n$ に分ける

①$m = 2$、$n = 3$ とすると、

$\displaystyle\int_{-\pi}^{\pi} \cos 2x \cos 3x\, dx$ は、
関数 $y = \cos 2x \cos 3x$ の区間 $-\pi \leqq x \leqq \pi$ の積分だから、図4.5①の斜線の図形の符号付面積の和になる。

x軸より上の山の面積をS_1、S_2、S_3 とすると、x軸より下の谷の面積は、$-S_1$、$-S_2$、

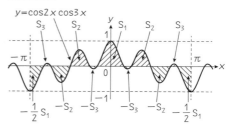

図4.5①

$y = \cos 2x \cos 3x$

$-S_3$ となり、図4.5①より、

$$\int_{-\pi}^{\pi} \cos 2x \cos 3x\, dx$$

$$= -\frac{1}{2}S_1 + S_3 - S_2 + S_2 - S_3 + S_1 - S_3 + S_2$$

$$- S_2 + S_3 - \frac{1}{2}S_1 = 0$$

② $m = 2$、$n = 2$ とすると、

$\displaystyle\int_{-\pi}^{\pi} \cos 2x \cos 2x\, dx$ は、

関数 $y = \cos 2x \cos 2x$ の

区間 $-\pi \leqq x \leqq \pi$ の積分だ

から、図4.5②の斜線の図

形の符号付面積の和になる。

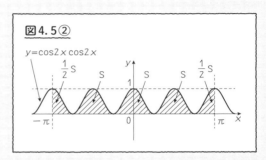

図4.5②

$y = \cos 2x \cos 2x$

　x 軸より上の山の面積を

Sとすると、x 軸より下の谷は存在しないから、図4.5②より

$$\int_{-\pi}^{\pi} \cos 2x \cos 2x\, dx = \frac{1}{2}S + S + S + S + \frac{1}{2}S = 4S$$

①、②より、

$$\int_{-\pi}^{\pi} \cos 2x \cos 3x\, dx = 0, \quad \int_{-\pi}^{\pi} \cos 2x \cos 2x\, dx = 4S$$

であることがわかる。

　それでは、$\displaystyle\int_{-\pi}^{\pi} \cos mx \cos nx\, dx$ を計算しよう。

　計算でも、③ $m \neq n$ と④ $m = n$ の場合に分ける。それは、計算の途中で $m - n$ が分母に現れるので、$m - n$ が0になると困る。分母は0になれない（0で割り算はできない）からである。

③ $m \neq n$ のとき、

$\cos mx$ は偶関数、$\cos nx$ も偶関数だから、その積 $\cos mx \cos nx$ も偶関数である。そこで、

> 偶関数と奇関数のかけ算では、
> （偶関数）$\times$（偶関数）$=$（偶関数）
> （偶関数）$\times$（奇関数）$=$（奇関数）
> （奇関数）$\times$（奇関数）$=$（偶関数）
> という関係がある
> （58ページ参照）

$$\int_{-\pi}^{\pi} \cos mx \cos nx \, dx$$

$$= 2\int_{0}^{\pi} \frac{1}{2}\{\cos(m+n)x + \cos(m-n)x\}dx \qquad \cdots\cdots (*)$$

> 偶関数の性質

> 積を和・差に変える公式（103ページ）
> $\cos\alpha\cos\beta = \dfrac{1}{2}\{\cos(\alpha+\beta) + \cos(\alpha-\beta)\}$

$$= 2\cdot\frac{1}{2}\left[\frac{1}{(m+n)}\sin(m+n)x + \frac{1}{(m-n)}\sin(m-n)x\right]_{0}^{\pi}$$

> $m > 0$、$n > 0$ だから $m + n \neq 0$

> $\displaystyle\int \cos ax \, dx = \frac{1}{a}\sin ax$

> $m \neq n$ から $m - n \neq 0$

$$= \frac{1}{(m+n)}\{\sin(m+n)\pi - \sin(m+n)\cdot 0\}$$

$$+ \frac{1}{(m-n)}\{\sin(m-n)\pi - \sin(m-n)\cdot 0\}$$

$$= 0$$

> k が整数のとき $\sin k\pi = 0$

④ $m = n$ のとき、

③の計算の途中で分母に $m-n$ が現れる直前の式（*）で $m = n$ を代入すると、

$$\int_{-\pi}^{\pi} \cos mx \cos mx \, dx = 2\int_{0}^{\pi} \frac{1}{2}\{\cos(m+m)x + \cos(m-m)x\}dx$$

> $\cos(0\cdot x) = \cos 0 = 1$

$$= 2\cdot\frac{1}{2}\int_{0}^{\pi}(\cos 2mx + 1)dx$$

> $\displaystyle\int \cos ax \, dx = \frac{1}{a}\sin ax$

$$= \left[\frac{1}{2m}\sin 2mx + x\right]_{0}^{\pi}$$

> $m > 0$ だから $m \neq 0$

$$= \frac{1}{2m}\{\sin 2m\pi - \sin(2m\cdot 0)\} + (\pi - 0)$$

$$= \pi$$

k が整数のとき　$\sin k\pi = 0$ だから π だけ残る

よって $\displaystyle\int_{-\pi}^{\pi} \cos mx \cos mx\, dx = \pi$

③、④より $\displaystyle\int_{-\pi}^{\pi} \cos mx \cos nx\, dx = \begin{cases} 0 \ (m \neq n \text{ のとき}) \\ \pi \ (m = n \text{ のとき}) \end{cases}$

であることがわかった。

(4) 次に、$\displaystyle\int_{-\pi}^{\pi} \cos mx \sin nx\, dx = 0$ を導こう。

ここでも、図から積分を見ていく。

$m = 2$、$n = 3$ とすると、$\displaystyle\int_{-\pi}^{\pi} \cos 2x \sin 3x\, dx$ は、関数 $y = \cos 2x \sin 3x$ の区間 $-\pi \leqq x \leqq \pi$ の積分だから、図4.6の斜線の図形の符号付面積の和になる。x 軸より上の山の面積を S_1、S_2、S_3 とすると、x 軸より下の谷の面積は、$-S_1$、$-S_2$、$-S_3$ となり、図4.6より

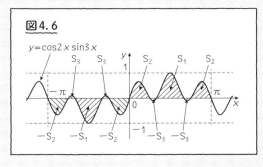

図4.6

$y = \cos 2x \sin 3x$

$$\int_{-\pi}^{\pi} \cos 2x \sin 3x\, dx$$

$$= -S_2 + S_3 - S_1 + S_3 - S_2 + S_2 - S_3 + S_1 - S_3 + S_2 = 0$$

したがって $\displaystyle\int_{-\pi}^{\pi} \cos 2x \sin 3x\, dx = 0$ が成り立つ。

それでは、計算で示そう。

$\cos mx$ は偶関数、$\sin nx$ は奇関数だから $\cos mx \sin nx$ は奇関数となるので、

$$\int_{-\pi}^{\pi} \cos mx \sin nx\, dx = 0$$

191

となることがわかる。

(5) 最後に、$\displaystyle\int_{-\pi}^{\pi}\sin mx \sin nx\,dx = \begin{cases} 0 & (m \neq n \text{ のとき}) \\ \pi & (m = n \text{ のとき}) \end{cases}$ を導こう。

まず、図からこの積分を見ていく。

(3)と同じように、①$m \neq n$と②$m = n$の場合に分ける。

①$m = 2$、$n = 3$とすると、

$\displaystyle\int_{-\pi}^{\pi}\sin 2x \sin 3x\,dx$ は、関数 $y = \sin 2x \sin 3x$ の区間 $-\pi \leqq x \leqq \pi$ の積分だから、図4.7①の斜線の図形の符号付面積の和になる。x軸より上の山の面積をS_1、S_2と

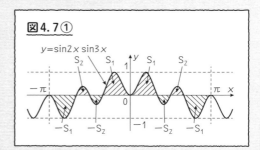

図4.7①

$y = \sin 2x \sin 3x$

すると、x軸より下の谷の面積は、$-S_1$、$-S_2$となり、図4.7①より、

$$\int_{-\pi}^{\pi}\sin 2x \sin 3x\,dx = -S_1 + S_2 - S_2 + S_1 + S_1 - S_2 + S_2 - S_1 = 0$$

となる。

②$m = 2$、$n = 2$とすると、

$\displaystyle\int_{-\pi}^{\pi}\sin 2x \sin 2x\,dx$ は、関数 $y = \sin 2x \sin 2x$ の区間 $-\pi \leqq x \leqq \pi$ の積分だから、図4.7②の斜線の図形の符号付き面積の和になる。x軸より上の

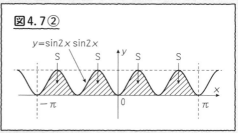

図4.7②

$y = \sin 2x \sin 2x$

山の面積をSとすると、x軸より下の谷は存在しないから、図4.7②より、

$$\int_{-\pi}^{\pi}\sin 2x \sin 2x\,dx = S + S + S + S = 4S$$

①、②より、

$$\int_{-\pi}^{\pi} \sin 2x \sin 3x\, dx = 0, \qquad \int_{-\pi}^{\pi} \sin 2x \sin 2x\, dx = 4\mathrm{S}$$

であることがわかる。

　次に計算で求めよう。やはり、③ $m \neq n$、④ $m = n$ に分ける。

③ $m \neq n$ のとき、$\sin mx$、$\sin nx$ は共に奇関数だから $\sin mx \sin nx$ は偶関数になるので、

> 積を和・差に変える公式（103ページ）
> $\sin\alpha\sin\beta = \dfrac{1}{2}\{-\cos(\alpha+\beta)+\cos(\alpha-\beta)\}$

> 偶関数の性質

$$\int_{-\pi}^{\pi} \sin mx \sin nx\, dx = 2\int_{0}^{\pi} \frac{1}{2}\{-\cos(m+n)x + \cos(m-n)x\}dx \cdots (**)$$

$$= 2\cdot\frac{1}{2}\left[-\frac{1}{(m+n)}\sin(m+n)x + \frac{1}{(m-n)}\sin(m-n)x\right]_{0}^{\pi}$$

> $\displaystyle\int \cos ax\, dx = \frac{1}{a}\sin ax$

$$= -\frac{1}{(m+n)}\{\sin(m+n)\pi - \sin 0\}$$

$$+ \frac{1}{(m-n)}\{\sin(m-n)\pi - \sin 0\}$$

$$= 0$$

> n が整数のとき　$\sin n\pi = 0$

④ $m = n$ のとき、

　③の計算の途中で分母に $m - n$ が現れる直前の式（$**$）で $m = n$ を代入すると、

$$\int_{-\pi}^{\pi} \sin mx \sin mx\, dx = 2\int_{0}^{\pi} \frac{1}{2}\{-\cos(m+m)x + \cos(m-m)x\}dx$$

> $\displaystyle\int \cos ax\, dx = \frac{1}{a}\sin x$

$$= \int_{0}^{\pi}(-\cos 2mx + 1)dx$$

$$= \left[-\frac{1}{2m}\sin 2mx + x\right]_{0}^{\pi}$$

> $\cos(0\cdot x) = \cos 0 = 1$

$$= -\frac{1}{2m}\{\sin 2m\pi - \sin(2m\cdot 0)\} + (\pi - 0) = \pi$$

③、④より、$\displaystyle\int_{-\pi}^{\pi}\sin mx \sin nx\,dx=\begin{cases}0 & (m\neq n \text{ のとき})\\ \pi & (m=n \text{ のとき})\end{cases}$

これで、(4.2)a～ (4.2)eの5式が成り立つことがわかった。この5式が成り立つのは、$\sin nx$、$\cos nx$のキレイな対称性と周期性による。この5式によって、フーリエ級数展開が可能になる。

◎滑らかな周期2πの周期関数のフーリエ級数

周期2πの周期関数$f(x)$は、

$$f(x)=\frac{1}{2}a_0+\sum_{n=1}^{\infty}(a_\mathrm{n}\cos nx+b_\mathrm{n}\sin nx) \qquad (4.1)$$

のように、定数関数と$\sin nx$、$\cos nx$（$n=1, 2, 3, \cdots\cdots$）の和として表せるとして、フーリエ係数a_0、a_n、b_n（$n=1, 2, 3, \cdots\cdots$）を求めてきた。ところが、すべての周期関数が（4.1）のように、フーリエ級数展開できるとは限らない。フーリエ級数展開できるためには、周期関数$f(x)$が「滑らか」でなければならない（この証明は、本書の範囲を超えるので省略する）。

それでは、関数$f(x)$が「滑らか」とはどのようなことなのかを考えよう。関数$f(x)$が「滑らか」ということは、関数$f(x)$のグラフは角がなく、つながっていることと考えられる。このことは、接線の傾きが少しずつ変化し、あるxの値で接線の傾きがジャンプすることがない。つまり、関数$f(x)$の接線の傾きが連続的に変化していることである。接線の傾きは、1次導関数$f'(x)$で表

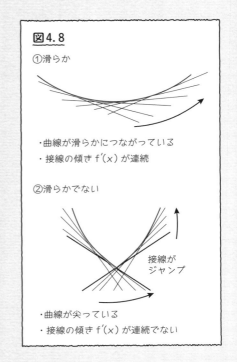

図4.8

①滑らか

・曲線が滑らかにつながっている
・接線の傾き f'(x) が連続

②滑らかでない

接線が
ジャンプ

・曲線が尖っている
・接線の傾き f'(x) が連続でない

されるから、$f'(x)$ も連続的に変化することを意味している（図4.8）。

そこで、

> 関数 $y=f(x)$ が滑らかであるとは、関数 $f(x)$ と導関数 $f'(x)$ がともに連続である。

となる。

以上のことから、フーリエ級数展開は次のようにまとめられる。

周期 2π の周期関数 $f(x)$ が滑らかであるとき、

$$f(x)=\frac{1}{2}a_0+\sum_{n=1}^{\infty}(a_n\cos nx+b_n\sin nx) \tag{4.1}$$

ここで、 $\quad a_0=\dfrac{1}{\pi}\displaystyle\int_{-\pi}^{\pi}f(x)dx \tag{4.3}a$

$$a_n=\frac{1}{\pi}\int_{-\pi}^{\pi}f(x)\cos nx\,dx \tag{4.3}b$$

$$b_n=\frac{1}{\pi}\int_{-\pi}^{\pi}f(x)\sin nx\,dx \tag{4.3}c$$

$$(n=1,\,2,\,3,\,\cdots\cdots)$$

◎滑らかな周期関数のフーリエ級数の具体例

滑らかな周期 2π の周期関数のフーリエ級数を求めたので、ここで、次の具体的な式で与えられる滑らかな周期 2π の周期関数 $f(x)$ のフーリエ級数を求めよう。

$$f(x)=\begin{cases} 0 & ((2n-1)\pi\leqq x<2n\pi) \\ \sin^2 x & (2n\pi\leqq x<(2n+1)\pi) \end{cases} \quad (n=0,1,2,3,\cdots\cdots)$$

$$\tag{4.4}a$$

この関数のグラフは、図4.9aのようになる。

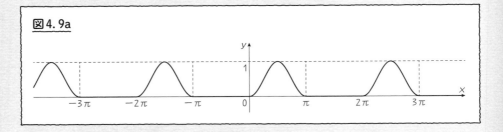

図4.9a

図4.9aを見てわかるように、−πからπの間のグラフ（図4.9b）が繰り返し現れている。そのため、−πからπまでの関数の式を決めれば、周期2πの関数は決まる。

そこで、−πからπまでの関数の式

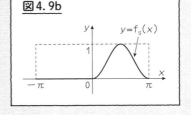

図4.9b

$$f_S(x) = \begin{cases} 0 & (-\pi \leqq x < 0) \\ \sin^2 x & (0 \leqq x < \pi) \end{cases} \tag{4.4}b$$

を示し、後は、その繰り返しが (4.4)a だと見なせばよい。このことを、$f(x)$ は $f_S(x)$ の**周期的拡張**と呼ぶことにする。

それでは、関数(4.4)aをフーリエ級数展開しよう。

> この計算が本書では最も面倒である。204ページの結果(4.6)bまで飛ばしてもよい

$$f(x) = \frac{1}{2}a_0 + \sum_{n=1}^{\infty}(a_n \cos nx + b_n \sin nx) \tag{4.1}$$

とおいて、(4.3)a、(4.3)b、(4.3)cにあてはめて、a_0、a_n、b_nを求めればよい。

(1) まず、a_0を求めよう。

> $-\pi \leqq x < 0$ と $0 \leqq x < \pi$ で式が違うので、積分区間を分ける

$$a_0 = \frac{1}{\pi}\int_{-\pi}^{\pi} f(x)dx = \frac{1}{\pi}\left(\int_{-\pi}^{0} f(x)dx + \int_{0}^{\pi} f(x)dx\right)$$

$$= \frac{1}{\pi}\left(\int_{-\pi}^{0} 0\,dx + \int_{0}^{\pi} \sin^2 x\,dx\right)$$

> $-\pi \leqq x < 0$ で $f(x) = 0$
> $0 \leqq x < \pi$ で $f(x) = \sin^2 x$

196

$$= \frac{1}{\pi} \int_0^\pi \sin^2 x \, dx$$

$$= \frac{1}{\pi} \int_0^\pi \frac{1 - \cos 2x}{2} \, dx$$

> $\sin^2 x$ のままでは積分できないので
> 2倍角の公式 $\cos 2\alpha = 1 - 2\sin^2 \alpha$ から、
> $\sin^2 \alpha = \dfrac{1 - \cos 2\alpha}{2}$

$$= \frac{1}{2\pi} \int_0^\pi (1 - \cos 2x) dx$$

$$= \frac{1}{2\pi} \left[x - \frac{1}{2} \sin 2x \right]_0^\pi$$

> $\int \cos ax \, dx = \dfrac{1}{a} \sin ax$

> x に π と 0 を代入して引く

> $\sin 2x$ に π と 0 を代入して引く

> $\sin 2\pi = 0$、$\sin 0 = 0$

$$= \frac{1}{2\pi} \left\{ (\pi - 0) - \frac{1}{2} (\sin 2\pi - \sin 2 \cdot 0) \right\} = \frac{1}{2\pi} \cdot \pi = \frac{1}{2}$$

よって、$a_0 = \dfrac{1}{2}$ であることがわかった。

(2) 次に、a_n を求める。ところが、以下の計算の途中で、$\dfrac{1}{n-2}$ と分母に $n-2$ が現れる。分母は、0 になることはない（0 で割り算できない）ので、$n \neq 2$ として計算し、$n = 2$ の場合は別に考える。

① $n \neq 2$ のとき、

$$a_n = \frac{1}{\pi} \int_{-\pi}^\pi f(x) \cos nx \, dx$$

> $-\pi \le x < 0$ と $0 \le x < \pi$ で式が違うので、積分区間を分ける

$$= \frac{1}{\pi} \left(\int_{-\pi}^0 f(x) \cos nx \, dx + \int_0^\pi f(x) \cos nx \, dx \right)$$

$$= \frac{1}{\pi} \int_0^\pi \sin^2 x \cos nx \, dx$$

> $-\pi \le x < 0$ で $f(x) = 0$
> $0 \le x < \pi$ で $f(x) = \sin^2 x$

$$= \frac{1}{\pi} \int_0^\pi \frac{1 - \cos 2x}{2} \cos nx \, dx$$

$$= \frac{1}{2\pi} \int_0^\pi (1 - \cos 2x) \cos nx \, dx$$

$$= \frac{1}{2\pi} \int_0^\pi (\cos nx - \cos nx \cos 2x) dx$$

$$\text{積から和・差に変える公式}$$
$$\cos\alpha\cos\beta=\frac{1}{2}\{\cos(\alpha+\beta)+\cos(\alpha-\beta)\}$$

$$=\frac{1}{2\pi}\int_0^\pi\left[\cos nx-\frac{1}{2}\{\cos(n+2)x+\cos(n-2)x\}\right]dx$$

$\frac{1}{2}$ を積分の外に出す

$$=\frac{1}{4\pi}\int_0^\pi\{2\cos nx-\cos(n+2)x-\cos(n-2)x\}dx \quad\cdots\cdots(*)$$

$$\int\cos ax\,dx=\frac{1}{a}\sin ax$$

$n>0$ だから $n+2\neq0$

$n\neq2$ だから $n-2\neq0$

$$=\frac{1}{4\pi}\left[\frac{2}{n}\sin nx-\frac{1}{n+2}\sin(n+2)x-\frac{1}{n-2}\sin(n-2)x\right]_0^\pi$$

$n>0$ だから $n\neq0$

$$=\frac{1}{4\pi}\left\{\frac{2}{n}(\sin n\pi-\sin n\cdot0)-\frac{1}{n+2}(\sin(n+2)\pi-\sin(n+2)\cdot0)\right.$$

$$\left.-\frac{1}{n-2}(\sin(n-2)\pi-\sin(n-2)\cdot0)\right\}$$

$$=0$$

k が整数のとき $\sin k\pi=0$

②$n=2$ のときは、分母に $n-2$ が現れる直前の式、すなわち、上記（*）の式に、$n=2$ を代入する。

$$a_2=\frac{1}{4\pi}\int_0^\pi\{2\cos 2x-\cos(2+2)x-\cos(2-2)x\}dx$$

$\cos 0=1$

$$=\frac{1}{4\pi}\int_0^\pi(2\cos 2x-\cos 4x-1)dx$$

$\int 1dx=x$

$$=\frac{1}{4\pi}\left[2\cdot\frac{1}{2}\sin 2x-\frac{1}{4}\sin 4x-x\right]_0^\pi$$

$$=\frac{1}{4\pi}\left\{(\sin 2\pi-\sin 0)-\frac{1}{4}(\sin 4\pi-\sin 0)-(\pi-0)\right\}$$

$$=\frac{1}{4\pi}\cdot(-\pi)=-\frac{1}{4}$$

k が整数のとき $\sin k\pi=0$ だから $-\pi$ だけ残る

①、②から $n \neq 2$ のとき $a_n = 0$、$a_2 = -\dfrac{1}{4}$ であることがわかった。

(3) 最後に、b_n を求めるが、やはり $n \neq 2$ と $n = 2$ の場合に分けて計算する。

①$n \neq 2$ のとき、

$$b_n = \frac{1}{\pi}\int_{-\pi}^{\pi} f(x)\sin nx\, dx$$

> $-\pi \leqq x < 0$ と $0 \leqq x < \pi$ で式が違うので、積分区間を分ける

$$= \frac{1}{\pi}\left(\int_{-\pi}^{0} f(x)\sin nx\, dx + \int_{0}^{\pi} f(x)\sin nx\, dx\right)$$

$$= \frac{1}{\pi}\int_{0}^{\pi} \sin^2 x \sin nx\, dx$$

> $-\pi \leqq 0x < 0$ で $f(x) = 0$
> $0 \leqq x < \pi$ で $f(x) = \sin^2 x$

$$= \frac{1}{\pi}\int_{0}^{\pi} \frac{1 - \cos 2x}{2}\sin nx\, dx$$

> 2倍角の公式 $\cos 2\alpha = 1 - 2\sin^2\alpha$
> から、$\sin^2\alpha = \dfrac{1 - \cos 2\alpha}{2}$

$$= \frac{1}{2\pi}\int_{0}^{\pi} (1 - \cos 2x)\sin nx\, dx$$

$$= \frac{1}{2\pi}\int_{0}^{\pi} (\sin nx - \sin nx \cos 2x)\, dx$$

> 積から和・差に変える公式 $\sin\alpha\cos\beta = \dfrac{1}{2}\{\sin(\alpha+\beta) + \sin(\alpha-\beta)\}$

$$= \frac{1}{2\pi}\int_{0}^{\pi}\left[\sin nx - \frac{1}{2}\{\sin(n+2)x + \sin(n-2)x\}\right]dx$$

$$= \frac{1}{2\pi}\cdot\frac{1}{2}\int_{0}^{\pi}\{2\sin nx - \sin(n+2)x - \sin(n-2)x\}\, dx \quad \cdots(**)$$

> $\dfrac{1}{2}$ をくくりだす

> $\displaystyle\int \sin ax\, dx = -\frac{1}{a}\cos ax$

$$= \frac{1}{4\pi}\left[2\left(-\frac{1}{n}\cos nx\right) - \left\{-\frac{1}{n+2}\cos(n+2)x\right\}\right.$$
$$\left. - \left\{-\frac{1}{n-2}\cos(n-2)x\right\}\right]_{0}^{\pi}$$

$$= \frac{1}{4\pi}\left[-\frac{2}{n}(\cos n\pi - \cos n\cdot 0)\right.$$

> x に π を入れ、0 を入れて引く

$$+ \frac{1}{n+2}\{\cos(n+2)\pi - \cos(n+2)\cdot 0\}$$
$$\left. + \frac{1}{n-2}\{\cos(n-2)\pi - \cos(n-2)\cdot 0\}\right]$$

したがって、

$\cos 0 = 1$

$\cos 0 = 1$

$\cos 0 = 1$

$$b_{\mathrm{n}} = \frac{1}{4\pi}\left[-\frac{2}{n}(\cos n\pi - 1) + \frac{1}{n+2}\{\cos(n+2)\pi - 1\} \right.$$
$$\left. + \frac{1}{n-2}\{\cos(n-2)\pi - 1\}\right]$$

$$(4.5)$$

ここで $\cos n\pi$ の値を求めるが、n が偶数のときと奇数のときで値が変わる。そこで、b_{n} は次のようになる。

$n \neq 2$ だから $k = 1$ を除く

- n が偶数のとき、$n = 2k\ (k = 2, 3, 4, \cdots)$ とおくと、

$$\cos n\pi = \cos 2k\pi = 1$$
$$\cos(n+2)\pi = \cos(2k+2)\pi \quad \text{偶数}$$
$$= \cos 2(k+1)\pi = 1$$
$$\cos(n-2)\pi = \cos(2k-2)\pi \quad \text{偶数}$$
$$= \cos 2(k-1)\pi = 1$$

- n が偶数のとき

  $2\pi, 4\pi, 6\pi \cdots$
  $2k\pi$ の動径

  $\cos 2k\pi = 1$

となり、(4.5) に代入して、

$$b_{2\mathrm{k}} = \frac{1}{4\pi}\left\{ -\frac{2}{2k}(1-1) + \frac{2}{2k+2}(1-1) + \frac{2}{2k-2}(1-1)\right\} = 0$$

- n が奇数のとき、$n = 2k-1\,(k = 1, 2, 3, \cdots)$ とおくと、

$$\cos n\pi = \cos(2k-1)\pi = -1$$
$$\cos(n+2)\pi = \cos(2k-1+2)\pi \quad \text{奇数}$$
$$= \cos(2k+1)\pi = -1$$
$$\cos(n-2)\pi = \cos(2k-1-2)\pi \quad \text{奇数}$$
$$= \cos(2k-3)\pi = -1$$

- n が奇数のとき

  $\pi, 3\pi, 5\pi \cdots$
  $(2k-1)\pi$ の動径

  $\cos(2k-1)\pi = -1$

となり、(4.5) に代入して

$$b_{2k-1} = \frac{1}{4\pi}\left\{ -\frac{2}{2k-1}(-1-1) + \frac{1}{2k-1+2}(-1-1) \right.$$
$$\left. + \frac{1}{2k-1-2}(-1-1) \right\}$$

$$= \frac{1}{4\pi}\left(\frac{4}{2k-1} + \frac{-2}{2k+1} + \frac{-2}{2k-3} \right)$$

$$= \frac{2}{4\pi}\left(\frac{2}{2k-1} - \frac{1}{2k+1} - \frac{1}{2k-3} \right)$$

（通分）

$$= \frac{2(2k+1)(2k-3) - (2k-1)(2k-3) - (2k-1)(2k+1)}{2\pi(2k-1)(2k+1)(2k-3)}$$

$$= \frac{-4}{\pi(2k-3)(2k-1)(2k+1)}$$

分子を展開して、計算すると -8 になり、分母の 2 と約分して -4

②$n=2$ のときは、分母に $n-2$ が現れる直前の式、すなわち、199ページの（＊＊）の式に、$n=2$ を代入して、

$$b_2 = \frac{1}{4\pi}\int_0^\pi \{2\sin 2x - \sin(2+2)x - \sin(2-2)x\}dx$$

$\sin 0 = 0$

$$= \frac{1}{4\pi}\int_0^\pi (2\sin 2x - \sin 4x - 0)dx$$

$$= \frac{1}{4\pi}\left[2\left(-\frac{1}{2}\cos 2x\right) - \left(-\frac{1}{4}\cos 4x\right) \right]_0^\pi$$

$$= \frac{1}{4\pi}\left[-\cos 2x + \frac{1}{4}\cos 4x \right]_0^\pi$$

$\int \sin ax\, dx = -\frac{1}{a}\cos ax$

$$= \frac{1}{4\pi}\left\{ -(\cos 2\pi - \cos 0) + \frac{1}{4}(\cos 4\pi - \cos 0) \right\}$$

$$= \frac{1}{4\pi}\left\{ -(1-1) + \frac{1}{4}(1-1) \right\} = 0$$

①、②から、

$n=2k$（n が偶数）のとき　$b_{2k}=0$

第4章

201

$n = 2k - 1$（n が奇数）のとき $b_{2k-1} = \dfrac{-4}{\pi(2k-3)(2k-1)(2k+1)}$

結局、(1)、(2)、(3) より次のことがわかった。

(1) $a_0 = \dfrac{1}{2}$

(2) $a_1 = 0$、$a_2 = -\dfrac{1}{4}$、$n \geqq 3$ で $a_n = 0$

(3) $n = 2k$（n が偶数）のとき $b_{2k} = 0$

$n = 2k - 1$（n が奇数）のとき $b_{2k-1} = \dfrac{-4}{\pi(2k-3)(2k-1)(2k+1)}$

この結果を、フーリエ級数

$$f(x) = \frac{1}{2}a_0 + \sum_{n=1}^{\infty}(a_n \cos nx + b_n \sin nx) \tag{4.1}$$

に代入するが、

$a_0 = \dfrac{1}{2}$、$a_2 = -\dfrac{1}{4}$ であり、$n = 1$、$n \geqq 3$ については、$a_n = 0$ だから、

$f(x) = （n = 0 \text{の項}）+（n = 1 \text{の項}）+（n = 2 \text{の項}）$
$\qquad\qquad +（n \geqq 3 \text{の項}）$

に分けて、

（$n = 0$ の項） （$n = 1$ の項） （$n = 2$ の項）

$$f(x) = \frac{1}{2}a_0 + (a_1 \cos x + b_1 \sin x) + (a_2 \cos 2x + b_2 \sin 2x)$$

$\dfrac{1}{2}$ $\quad$ 0

$$\dfrac{-4}{\pi(2\cdot1-3)(2\cdot1-1)(2\cdot1+1)}$$
$$= \dfrac{-4}{\pi(-1)\cdot1\cdot3} = \dfrac{4}{3\pi}$$

$-\dfrac{1}{4}$ $\quad$ 0

（$n \geqq 3$ の項）

$$+ \sum_{n=3}^{\infty}(a_n \cos nx + b_n \sin nx)$$

0

$n = 2k$（偶数） $b_{2k} = 0$

$n = 2k - 1$（奇数） $b_{2k-1} = \dfrac{-4}{\pi(2k-3)(2k-1)(2k+1)}$

と代入する。

$n \geqq 3$ の項では $a_n = 0$ で n が偶数のとき $b_n = 0$ であるから、n が3以上の奇数のときの $b_n \sin nx$ の和になる。すなわち、

$$\sum_{n=3}^{\infty}(a_n \cos nx + b_n \sin nx) = b_3 \sin 3x + b_5 \sin 5x + b_7 \sin 7x + \cdots$$

である。そこで、$n = 2k-1$ とおくと、

$$k=2 \text{ で } n = 2 \cdot 2 - 1 = 3$$
$$k=3 \text{ で } n = 2 \cdot 3 - 1 = 5$$
$$k=4 \text{ で } n = 2 \cdot 4 - 1 = 7$$
$$\vdots$$

という具合に、$n \geqq 3$ なる奇数 $n = 3, 5, 7, \cdots$ が、$k = 2, 3, 4, \cdots$ の場合に現れるから、n を k に置き換えて、

$$\sum_{n=3}^{\infty}(a_n \cos nx + b_n \sin nx)$$
$$= \sum_{k=2}^{\infty} \frac{-4}{\pi(2k-3)(2k-1)(2k+1)} \sin(2k-1)x$$

となる。

そこで、(4.1) に代入して、

$$f(x) = \frac{1}{4} + \frac{4}{3\pi} \sin x - \frac{1}{4} \cos 2x$$
$$- \sum_{k=2}^{\infty} \frac{4}{\pi(2k-3)(2k-1)(2k+1)} \sin(2k-1)x \quad (4.6)\text{a}$$

となる。

この (4.6)a が、(4.5)a の周期関数 $f(x)$ のフーリエ級数展開である。

次に、(4.6)a に $k = 2, 3, 4, \cdots\cdots$ を代入して、フーリエ係数の数値を求

めて、$f(x)$ のフーリエ級数を具体的に表すと、

$$f(x) = \frac{1}{4} + \frac{4}{3\pi}\sin x - \frac{1}{4}\cos 2x - \frac{4}{\pi 1\cdot 3\cdot 5}\sin 3x$$

$$- \frac{4}{\pi 3\cdot 5\cdot 7}\sin 5x - \frac{4}{\pi 5\cdot 7\cdot 9}\sin 7x - \cdots\cdots$$

より、

$$f(x) = \frac{1}{4} + \frac{4}{3\pi}\sin x - \frac{1}{4}\cos 2x - \frac{4}{15\pi}\sin 3x$$

$$- \frac{4}{105\pi}\sin 5x - \frac{4}{315\pi}\sin 7x - \cdots\cdots \qquad (4.6)\mathrm{b}$$

となる。

さて、関数(4.4)aのグラフ（図4.9a）は、

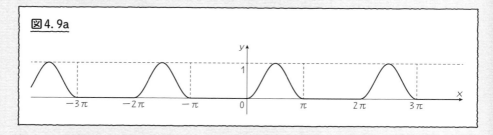

図4.9a

であった。このグラフに、フーリエ級数 (4.6)bの最初から有限個の項の和で表される関数（これを**部分和**という）のグラフが、どのように近づくか見てみよう。

図4.10

① $f_0(x) = \dfrac{1}{4}$ のグラフ

② $f_1(x) = \dfrac{1}{4} + \dfrac{4}{3\pi} \sin x$ のグラフ

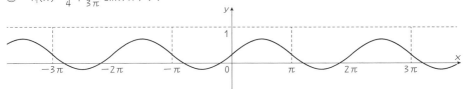

③ $f_2(x) = \dfrac{1}{4} + \dfrac{4}{3\pi} \sin x - \dfrac{1}{4} \cos 2x$ のグラフ

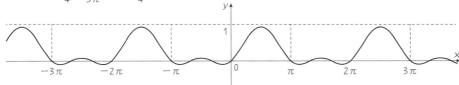

④ $f_3(x) = \dfrac{1}{4} + \dfrac{4}{3\pi} \sin x - \dfrac{1}{4} \cos 2x - \dfrac{4}{15\pi} \sin 3x$ のグラフ

⑤ $f_4(x) = \dfrac{1}{4} + \dfrac{4}{3\pi} \sin x - \dfrac{1}{4} \cos 2x - \dfrac{4}{15\pi} \sin 3x - \dfrac{4}{105\pi} \sin 5x$ のグラフ

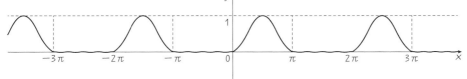

この図から、最初から5項までの和の関数$f_4(x)$で、関数(4.4)aのグラフ図4.9aに、ほぼ近づいていることがわかる。

2　区分的に滑らかな周期2πの周期関数の フーリエ級数

　ここまでは、滑らかな周期関数を、フーリエ級数展開してきた。ところが、

$$f_s(x) = x \qquad (-\pi \leqq x < \pi) \qquad\qquad (4.7)$$

を周期的拡張した周期関数$f(x)$のグラフは

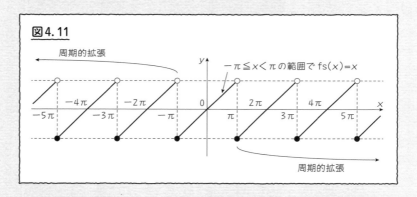

図4.11

周期的拡張

$-\pi \leqq x < \pi$の範囲で fs(x)=x

-5π　-4π　-3π　-2π　$-\pi$　0　π　2π　3π　4π　5π　x

周期的拡張

となり、不連続な関数である。当然、滑らかな周期関数ではない。それでは、この$f(x)$はフーリエ級数で表せないのか？　この波形は、図4.11からわかるように、ノコギリの歯のようになっている。そのため、ノコギリ波（または鋸歯状波）といわれる。ノコギリ波はブラウン管などでの画面表示に使われたり、シンセサイザーの基本波形の1つである重要な波形である。これをフーリエ級数で表せないのは困る。

　そこで、図4.11をよく見ると、グラフが不連続になるxの値（kを整数として$x = (2k-1)\pi$）以外では、滑らかなグラフになっている。このようなグラフをもつ関数を「区分的に滑らか」という。区分的に滑らかな関数

は、不連続になるxの値以外では、フーリエ級数展開ができることが知られている。

そこで、ここでは、区分的に滑らかな周期関数のフーリエ級数展開を見ていくことにする。

◎区分的に連続

「区分的に滑らか」について、詳しく調べる前に、「区分的に連続」について考えよう。

そのために、112ページで見てきた右側極限、左側極限を簡単に振り返る。

---

xがpに右側から限りなく近づく（これを$x \to p+0$と書く）とき、$f(x)$の値が限りなくαに近づくならば、αを$f(x)$の**右側極限**といい、

図4.12

$\displaystyle \lim_{x \to p+0} f(x) = \alpha$ と書く。このαを$f(p+0)$と表す。すなわち、

$$\alpha = \lim_{x \to p+0} f(x) = f(p+0)$$

xがpに左側から限りなく近づく（これを$x \to p-0$と書く）とき、$f(x)$の値が限りなくβに近づくならば、βを$f(x)$の**左側極限**といい、

$\displaystyle \lim_{x \to p-0} f(x) = \beta$ と書く。このβを$f(p-0)$と表す。すなわち、

$$\beta = \lim_{x \to p-0} f(x) = f(p-0)$$

図中のラベル：
$\displaystyle \lim_{x \to p-0} f(x)$　左側極限　$y = f(x)$
$f(p-0)$
$f(p+0)$　右側極限
$\displaystyle \lim_{x \to p+0} f(x)$
$x \to p-0$　$x \to p+0$

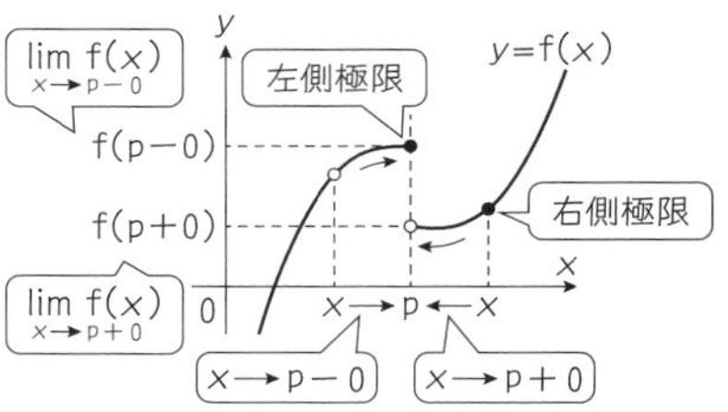

さて、閉区間$a \leq x \leq b$で、$f(x)$が「区分的に連続」であるとは、どのようなものか見ていこう。

①114ページで見てきたように、関数$y = f(x)$が連続であるのは、そのグラフがすき間なくつながっていることだった。すなわち、

「閉区間$a \leq x \leq b$で$y = f(x)$が連続であるとは、$a \leq p \leq b$なる値pについて、右側極限、左側極限が$f(p)$に等しくなることである」

つまり、$f(p) = f(p+0) = f(p+0)$ が成り立つことである（図4.13①）。

②そこで、「区分的に連続」というのは、連続なグラフがいくつかのグラフに切られた状態のことをいう（図4.13②）。

これを数学の言葉で表現すると、

> 関数 $f(x)$ は区間 $a \leqq x \leqq b$ で**区分的に連続**とは、関数 $f(x)$ が、区間 $a \leqq x \leqq b$ で有限個の x の値 p_k ($k = 1, 2, 3, \cdots, n$) を除いて連続で、各 p_k で右側極限 $f(p_k + 0)$ と左側極限 $f(p_k - 0)$ が有限であるときである（図4.13②）。

そして、関数が連続のときも、区分的に連続と考える。

③それでは、区分的に連続でない関数はどのような場合か？　それは、右側極限や左側極限が有限にならないときである（図4.13③）。

◎区分的に滑らか

次に、「区分的に滑らか」を考えよう。「滑らか」については、125ページで示したように「関数 $f(x)$ は区間 $a \leqq x \leqq b$ で**滑らか**とは、関数 $f(x)$ と導関数 $f'(x)$ がともに連続である」ということだった。そこで、

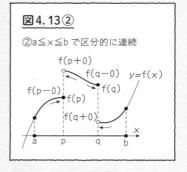

図4.13①

①$a \leqq x \leqq b$ で連続

$f(p-0) = f(p) = f(p+0)$

$y = f(x)$

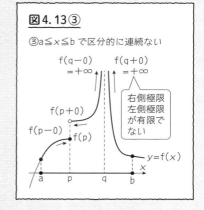

図4.13②

②$a \leqq x \leqq b$ で区分的に連続

$f(p+0)$　$f(q-0)$　$y = f(x)$

$f(p-0)$　$f(q)$

$f(p)$

$f(q+0)$

図4.13③

③$a \leqq x \leqq b$ で区分的に連続ない

$f(q-0)$　$f(q+0)$
$= +\infty$　$= +\infty$

右側極限
左側極限
が有限で
ない

$f(p+0)$

$f(p-0)$　$f(p)$

$y = f(x)$

> 関数 $f(x)$ は区間 $a \leqq x \leqq b$ で**区分的に滑らか**とは、関数 $f(x)$ が、区間 $a \leqq x \leqq b$ で関数 $f(x)$ と導関数 $f'(x)$ がともに区分的に連続である。

ということになる。

　そして、関数が滑らかのときも、区分的に滑らかと考える。

　この定義だけではわかりにくいので、区分的に滑らかな関数をグラフを見ながら考えよう。

　「$f(x)$ が区分的に連続」になるのは、図4.13①、②で示したとおりであるが、さらに「$f'(x)$ が区分的に連続」になると $f(x)$ のグラフはどのようになるか?

　$f(x)$ が $x = p$ で微分可能でないとする。

①$f'(x)$ が区分的に連続ならば、$x = p$ における右側極限 $f'(p+0)$ と左側極限 $f'(p-0)$ が有限である。

　$f'(x)$ は $f(x)$ の x における接線の傾きを表すから、$f'(p+0)$ が有限であることは、x が右側から p に近づいたときの接線の傾き $f'(p+0)$ が有限であることを示している（図4.14①）。

　同じように、$f'(p-0)$ が有限であることは、x が左側から p に近づいたときの接線の傾き $f'(p-0)$ が有限であることを示している（図4.14①）。

②$f'(x)$ が区分的に連続でない場合は、$x = p$ における右側極限 $f'(p+0)$ または左側極限 $f'(p-0)$ が有限でない場合である。たとえば、右側極限 $f'(p+0)$ が有限でなく無限であるならば、右側から p に x が近づくと、右側からの接線の傾きが無限大なる。

　すなわち、右側からの接線が x 軸に垂直になるときである（図4.14②）。

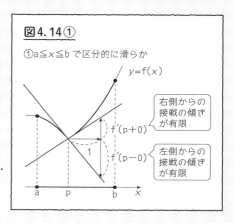

図4.14①

①$a \leqq x \leqq b$ で区分的に滑らか

$y = f(x)$

右側からの接戦の傾きが有限

左側からの接戦の傾きが有限

$f'(p+0)$

$f'(p-0)$

1

a　p　b　x

結局、$a \leqq x \leqq b$で区分的に滑らかな関数$f(x)$は、微分可能でない有限個の点p_kがあっても、$f(x)$のグラフが$x = p_k$で、右側からの接線と左側からの接線がともにx軸に垂直にならないことである。

　そこで、閉区間$0 \leqq x \leqq 2$において、次の3つの関数

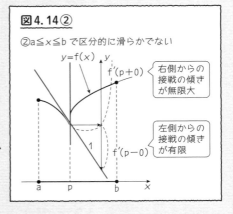

図4.14②

②$a \leqq x \leqq b$で区分的に滑らかでない

$y = f(x)$

$f'(p+0)$　右側からの接線の傾きが無限大

左側からの接線の傾きが有限

$f'(p-0)$

(1) $f(x) = |x^2 - 1|$

(2) $g(x) = \sqrt{|x - 1|}$

(3) $h(x) = \dfrac{1}{x - 1}$

が、区分的に滑らかであるか調べよう。

(1) $f(x) = |x^2 - 1|$のグラフは図4.15(1)の折れ曲がった黒の太い曲線になる。

①$x = 1$における右側極限$f(1+0)$と左側極限$f(1-0)$は、ともに0で有限であるから、$f(x)$は区分的に連続である。

②$x = 1$において、右側からの接線の傾き$f'(1+0)$と左側からの接線の傾き$f'(1-0)$は、図4.15(1)より有限であるから、$f'(x)$は区分的に連続である。

　①、②から、$f(x)$は区分的に滑らか。

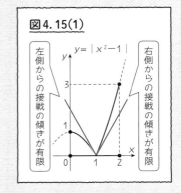

図4.15(1)

左側からの接線の傾きが有限

$y = |x^2 - 1|$

右側からの接線の傾きが有限

(2) $g(x) = \sqrt{|x - 1|}$のグラフは図4.15(2)の折れ曲がった黒い太い曲線になる。

①$x = 1$における右側極限$g(1+0)$と左側極限$g(1-0)$は、ともに0で有限であるから、$g(x)$は区分的に連続であ

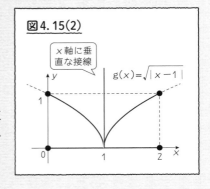

図4.15(2)

x軸に垂直な接線

$g(x) = \sqrt{|x - 1|}$

る。

②$x = 1$において、右側からの接線の傾き$g'(1 +$
$0)$と左側からの接線の傾き$g'(1 - 0)$は、図4.
15(2)で無限である（接線がx軸に垂直になっ
ている）から、$g'(x)$は区分的に連続ではない。

①、②から、$g(x)$は区分的に連続であるが、区
分的に滑らかではない。

(3) $h(x) = \dfrac{1}{x - 1}$ のグラフは図4.15(3)の黒い太
い曲線になる。

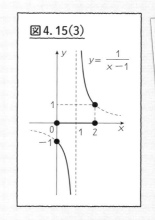

図4.15(3)

$x = 1$における右側極限$h(1 + 0)$が∞、左側
極限$h(1 - 0)$は$-\infty$であるから、$h(x)$は区分的に連続ではない。

したがって$h(x)$は区分的に連続でなく、当然区分的に滑らかでもな
い。

以上のことをまとめると、

(1) $f(x) = |x^2 - 1|$ は区分的に滑らか

(2) $g(x) = \sqrt{|x - 1|}$ は区分的に連続であるが、区分的に滑らかでない

(3) $h(x) = \dfrac{1}{x - 1}$ は区分的に連続でない（当然、区分的に滑らかでない）

◎区分的に滑らかな関数の広義積分

区分的に滑らかな周期関数ならば、フーリエ級数展開ができる。そこで、
ノコギリ波（図4.11）を表す関数をフーリエ級数展開しよう。

ノコギリ波の関数は、

$$f_s(x) = x \qquad (-\pi \leqq x < \pi) \tag{4.7}$$

を周期的拡張した周期関数$f(x)$である。

フーリエ級数は、

$$f(x) = \frac{1}{2} a_0 + \sum_{n=1}^{\infty} (a_n \cos nx + b_n \sin nx) \tag{4.1}$$

であるから、あとは (4.3)a、(4.3)b、(4.3)c よりフーリエ係数 a_0、a_n、b_n を求めればよい。

ところが、ここで困ったことが起きる。たとえば、a_0 を求めるとき、(4.3)a より

$$a_0 = \frac{1}{\pi} \int_{-\pi}^{\pi} f(x)dx$$

を計算するが、ノコギリ波の関数 $f(x)$ は、閉区間 $-\pi \leqq x \leqq \pi$ では

$$f(x) = \begin{cases} x & (-\pi \leqq x < \pi) \\ -\pi & (x = \pi) \end{cases}$$

と不連続な関数である（図4.16）。

今まで、定積分 $\int_a^b f(x)dx$ を考えるときは、$f(x)$ は閉区間 $a \leqq x \leqq b$ で連続であった。ところが、ノコギリ波の関数 $f(x)$ は閉区間 $-\pi \leqq x \leqq \pi$ で不連続で、半開区間 $-\pi \leqq x < \pi$ で連続である。そのため、半開区間 $a \leqq x < b$ や開区間 $a < x < b$ で連続な関数についての積分を考えなければならない。こ

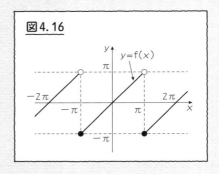

図4.16

のような積分を「広義積分」という。広義積分については、第7章の316ページで詳しく見ていくが、ここでは、区分的に滑らかな関数の広義積分について見ていこう。

(1) 半開区間 $a \leqq x < b$ で連続な関数 $f(x)$ の積分を次のように考える。

　①$a \leqq x < b$ で $f(x)$ の不定積分の1つを $F(x)$ としたときに、$x = b$ で $f(b)$ が決まらないから、$F(b)$ も決まらない（図4.17①）。

　②そこで、$a \leqq c < b$ となる c をとると、$f(x)$ は閉区間 $a \leqq x \leqq c$ で連続になる。そのため、

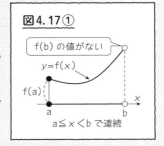

図4.17①

f(b) の値がない

$y = f(x)$

f(a)

$a \leqq x < b$ で連続

閉区間 $a \leqq x \leqq c$ で、今までどおり積分
$\int_a^c f(x)dx$ が計算でき（図4.17②）、

$$\int_a^c f(x)dx = [F(x)]_a^c = F(c) - F(a)$$

となる。

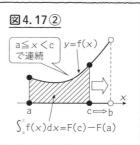
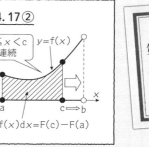

③そして、c を左側から限りなく b に近づけ
ると、

$$\lim_{c \to b-0} \int_a^c f(x)dx = \lim_{c \to b-0} \{F(c) - F(a)\}$$
$$= \lim_{c \to b-0} F(c) - F(a)$$

となる（図4.17③）。

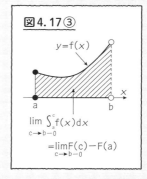

このとき、$\displaystyle \lim_{c \to b-0} F(c)$ が有限な値に収束する
ならば、$\displaystyle \lim_{c \to b-0} F(c) - F(a)$ を $\int_a^b f(x)dx$ と書き、
広義積分という。すなわち、

$$\int_a^b f(x)dx = \lim_{c \to b-0} \int_a^c f(x)dx = \lim_{c \to b-0} F(c) - F(a)$$

(2) $\displaystyle \lim_{c \to b-0} F(c)$ は必ず有限の値に収束するとは限らないが、$f(x)$ が区分的
に滑らかならば、$\displaystyle \lim_{c \to b-0} F(c)$ は有限の値に収束する。その理由は、

① $f(x)$ が区分的に滑らかだから、c が b
に左側から限りなく近づくときの左側
極限 $f(b-0)$ は有限の値である（図4.
18①）。

② 次に、$F(c) - F(a)$ は図4.18②の斜
線の図形の面積を表し、c を b に左側
から限りなく近づける。

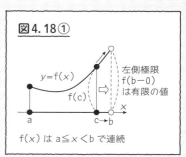

213

③すると、$\displaystyle\lim_{c \to b-0} F(c) - F(a)$ は図4.18③の
斜線の図形の面積を表す。この面積は有限
な値だから、$\displaystyle\lim_{c \to b-0} F(c) - F(a)$ は有限な値
になる。すなわち、$\displaystyle\lim_{c \to b-0} F(c)$ は有限な値
である。

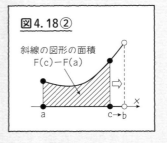

図4.18②

斜線の図形の面積
F(c)−F(a)

これで、$f(x)$ が区分的に滑らかならば、
$\displaystyle\lim_{c \to b-0} F(c)$ が有限の値であることがわかった。

(3) $\displaystyle\lim_{c \to b-0} F(c)$ が有限な値であることから、広
義積分は今までの定積分と同じ値を取ること
がわかる。その理由は、

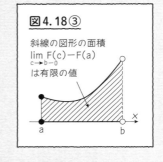

図4.18③

斜線の図形の面積
$\displaystyle\lim_{c \to b-0} F(c) - F(a)$
は有限の値

①左側極限 $f(b-0)$ を $f(x)$ の $x=b$ の値と
する。すなわち、

　$f(b) = f(b-0)$ とすると、$f(x)$ は閉区間
$a \leqq x \leqq b$ で連続な関数になる（図4.19①）。

②さらに、$\displaystyle\lim_{c \to b-0} F(c)$ は関数 $F(x)$ の $x=b$ での左側極限 $F(b-0)$ だから、
$F(b-0)$ を $F(x)$ の $x=b$ の値とする。
すなわち、$F(b) = F(b-0)$ とする。

このとき、$F(x)$ は $a \leqq x \leqq b$ で連続な
関数になり、$F(b) - F(a)$ は図4.19
②の斜線の図形の面積になる。

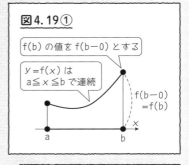

図4.19①

f(b) の値を f(b−0) とする

$y=f(x)$ は
$a \leqq x \leqq b$ で連続

f(b−0)
=f(b)

③そこで、閉区間 $a \leqq x \leqq b$ で $f(x)$ は連
続で $F(x)$ が $f(x)$ の不定積分の１つだ
から、定積分 $\displaystyle\int_a^b f(x)dx$ を計算すると

$$\int_a^b f(x)dx = \big[F(x)\big]_a^b = F(b) - F(a)$$

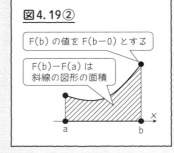

図4.19②

F(b) の値を F(b−0) とする

F(b)−F(a) は
斜線の図形の面積

一方、半開区間 $a \leqq x < b$ で $f(x)$ の広
義積分は

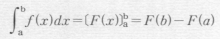

$$\int_a^b f(x)dx = \lim_{c \to b-0} \int_a^c f(x)dx$$
$$= \lim_{c \to b-0} F(c) - F(a) \cdots (*)$$

であり、

$$\lim_{c \to b-0} F(c) = F(b-0) = F(b) \quad \cdots (**)$$

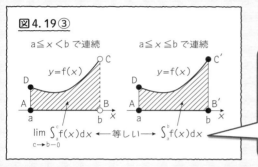

図4.19③

$a \le x < b$ で連続　　　$a \le x \le b$ で連続

$y=f(x)$　　　$y=f(x)$

$\lim_{c \to b-0} \int_a^c f(x)dx$ ←等しい→ $\int_a^b f(x)dx$

左の斜線の図形ABCDと右の斜線の図形AB′C′Dの違いは、左は線分BCを含まず、右は線分B′C′を含むことにある。しかし、この2つの図形の面積は等しい。それは、線分の面積は0であることによる

であるから、

半開区間 $a \le x < b$ での広義積分

$$\int_a^b f(x)dx = \lim_{c \to b-0} \int_a^c f(x)dx$$
$$= \lim_{c \to b-0} F(c) - F(a)$$

上式（*）より

$$= F(b) - F(a) = \int_a^b f(x)dx$$

上式（**）より

開区間 $a \le x \le b$ での定積分

これで、

　半開区間 $a \le x < b$ で区分的に滑らかな関数 $f(x)$ の広義積分は、閉区間 $a \le x \le b$ で区分的に滑らかに拡張した関数 $f(x)$ の定積分と同じ値になる（図4.19③）。

であることがわかった。

具体的な例を見ていこう。

半開区間 $0 \leqq x < 1$ で、$f(x) = x$ である関数 $f(x)$ の広義積分 $\int_0^1 f(x)dx$ を計算すると（図4.20）、

$$\int_0^1 f(x)dx = \lim_{c \to 1-0} \int_0^c x\,dx = \lim_{c \to 1-0} \left[\frac{1}{2}x^2 \right]_0^c = \lim_{c \to 1-0} \frac{1}{2}(c^2 - 0^2)$$

$$= \frac{1}{2}(1^2 - 0^2) = \frac{1}{2}$$

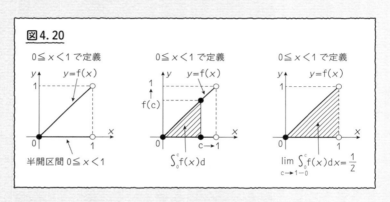

図4.20

一方、閉区間 $0 \leqq x \leqq 1$ で

$$f(x) = x$$

である関数 $f(x)$ の定積分 $\int_0^1 f(x)dx$ を計算すると

$$\int_0^1 f(x)dx = \int_0^1 x\,dx = \left[\frac{1}{2}x^2 \right]_0^1 = \frac{1}{2}(1^2 - 0^2) = \frac{1}{2}$$

このように、半開区間 $0 \leqq x < 1$ で定義された関数 $f(x) = x$ の広義積分の値は $\frac{1}{2}$ であり、閉区間 $0 \leqq x \leqq 1$ で定義された関数 $f(x) = x$ の定積分の値も $\frac{1}{2}$ になり一致する。

そして、この $\frac{1}{2}$ は、直角をはさむ辺の長さが 1 である直角二等辺三角形の面積に等しい（図4.21）。

さて、フーリエ級数では区分的に滑らかな関数を考えるので、「半開区間 $a \leqq x < b$ での広義積分は、閉区間 $a \leqq x \leqq b$ の定積分として計算すればよい」ことになる。これからは、半開区間での広義積分については、今までどおりの閉区間で定義された関数として計算する。

図4.21

0≦x<1で定義　　　　　　0≦x≦1で定義

$y=f(x)$　　　　　　$y=f(x)$

$$\lim_{c \to 1-0} \int_0^c f(x)dx = \frac{1}{2} \quad \xleftarrow{\text{等しい}} \quad \int_0^1 f(x)dx = \frac{1}{2}$$

　さらに、フーリエ級数では、偶関数、奇関数を積分することがよくある。この場合も半開区間で定義された関数でも、閉区間で定義された偶関数、奇関数として積分する。

　たとえば、関数 $f(x) = x$ について、

① 半開区間 $-1 \leqq x < 1$ で定義された場合、そのグラフは原点に関して対称ではないから、奇関数ではない（図4.22①）。

② 閉区間 $-1 \leqq x \leqq 1$ では、原点に関して対称であるから、奇関数となる（図4.22②）。

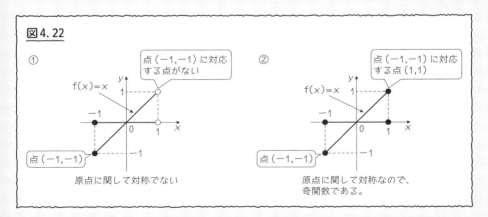

図4.22

① 点 (−1,−1) に対応する点がない

$f(x) = x$

点 (−1,−1)

原点に関して対称でない

② 点 (−1,−1) に対応する点 (1,1)

$f(x) = x$

点 (−1,−1)

原点に関して対称なので、奇関数である。

　そこで、半開区間 $-1 \leqq x < 1$ で定義された $f(x) = x$ を積分するとき、閉区間 $-1 \leqq x \leqq 1$ で定義された関数と考え、奇関数の性質を使って積分することができる。

すなわち、半開区間 $-1 \leq x < 1$ 定義された関数 $f(x) = x$ は奇関数と考えて、

$$\int_{-1}^{1} f(x)dx = \int_{-1}^{1} x\,dx = 0$$

奇関数の性質
$f(x)$ が奇関数ならば、
$\int_{-a}^{a} f(x)dx = 0$

と計算することができる。

◎区分的に滑らかな周期 2π の周期関数のフーリエ級数

半開区間 $a \leq x < b$ で定義された区分的に滑らかな関数 $f(x)$ の広義積分は、閉区間 $a \leq x \leq b$ での関数 $f(x)$ として積分してよいことがわかった。そこで、ノコギリ波（図4.11）を表す関数をフーリエ級数展開しよう。そして、不連続になる x の値のところで、フーリエ級数はどのように振る舞うかを見ていこう。

ノコギリ波の関数は

$$f_s(x) = x \qquad (-\pi \leq x < \pi) \tag{4.7}$$

を周期的拡張した周期関数 $f(x)$ である（図4.11）。

フーリエ級数は、

$$f(x) = \frac{1}{2}a_0 + \sum_{n=1}^{\infty}(a_n \cos nx + b_n \sin nx) \tag{4.1}$$

であるから、あとは (4.3)a、(4.3)b、(4.3)c よりフーリエ係数 a_0、a_n、b_n を求めればよい。

半開区間 $-\pi \leq x < \pi$ の広義積分だが、閉区間 $-\pi \leq x \leq \pi$ の定積分として扱う

(1) まず、$a_0 = \dfrac{1}{\pi}\displaystyle\int_{-\pi}^{\pi} f(x)dx = \dfrac{1}{\pi}\displaystyle\int_{-\pi}^{\pi} x\,dx$ を求めよう。

関数 x は奇関数だから

閉区間 $-\pi \leq x \leq \pi$ として、関数 x は奇関数

$$a_0 = \frac{1}{\pi}\int_{-\pi}^{\pi} f(x)dx = \frac{1}{\pi}\int_{-\pi}^{\pi} x\,dx = 0$$

$f(x)$ が奇関数ならば、$\displaystyle\int_{-a}^{a} f(x)dx = 0$

となる。

(2) x が奇関数、$\cos x$ が偶関数より、$x\cos x$ は奇関数になるから、

$$a_n = \frac{1}{\pi}\int_{-\pi}^{\pi} f(x)\cos nx\, dx$$

$$= \frac{1}{\pi}\int_{-\pi}^{\pi} x\cos nx\, dx = 0$$

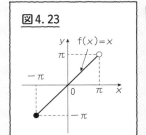

図4.23

ここも、
開区間 $-\pi \leqq x < \pi$ の広義積分を
閉区間 $-\pi \leqq x \leqq \pi$ の定積分として扱う
以下すべて同じ

(3) x が奇関数、$\sin x$ が奇関数より、$x\sin x$ は偶関数になるから、

$$b_n = \frac{1}{\pi}\int_{-\pi}^{\pi} f(x)\sin nx\, dx = \frac{1}{\pi}\int_{-\pi}^{\pi} x\sin nx\, dx$$

$f(x)$ が偶関数ならば、$\displaystyle\int_{-a}^{a} f(x)dx = 2\int_{0}^{a} f(x)dx$

$$= \frac{2}{\pi}\int_{0}^{\pi} x\sin nx\, dx$$

$\sin nx$ を積分する

部分積分法 （176ページ）

$g'(x)$ の積分

$$\int_{a}^{b} f(x)\cdot g'(x)dx = \bigl[f(x)\cdot g(x)\bigr]_{a}^{b} - \int_{a}^{b} f'(x)\cdot g(x)dx$$

$f(x)$ の微分

$$= \frac{2}{\pi}\left[x\left(-\frac{1}{n}\cos nx\right)\right]_{0}^{\pi} - \frac{2}{\pi}\int_{0}^{\pi} 1\cdot\left(-\frac{1}{n}\cos nx\right)dx$$

x を微分する

$\displaystyle\int \cos ax\, dx = \frac{1}{a}\sin ax$

$$= -\frac{2}{\pi}\cdot\frac{1}{n}\bigl[x\cos nx\bigr]_{0}^{\pi} + \frac{2}{\pi}\cdot\frac{1}{n}\int_{0}^{\pi}\cos nx\, dx$$

$$= -\frac{2}{\pi}\cdot\frac{1}{n}\left(\pi\cos n\pi - 0\cdot\cos n\cdot 0\right) + \frac{2}{\pi}\cdot\frac{1}{n}\left[\frac{1}{n}\sin nx\right]_{0}^{\pi}$$

$$= -\frac{2}{\pi}\cdot\frac{1}{n}\cdot\pi\cos n\pi + \frac{2}{\pi}\cdot\frac{1}{n^2}\left(\sin n\pi - \sin n\cdot 0\right)$$

$$= -\frac{2}{n}\cos n\pi + 0 = -\frac{2}{\pi}(-1)^n = \frac{2}{n}(-1)(-1)^n$$

$$= \frac{2(-1)^{n+1}}{n}$$

k が整数のとき $\sin k\pi = 0$

$$\cos n\pi = \begin{cases} 1 & (n\,\text{が偶数}) \\ -1 & (n\,\text{が奇数}) \end{cases}$$

$$(-1)^n = \begin{cases} 1 & (n\,\text{が偶数}) \\ -1 & (n\,\text{が奇数}) \end{cases}$$

だから $\cos n\pi = (-1)^n$

フーリエ級数に代入して、

$$f(x) = \frac{1}{2}a_0 + \sum_{n=1}^{\infty}(a_n \cos nx + b_n \sin nx)$$

0 0 $\dfrac{2(-1)^{n+1}}{n}$

だから、ノコギリ波を表す関数 $f(x)$ のフーリエ級数は、ノコギリ波が連続となる x の範囲では、

$$f(x) = \sum_{n=1}^{\infty}\frac{2(-1)^{n+1}}{n}\sin nx \tag{4.8}$$

となる。この式に $n = 1,\ 2,\ 3,\ 4,\ \cdots\cdots$ を代入して具体的に書くと

$$f(x) = \frac{2(-1)^{1+1}}{1}\sin 1x + \frac{2(-1)^{2+1}}{2}\sin 2x$$

$$+ \frac{2(-1)^{3+1}}{3}\sin 3x + \frac{2(-1)^{4+1}}{4}\sin 4x + \cdots\cdots$$

$$= 2\sin x - \frac{2}{2}\sin 2x + \frac{2}{3}\sin 3x - \frac{2}{4}\sin 4x + \cdots\cdots$$

である。

さて、ノコギリ波を表す関数 $f(x)$ が不連続になる x のところでフーリエ級数はどうなるかを見ていこう。

$x = \pi$ で $f(x)$ は不連続になるから、$x = \pi$ を代入するすると、

$$f(\pi) = -\pi$$

$f_s(x) = x\,(-\pi \leqq x < \pi)$ の周期的拡張が $f(x)$ だから
$$f(\pi) = f(-\pi) = -\pi$$
（グラフ図4.11を参照）

$$\sum_{n=1}^{\infty} \frac{2(-1)^{n+1}}{n} \sin nx = \sum_{n=1}^{\infty} \frac{2(-1)^{n+1}}{n} \cdot 0 = 0$$

nが正の整数だから $\sin n\pi = 0$

となり、

$$f(\pi) \neq 2\sum_{n=1}^{\infty} \frac{(-1)^{n+1}}{n} \sin n\pi$$

である。つまり、$x = \pi$ では、関数 $f(x)$ とそのフーリエ級数の値は一致しない。

　このことをグラフで見ていこう。

　最初の項からN番目までの項の和（これを部分和という）を

$$f_N(x) = \sum_{n=1}^{N} \frac{2(-1)^{n+1}}{n} \sin n\pi$$

$$= 2\sin x - \frac{2}{2}\sin 2x + \cdots\cdots + \frac{2(-1)^{N+1}}{N} \sin Nx$$

として、ノコギリ波と $f_N(x)$ のグラフを比較していく。

　図4.24①、②、③からわかるように、ノコギリ波の線分の部分では、Nが増えると $f_N(x)$ のグラフが徐々に線分に近づくことがわかる。しかし、ノコギリ波の不連続な付近では、$f_N(x)$ のグラフは、Nが増えるにしたがって、急激に変化し、次の線分に移る。その移るとき、Nの値にかかわらず、グラフは、必ず、点 $((2k-1)\pi, 0)$（k は整数）を通る。

　さらに、図4.25のようにNを増やすと $f_N(x)$ のグラフは、さらにノコギリ波の線分に近づき、不連続な付近では、グラフは x 軸に垂直な直線 $x = (2k-1)\pi$ に近づく。そして、必ず、点 $((2k-1)\pi, 0)$ を通る。

　N→∞ になると、フーリエ級数 $\displaystyle\sum_{n=1}^{\infty} \frac{2(-1)^{n+1}}{n} \sin nx$ は、ノコギリ波に、ほぼ一致する。異なるところは、先ほど計算したノコギリ波が不連続になる $x = (2k-1)\pi$ のところで、

図 4. 24

① $f_1(x)=2\sin x$

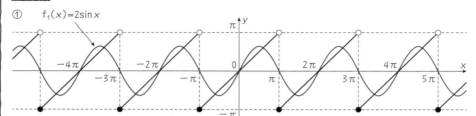

② $f_3(x)=2\sin x-\sin 2x+\dfrac{2}{3}\sin 3x$

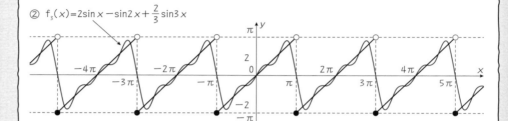

③ $f_5(x)=2\sin x-\sin 2x+\dfrac{2}{3}\sin 3x-\dfrac{2}{4}\sin 4x+\dfrac{2}{5}\sin 5x$

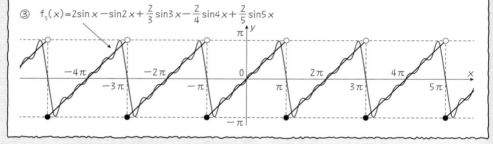

図 4. 25

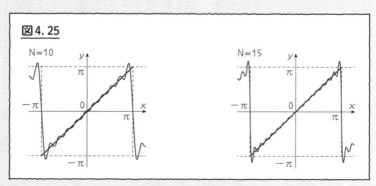

ノコギリ波は $\quad f((2k-1)\pi)=-\pi$

フーリエ級数は $\quad 2\sum_{n=1}^{\infty}\dfrac{(-1)^{n+1}}{n}\sin(2k-1)\pi=0$

である。

実は、$x=\pi$ におけるフーリエ級数の値 0 は、ノコギリ波 $f(x)$ の $x=\pi$ における右側極限 $f(\pi+0)=-\pi$ と左側極限 $f(\pi-0)=\pi$ の中間の値

$$\frac{f(\pi+0)+f(\pi-0)}{2}=\frac{(-\pi)+\pi}{2}=0$$

に等しい（図4.26）。

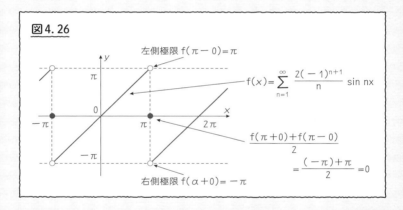

図4.26

左側極限 $f(\pi-0)=\pi$

$f(x)=\sum_{n=1}^{\infty}\dfrac{2(-1)^{n+1}}{n}\sin nx$

$\dfrac{f(\pi+0)+f(\pi-0)}{2}$

$=\dfrac{(-\pi)+\pi}{2}=0$

右側極限 $f(\alpha+0)=-\pi$

このことは、一般的に成り立ち、周期関数 $f(x)$ が、$x=\alpha$ で不連続であるとき、$f(x)$ のフーリエ級数は、$x=\alpha$ において、

$$\frac{1}{2}a_0+\sum_{n=1}^{\infty}(a_n\cos n\alpha+b_n\sin n\alpha)=\frac{f(\alpha+0)+f(\alpha-0)}{2}$$

が成り立つ（図4.27）。

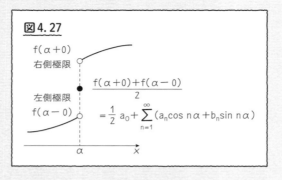

図4.27

f(α+0) 右側極限

左側極限 f(α−0)

$\dfrac{f(\alpha+0)+f(\alpha-0)}{2}$

$=\dfrac{1}{2}a_0+\displaystyle\sum_{n=1}^{\infty}(a_n\cos n\alpha+b_n\sin n\alpha)$

以上のことをまとめると、

周期2πの周期関数$f(x)$が区分的に滑らかであるとき、$f(x)$のグラフが滑らかであるxの範囲では、

$$f(x)=\frac{1}{2}a_0+\sum_{n=1}^{\infty}(a_n\cos nx+b_n\sin nx) \tag{4.1}$$

$f(x)$のグラフが$x=\alpha$で不連続であるときは

$$\frac{f(\alpha+0)+f(\alpha-0)}{2}=\frac{1}{2}a_0+\sum_{n=1}^{\infty}(a_n\cos n\alpha+b_n\sin n\alpha) \tag{4.9}$$

ここで、

$$a_0=\frac{1}{\pi}\int_{-\pi}^{\pi}f(x)dx \tag{4.3a}$$

$$a_n=\frac{1}{\pi}\int_{-\pi}^{\pi}f(x)\cos nx\,dx \tag{4.3b}$$

$$b_n=\frac{1}{\pi}\int_{-\pi}^{\pi}f(x)\sin nx\,dx \tag{4.3c}$$

$$(n=1,\ 2,\ 3,\ \cdots)$$

となる。

147ページで、$\sin x$をx^nの項の無限個の和で表すベキ級数展開

$$\sin x = x - \frac{1}{3!}x^3 + \frac{1}{5!}x^5 - \frac{1}{7!}x^7 + \cdots\cdots$$
$$+ \frac{(-1)^n}{(2n+1)!}x^{2n+1} + \cdots\cdots$$

を微分を用いて求めた。

ここでは、$-\pi < x < \pi$ の範囲ではあるが、x を $\sin nx$ の無限個の和で表すフーリエ級数展開

$$x = 2\sin x - \sin 2x + \frac{2}{3}\sin 3x - \cdots\cdots + \frac{(-1)^{n+1}}{n}\sin nx + \cdots\cdots$$

を積分を用いて求めた。

関数 $f(x)$ がベキ級数展開 $f(x) = \sum_{n=1}^{\infty}\frac{f'(0)}{n!}x^n$ できるためには、$f(x)$ が少なくとも無限回微分可能でなければならなかった。ところが、フーリエ級数展開は、$f(x)$ が微分可能でなくても、区分的に滑らかならば展開することができる。そのために、フーリエ級数は、ベキ級数より強力である。

さて、ノコギリ波 $f(x)$ の部分和 $f_N(x)$ のグラフ（図4.25）を見ると、$x = \pi$ のところで角のように端が伸びているのがわかる。この角は、n がいくら大きくなっても残って、長さは約 $0.09 \times 2\pi$ に近づき、幅は狭くなり 0 に収束することがわかっている。

グラフが不連続になる付近ではこのような現象が起こる。物理学者のウィラード・ギブズ（1839～1903年）が実験によって気付いたのでギブズの現象という。ギブズの現象は、区分的に滑らかな関数が不連続点を持てば必ず起こる（図4.28）。

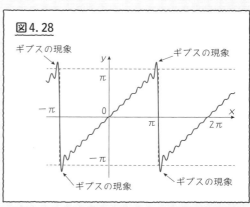

図4.28

ギブスの現象

ギブスの現象

ギブスの現象

ギブスの現象

しかし、フーリエ級数展開は、このギブズの現象に影響しない。それは、$n \to \infty$ で角の幅 $\to 0$ になるので、角の面積は 0 となり、定積分に影響しないからである。

◎フーリエ余弦級数、フーリエ正弦級数

関数 $f(x)$ のフーリエ級数を求めるときに、偶関数、奇関数が活躍した。ここでは、関数 $f(x)$ 自身が偶関数または奇関数ならば、$f(x)$ のフーリエ級数はどうなるか考えよう。

フーリエ級数展開は、

$$f(x) = \frac{1}{2}a_0 + \sum_{n=1}^{\infty}(a_n \cos nx + b_n \sin nx) \tag{4.1}$$

であった。

(1) $f(x)$ が偶関数のとき、

① $f(x)$ が偶関数だから、

> 偶関数の性質 $\int_{-a}^{a} f(x)dx = 2\int_{0}^{a} f(x)dx$

$$a_0 = \frac{1}{\pi}\int_{-\pi}^{\pi} f(x)dx = \frac{1}{\pi}\cdot 2\int_{0}^{\pi} f(x)dx = \frac{2}{\pi}\int_{0}^{\pi} f(x)dx$$

> （偶関数）×（偶関数）=（偶関数）

② $f(x)$ が偶関数、$\cos nx$ が偶関数より、$f(x)\cos nx$ は偶関数だから、

$$a_n = \frac{1}{\pi}\int_{-\pi}^{\pi} f(x)\cos nx\, dx = \frac{2}{\pi}\int_{0}^{\pi} f(x)\cos nx\, dx$$

> （偶関数）×（奇関数）=（奇関数）

③ $f(x)$ が偶関数、$\sin nx$ が奇関数より、$f(x)\sin nx$ は奇関数だから、

> 奇関数の性質 $\int_{-a}^{a} f(x)dx = 0$

$$b_n = \frac{1}{\pi}\int_{-\pi}^{\pi} f(x)\sin nx\, dx = 0$$

したがって、$f(x)$ が偶関数のとき、

$$f(x) = \frac{1}{2}a_0 + \sum_{n=1}^{\infty}(a_n \cos nx + b_n \sin nx) = \frac{1}{2}a_0 + \sum_{n=1}^{\infty}a_n \cos nx$$

ただし、$a_0 = \dfrac{2}{\pi}\displaystyle\int_0^\pi f(x)dx$ 、$a_n = \dfrac{2}{\pi}\displaystyle\int_0^\pi f(x)\cos nx\,dx$

(2) $f(x)$ が奇関数のとき、

① $f(x)$ が奇関数だから、

$$a_0 = \frac{1}{\pi}\int_{-\pi}^{\pi}f(x)dx = 0$$

② $f(x)$ が奇関数、$\cos nx$ が偶関数より、$f(x)\cos nx$ は奇関数だから、

$$a_n = \frac{1}{\pi}\int_{-\pi}^{\pi}f(x)\cos nx\,dx = 0$$

（奇関数）×（奇関数）＝（偶関数）

③ $f(x)$ が奇関数、$\sin nx$ が奇関数より、$f(x)\sin nx$ は偶関数だから、

$$b_n = \frac{1}{\pi}\int_{-\pi}^{\pi}f(x)\sin nx\,dx = \frac{2}{\pi}\int_0^{\pi}f(x)\sin nx\,dx$$

したがって、$f(x)$ が奇関数のとき、

$$f(x) = \frac{1}{2}a_0 + \sum_{n=1}^{\infty}(a_n \cos nx + b_n \sin nx) = \sum_{n=1}^{\infty}b_n \sin nx$$

ただし、$b_n = \dfrac{2}{\pi}\displaystyle\int_0^{\pi}f(x)\sin nx\,dx$

これをまとめると、

区分的に滑らかな周期 2π の周期関数 $f(x)$ に対して、

(1) $f(x)$ が偶関数のとき

$f(x)$ のグラフが滑らかである x の範囲では、

$$f(x) = \frac{1}{2}a_0 + \sum_{n=1}^{\infty}a_n \cos nx \tag{4.10}$$

$f(x)$ のグラフが $x=\alpha$ で不連続であるときは、

$$\frac{f(\alpha+0)+f(\alpha-0)}{2}=\frac{1}{2}a_0+\sum_{n=1}^{\infty}a_n\cos n\alpha \qquad (4.11)$$

ここで、

$$a_0=\frac{2}{\pi}\int_0^{\pi}f(x)dx \qquad (4.12)\mathrm{a}$$

$$a_n=\frac{2}{\pi}\int_0^{\pi}f(x)\cos nx\,dx \qquad (4.12)\mathrm{b}$$

（2） $f(x)$ が奇関数のとき

$f(x)$ のグラフが滑らかである x の範囲では、

$$f(x)=\sum_{n=1}^{\infty}b_n\sin nx \qquad (4.13)$$

$f(x)$ のグラフが $x=\alpha$ で不連続であるときは、

$$\frac{f(\alpha+0)+f(\alpha-0)}{2}=\sum_{n=1}^{\infty}b_n\sin n\alpha \qquad (4.14)$$

ここで、 $b_n=\dfrac{2}{\pi}\displaystyle\int_0^{\pi}f(x)\sin nx\,dx \qquad (4.15)$

（4.9）を**フーリエ余弦級数展開**、（4.9）の右辺を**フーリエ余弦級数**、（4.12)a、（4.12)bを**フーリエ余弦係数**という。（4.13）を**フーリエ正弦級数展開**、（4.13）の右辺を**フーリエ正弦級数**、（4.15）を**フーリエ正弦係数**という。

ノコギリ波の式は、

$$f_{\mathrm{s}}(x)=x \qquad (-\pi\leqq x<\pi) \qquad (4.7)$$

を周期的拡張した周期関数 $f(x)$ であった。この式は奇関数なので、ノコギリ波のフーリエ級数展開（4.8）は、$\sin nx$ だけの和になっている。

3　区分的に滑らかな周期2Lの周期関数の フーリエ級数

今まで周期2πの周期関数を考えてきたが、一般の周期2L（Lは任意の正の実数）の周期関数のフーリエ級数について考えよう。

周期が2πのときは、

$$f(x) = \frac{1}{2}a_0 + \sum_{n=1}^{\infty}(a_n \cos nx + b_n \sin nx) \qquad (4.1)$$

である。この関数を周期2Lの周期関数に変形しよう。

◎周期2Lの sin、cos

aを定数、tを変数として$\sin at$を考える。88ページで見てきたように、$\sin at$は周期$\dfrac{2\pi}{a}$の周期関数である。そこで、$\sin at$の周期が2Lであるためには、

$$\frac{2\pi}{a} = 2L$$

> $\sin a\left(t + \dfrac{2\pi}{a}\right) = \sin(at + 2\pi) = \sin at$
> となるから、tが$\dfrac{2\pi}{a}$増えても、$\sin$の値は変わらない。したがって、$\sin at$の周期は$\dfrac{2\pi}{a}$である

が成り立てばよい。よって、

$$a = \frac{2\pi}{2L} = \frac{\pi}{L} \qquad (4.16)$$

$\sin at$に（4.16）を代入すると $\sin\dfrac{\pi}{L}t$ となり、周期2Lの周期関数になる。$\sin\dfrac{\pi}{L}t$ が、周期2Lの周期関数であることを確認しよう。

$$\sin\frac{\pi}{L}(t + 2L) = \sin\left(\frac{\pi}{L}t + \frac{\pi}{L}\cdot 2L\right) = \sin\left(\frac{\pi}{L}t + 2\pi\right) = \sin\frac{\pi}{L}t$$

となり、$\sin\dfrac{\pi}{L}t$ は周期2Lの周期関数である。

> tが2L増えても、$\sin$の値は変わらないから、$\sin\dfrac{\pi}{L}t$は周期2Lの周期関数

同じように、nを整数として、

$$\sin\frac{n\pi}{\mathrm{L}}(t+2\mathrm{L})=\sin\left(\frac{n\pi}{\mathrm{L}}t+\frac{n\pi}{\mathrm{L}}\cdot 2\mathrm{L}\right)$$

$$=\sin\left(\frac{n\pi}{\mathrm{L}}t+2n\pi\right)=\sin\frac{n\pi}{\mathrm{L}}t$$

となり、$\sin\frac{n\pi}{\mathrm{L}}t$ も周期2Lの周期関数である。

同様にして、$\cos\frac{\pi}{\mathrm{L}}t$、$\cos\frac{n\pi}{\mathrm{L}}t$ [注4.1] も周期2Lの周期関数である。

◎区分的に滑らかな周期2Lの周期関数のフーリエ級数

$\sin\frac{n\pi}{\mathrm{L}}t$、$\cos\frac{n\pi}{\mathrm{L}}t$ が周期2Lの周期関数であることがわかった。

さらに、定数関数$\frac{1}{2}a_0$ も周期2Lの周期関数と考えられる。それは、図4.29のように、2Lごとに同じ形のグラフが繰り返されるからである。

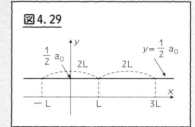

図4.29

(4.1) に $x=\frac{\pi}{\mathrm{L}}t$ を代入した関数

$$f\left(\frac{\pi}{\mathrm{L}}t\right)=\frac{1}{2}a_0+\sum_{n=1}^{\infty}\left(a_n\cos\frac{n\pi}{\mathrm{L}}t+b_n\sin\frac{n\pi}{\mathrm{L}}t\right)$$

は、tを変数とする周期2Lの周期関数になる。

そこで、$f\left(\dfrac{\pi}{\mathrm{L}}t\right)=g(t)$とおくと、

$$g(t)=\frac{1}{2}a_0+\sum_{n=1}^{\infty}\left(a_n\cos\frac{n\pi}{\mathrm{L}}t+b_n\sin\frac{n\pi}{\mathrm{L}}t\right)$$

(注4.1)

(1) $\cos\dfrac{\pi}{\mathrm{L}}(t+2\mathrm{L})=\cos\left(\dfrac{\pi}{\mathrm{L}}t+\dfrac{\pi}{\mathrm{L}}\cdot 2\mathrm{L}\right)=\cos\left(\dfrac{\pi}{\mathrm{L}}t+2\pi\right)=\cos\dfrac{\pi}{\mathrm{L}}t$

(2) $\cos\dfrac{n\pi}{\mathrm{L}}(t+2\mathrm{L})=\cos\left(\dfrac{n\pi}{\mathrm{L}}t+\dfrac{n\pi}{\mathrm{L}}\cdot 2\mathrm{L}\right)=\cos\left(\dfrac{n\pi}{\mathrm{L}}t+2n\pi\right)=\cos\dfrac{n\pi}{\mathrm{L}}t$

となる。これが、周期2Lの周期関数 $g(t)$ のフーリエ級数展開である。

次に、フーリエ係数を求めよう。

(1) フーリ係数 $a_0 = \dfrac{1}{\pi} \displaystyle\int_{-\pi}^{\pi} f(x)dx$ の変数 x を変数 t に変えるために、

①$f(x)$ の x に $x = \dfrac{\pi}{L}t$ を代入する。

②次に、dx を dt に変えるために、

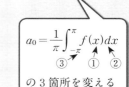

$a_0 = \dfrac{1}{\pi} \displaystyle\int_{-\pi}^{\pi} f(x)dx$
③　①　②
の3箇所を変える

$\quad x = \dfrac{\pi}{L}t$ を t で微分して $\dfrac{dx}{dt} = \dfrac{\pi}{L}$

$\quad$ 両辺に dt をかけて $dx = \dfrac{\pi}{L}dt$

$\quad$ よって、dx に $\dfrac{\pi}{L}dt$ を代入する。

③最後に、x の積分区間 $-\pi \to \pi$ を t の積分区間に変える。

$\quad x = \dfrac{\pi}{L}t$ より $t = \dfrac{L}{\pi}x$ だから、

$\quad x$ が $-\pi$ から π まで変化すると、

$\quad t$ は $t = \dfrac{L}{\pi}\cdot(-\pi) = -L$ から $t = \dfrac{L}{\pi}\cdot\pi = L$

$\quad$ まで変化する。

x	$-\pi$ → π
t	$-L$ → L

したがって、積分区間は $-L$ から L になる。

①〜③の結果を代入すると、

$$a_0 = \frac{1}{\pi}\int_{-\pi}^{\pi} f(x)dx = \frac{1}{\pi}\int_{-L}^{L} f\left(\frac{\pi}{L}t\right)\frac{\pi}{L}dt = \frac{1}{\pi}\cdot\frac{\pi}{L}\int_{-L}^{L} f\left(\frac{\pi}{L}t\right)dt$$

積分区間が $-L$ から L ／ x に $\dfrac{\pi}{L}t$ を代入 ／ dx に $\dfrac{\pi}{L}dt$ を代入

$$= \frac{1}{L}\int_{-L}^{L} g(t)dt \quad \left[f\left(\frac{\pi}{L}t\right) = g(t) \text{ より}\right]$$

(2) フーリ係数 $a_n = \dfrac{1}{\pi}\displaystyle\int_{-\pi}^{\pi} f(x)\cos nx\, dx$ の変数 x を変数 t に変える。

(1) と同じように

$x = \dfrac{\pi}{L}t$ と $dx = \dfrac{\pi}{L}dt$ を代入し、積分区間を $-L$ から L にする。

$$a_n = \frac{1}{\pi} \int_{-\pi}^{\pi} f(x) \cos nx \, dx$$

$$= \frac{1}{\pi} \int_{-L}^{L} f\left(\frac{\pi}{L} t\right) \cos \frac{n\pi}{L} t \cdot \frac{\pi}{L} dt$$

$$= \frac{1}{\pi} \cdot \frac{\pi}{L} \int_{-L}^{L} f\left(\frac{\pi}{L} t\right) \cos \frac{n\pi}{L} t \, dt$$

$$= \frac{1}{L} \int_{-L}^{L} g(t) \cos \frac{n\pi}{L} t \, dt$$

(3) フーリ係数 $b_n = \dfrac{1}{\pi} \displaystyle\int_{-\pi}^{\pi} f(x) \sin nx \, dx$ についても、同じように変形すると[(注4.2)]、

$$b_n = \frac{1}{L} \int_{-L}^{L} g(t) \sin \frac{n\pi}{L} t \, dt$$

となる。

　変数 t を x と書き換え、関数 $g(t)$ も $f(x)$ と書き換えて、以上のことをまとめると、

（注4.2）　$x = \dfrac{\pi}{L} t$ と $dx = \dfrac{\pi}{L} dt$ を代入し、積分区間を $-L$ から L にする。

$$b_n = \frac{1}{\pi} \int_{-\pi}^{\pi} f(x) \sin nx \, dx = \frac{1}{\pi} \int_{-L}^{L} f\left(\frac{\pi}{L} t\right) \sin n \frac{\pi}{L} t \cdot \frac{\pi}{L} dt$$

$$= \frac{1}{\pi} \cdot \frac{\pi}{L} \int_{-L}^{L} f\left(\frac{\pi}{L} t\right) \sin \frac{\pi}{L} t \, dt = \frac{1}{L} \int_{-L}^{L} g(t) \sin \frac{n\pi}{L} dt$$

周期 2L の周期関数 $f(x)$ が区分的に滑らかであるとき、$f(x)$ のグラフが滑らかである x の範囲では、

$$f(x) = \frac{1}{2}a_0 + \sum_{n=1}^{\infty}\left(a_n \cos\frac{n\pi}{L}x + b_n \sin\frac{n\pi}{L}x\right) \tag{4.17}$$

$f(x)$ のグラフが $x = \alpha$ で不連続であるときは、

$$\frac{f(\alpha+0)+f(\alpha-0)}{2} = \frac{1}{2}a_0 + \sum_{n=1}^{\infty}\left(a_n \cos\frac{n\pi}{L}\alpha + b_n \sin\frac{n\pi}{L}\alpha\right) \tag{4.18}$$

ここで、

$$a_0 = \frac{1}{L}\int_{-L}^{L} f(x)dx \tag{4.19a}$$

$$a_n = \frac{1}{L}\int_{-L}^{L} f(t)\cos\frac{n\pi}{L}x\,dx \tag{4.19b}$$

$$b_n = \frac{1}{L}\int_{-L}^{L} f(x)\sin\frac{n\pi}{L}x\,dx \tag{4.19c}$$

$$(n = 1,\ 2,\ 3,\ \cdots)$$

同じように、偶関数、奇関数のフーリエ級数展開についても、次のことがいえる。

区分的に滑らかな周期 2L の周期関数 $f(x)$ に対して、

(1) $f(x)$ が偶関数のとき、$f(x)$ のグラフが滑らかである x の範囲では、

$$f(x) = \frac{1}{2}a_0 + \sum_{n=1}^{\infty} a_n \cos\frac{n\pi}{L}x \tag{4.20}$$

$f(x)$ のグラフが $x = \alpha$ で不連続であるときは、

$$\frac{f(\alpha+0)+f(\alpha-0)}{2} = \frac{1}{2}a_0 + \sum_{n=1}^{\infty} a_n \cos\frac{n\pi}{L}\alpha \tag{4.21}$$

ここで、

$$a_0 = \frac{2}{L}\int_{0}^{L} f(x)dx \tag{4.22a}$$

$$a_n = \frac{2}{L} \int_0^L f(x) \cos \frac{n\pi}{L} x \, dx \tag{4.22)b}$$

（2）$f(x)$が奇関数のとき、

　$f(x)$のグラフが滑らかであるxの範囲では、

$$f(x) = \sum_{n=1}^{\infty} b_n \sin \frac{n\pi}{L} x \tag{4.23}$$

$f(x)$のグラフが$x = \alpha$で不連続であるときは、

$$\frac{f(\alpha + 0) + f(\alpha - 0)}{2} = \sum_{n=1}^{\infty} b_n \sin \frac{n\pi}{L} \alpha \tag{4.24}$$

ここで、

$$b_n = \frac{2}{L} \int_0^L f(x) \sin \frac{n\pi}{L} x \, dx \tag{4.25}$$

具体例を見ていこう。

$$\text{関数} \quad f_s(x) = \begin{cases} -1 & (-2 \leq t < 0) \\ 1 & (0 \leq t < 2) \end{cases} \tag{4.26}$$

を周期的拡張した周期4の周期関数$f(x)$のフーリエ級数を求めよう。グラフは、図4.30の太線になる。

　この波を方形波という。方形波は、コンピュータのクロックやデジタル信号の基本波形である。

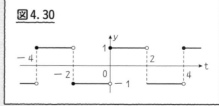

図4.30

　グラフからもわかるように、原点に関して対象だから、$f(x)$は奇関数である。したがって、フーリエ正弦級数で表せる。

　周期4だから、2L＝4でL＝2となり、（4.23）のLに2を代入して、

$$f(x) = \sum_{n=1}^{\infty} b_n \sin \frac{n\pi}{2} x \tag{4.27}$$

となる。あとは、b_n を求めればよい。(4.25) の L に 2 を代入して、

$$b_n = \frac{2}{2} \int_0^2 f(x) \sin \frac{n\pi}{2} x \, dx = \int_0^2 1 \cdot \sin \frac{n\pi}{2} x \, dx$$

$0 \leqq x < 2$ で $f(x) = 1$

$$= \left[-\frac{1}{\frac{n\pi}{2}} \cos \frac{n\pi}{2} x \right]_0^2 = \left[-\frac{2}{n\pi} \cos \frac{n\pi}{2} x \right]_0^2$$

$\cos 0 = 1$

$$= -\frac{2}{n\pi} \left(\cos \frac{n\pi}{2} 2 - \cos \frac{n\pi}{2} 0 \right) = -\frac{2}{n\pi} (\cos n\pi - 1)$$

$$= \frac{2}{n\pi} (1 - \cos n\pi) = \frac{2}{n\pi} \{1 - (-1)^n\}$$

$$\cos n\pi = \begin{cases} 1 & (n\,\text{が偶数}) \\ -1 & (n\,\text{が奇数}) \end{cases}$$

$$(-1)^n = \begin{cases} 1 & (n\,\text{が偶数}) \\ -1 & (n\,\text{が奇数}) \end{cases}$$

だから $\cos n\pi = (-1)^n$

$(-1)^n$ は、n が奇数のとき $(-1)^n = -1$、偶数のとき $(-1)^n = 1$ と値が変わるから、奇数の場合と偶数の場合に分ける。

①n が奇数のとき、k を自然数として $n = 2k - 1$ とおくと、

$$1 - (-1)^{2k-1} = 1 - (-1) = 2$$

だから、

$$b_{2k-1} = \frac{2}{(2k-1)\pi} \{1 - (-1)^{2k-1}\} = \frac{2}{(2k-1)\pi} \cdot 2 = \frac{4}{(2k-1)\pi}$$

②n が偶数のとき、k を自然数として $n = 2k$ とおくと、

$$1 - (-1)^n = 1 - (-1)^{2k} = 1 - 1 = 0$$

だから、

$$b_{2k} = \frac{2}{2k\pi} \{1 - (-1)^{2k}\} = 0$$

①と②の結果を (4.27) に代入して、

$$f(x) = \sum_{n=1}^{\infty} b_n \sin \frac{n\pi}{2} x$$

$b_{2k-1} = \dfrac{4}{(2k-1)\pi}$, $b_{2k} = 0$

$$f(x) = \sum_{k=1}^{\infty} \frac{4}{(2k-1)\pi} \sin \frac{(2k-1)\pi}{2} x \qquad (4.28)$$

これが、方形波のフーリエ級数である。

(4.27) の k に 1, 2, 3, ……を代入して、具体的に表すと、

$$f(x) = \frac{4}{\pi} \sin \frac{\pi}{2} x + \frac{4}{3\pi} \sin \frac{3\pi}{2} x + \frac{4}{5\pi} \sin \frac{5\pi}{2} x + \cdots\cdots \qquad (4.29)$$

　方形波に、フーリエ級数の部分和の波形が近づいていく様子をグラフにすると図4.31になる。

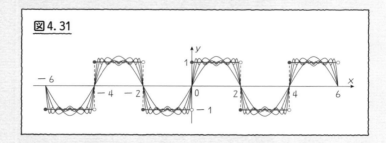

図 4.31

第 5 章

指数関数と対数関数

前章までに、フーリエ級数展開を見てきた。本章以降は、フーリエ級数がフーリエ変換に変化する様子を見ていく。そのためには、オイラーの公式

$$e^{ix} = \sin x + i \cos x$$

が必要になる。この式に現れる e^{ix} は指数関数で、i は 2 乗すると -1 になる数で虚数単位と呼ばれている。

本章では、指数関数 e^{ix} の肩から i を除き、e の代わりに 1 でない正の実数 a の肩に実数 x がのった指数関数 $y = a^x$ を考える。さらに、指数関数 a^x の逆関数である対数関数 $\log_a x$ についても考える。

本章の流れ

1．2 を 3 回かけ算することを 2^3 と書く。この 2^3 は、指数法則と呼ばれる 3 つの式を満たす。この指数法則を満たすように、a^n の n を自然数から、整数、有理数、実数へと広げる。
2．実数 x に対する指数関数 $y = a^x$ のグラフを描き、その性質を調べる。
3．1 では、p に対して、$a^p = M$ となる M を求めたが、ここでは、逆に M から $M = a^p$ となる p を求める。この p を $\log_a M$ と書き、対数という。この対数の性質や基本公式を導く。
4．実数 x に対する対数関数 $y = \log_a x$ のグラフを描き、その性質を調べる。
5．指数関数・対数関数の導関数を求める。ここで、ネイピア数 e が現れる。
6．p を実数としたとき、$x > 0$ の範囲で $(x^p)' = px^{p-1}$ が成り立つことを示す。
7．指数関数の不定積分を求め、定積分を計算する。
8．最後に、p が実数のとき、関数 $y = x^p$ の積分を求める。とくに、$p = -1$ のとき、関数 $y = x^{-1}$ の積分に $\log x$ が現れる。

指数関数$y = a^x$、対数関数$y = \log_a x$は、三角関数と並んで重要な関数である。また、日常生活でも、いろいろなところで顔を出す。たとえば、湖などに潜ると、深くなればなるほど暗くなる。その暗くなる度合いに指数関数が現れる。このように、あるものが一定の割合で増加したり、減少したりすると指数関数が現れる。よく急激に大きくなることを「指数関数的に増加する」という。そして、星の明るさの程度を表す等級や地震の規模を表すマグニチュードでは、対数関数が活躍している。

このように、日常生活でも用いられる指数関数・対数関数がどのようなものかをここで見ていこう。

1　指数の拡張

0でない実数aをn個かけ合わせたものを、a^nと書いてaのn乗という。

$$つまり、a^n = \underbrace{a \times a \times a \times \cdots\cdots \times a}_{n個} \tag{5.1}$$

そして、a^1、a^2、a^3、……、a^n、……を総称して、aの累 乗といい、aを累乗の底、nを累乗の指数という。

このように指数を定義すると、次の指数法則が成り立つ。

$a \neq 0$、$b \neq 0$で、n、mが自然数のとき、

①　$a^m \times a^n = a^{m+n}$　　②　$(a^m)^n = a^{m \times n}$　　③　$(ab)^n = a^n b^n$

さて、今までは$a^n (a \neq 0)$と指数は自然数であったが、指数が自然数以外の数であればどうなるか。たとえば、2^{-3}のように指数が負の整数になると、(5.1)による指数の定義では、「2^{-3}は2を-3個かけ算する」となり、意味をなさない。しかし、数学で重要なのは「2^3は2を3個かけ算する」という定義ではなく、上記の指数法則が成り立つことである。そこで、(5.1)による指数の定義をやめて、指数法則を満たすように自然数以外の実数についても定義していく。このことを、これから考えよう。

◎ 0 や負の整数の指数

いま、整数 m、n と 0 でない実数 a について、

① $a^m \times a^n = a^{m+n}$

が成り立つと仮定する。このとき、

(1) $m = 0$ ならば、$a^0 \times a^n = a^{0+n} = a^n$ が成り立つ。

$a^n \neq 0$ であるから、両辺を a^n で割ると $a^0 = 1$ となる。

(2) $m = -n$ のとき、$a^{-n} \times a^n = a^{-n+n} = a^0 = 1$

$a^n \neq 0$ であるから、両辺を a^n で割ると $a^{-n} = \dfrac{1}{a^n}$ となる。

今度は逆に、$a^0 = 1$、$a^{-n} = \dfrac{1}{a^n}$ と定義すると、整数の範囲で指数法則①〜③が成り立つ。このことを、証明ではなく具体的な例で見ていこう。

(1) まず、$a^0 = 1$ と定義したとき、$a = 2$、$b = 3$、$m = 3$、$n = 0$ で指数法則が成り立つことを確かめよう。

① $a^m \times a^n = a^{m+n}$ について

$$2^3 \times 2^0 = 2^3 \times 1 = 2^3 = 8, \qquad 2^{3+0} = 2^3 = 8$$

だから $2^3 \times 2^0 = 2^{3+0}$

$a^0 = 1$ としたから

② $(a^m)^n = a^{m \times n}$ や③ $(a \times b)^n = a^n \times b^{n \,(注5.1)}$ についても同じように確認できる。

(2) 次に $a^{-n} = \dfrac{1}{a^n}$ と定義したとき、$a = 2$、$b = 3$、$m = 3$、$n = -2$ で指数法則が成り立つことを確かめよう。

① $a^m \times a^n = a^{m+n}$ について

$$2^3 \times 2^{-2} = 2^3 \times \dfrac{1}{2^2} = 2, \quad 2^{3+(-2)} = 2^1 = 2$$

だから $2^3 \times 2^{-2} = 2^{3+(-2)}$

② $(a^m)^n = a^{m \times n}$ や③ $(a \times b)^n = a^n \times b^{n \,(注5.2)}$ についても同じように確認できる。

(注5.1) ② $(a^m)^n = a^{m \times n}$ について
$(2^3)^0 = 8^0 = 1$、$2^{3 \times 0} = 2^0 = 1$ だから $(2^3)^0 = 2^{3 \times 0}$
③ $(a \times b)^n = a^n \times b^n$ について
$(2 \times 3)^0 = 6^0 = 1$、$2^0 \times 3^0 = 1 \times 1 = 1$ だから $(2 \times 3)^0 = 2^0 \times 3^0$

これらのことより、

$a \neq 0$、n を正の整数とするとき、

$$(1) \quad a^0 = 1 \qquad (2) \quad a^{-n} = \frac{1}{a^n}$$

と定義する。ただし、0 の 0 乗、すなわち 0^0 は定義しない。

たとえば、次のように計算する。

$(1) \quad 3^{-4} = \dfrac{1}{3^4} = \dfrac{1}{81} \qquad (2) \quad (-3)^0 = 1$

指数に 0 や負の整数があっても指数法則が成り立つから、指数が自然数だけでなく、整数についても指数法則が成り立つことがわかる。すなわち、

$a \neq 0$、$b \neq 0$ で、m と n が整数のとき、

$$① \quad a^m \times a^n = a^{m+n} \qquad ② \quad (a^m)^n = a^{m \times n} \qquad ③ \quad (ab)^n = a^n b^n$$

それでは、指数が整数のとき、指数法則を使って、次のように計算する。

$(1) \quad 2^3 \times 2^{-4} = 2^{3+(-4)} = 2^{-1} = \dfrac{1}{2}$

$(2) \quad (3^{-2})^{-3} \div 27 = 3^{(-2) \times (-3)} \times \dfrac{1}{27} = 3^6 \times \dfrac{1}{3^3} = 3^6 \times 3^{-3} = 3^{6-3} = 3^3 = 27$

> $a \div b = a \times \dfrac{1}{b}$ より

◎分数の指数

m、n が分数になっても、指数法則が成り立つようにしたい。

たとえば、$2^{\frac{3}{4}}$ が表す数について考えよう。

(注5.2) ② $(a^m)^n = a^{m \times n}$ について、

$(2^3)^{-2} = \dfrac{1}{(2^3)^2} = \dfrac{1}{64}$、$2^{3 \times (-2)} = 2^{-6} = \dfrac{1}{2^6} = \dfrac{1}{64}$ だから $(2^3)^{-2} = 2^{3 \times (-2)}$

③ $(a \times b)^n = a^n \times a^n$ について

$(2 \times 3)^{-2} = \dfrac{1}{(2 \times 3)^2} = \dfrac{1}{36}$、$2^{-2} \times 3^{-2} = \dfrac{1}{2^2} \times \dfrac{1}{3^2} = \dfrac{1}{36}$

だから $(2 \times 3)^{-2} = 2^{-2} \times 3^{-2}$

指数法則② $(a^m)^n = a^{m \times n}$ が成り立つとし、指数の $\dfrac{3}{4}$ を整数にするために、$2^{\frac{3}{4}}$ を4乗する。

$$\left(2^{\frac{3}{4}}\right)^4 = 2^{\frac{3}{4} \times 4} = 2^3$$

である。つまり、$2^{\frac{3}{4}}$ は、4乗すると 2^3 になる数である。

そこで、分数を指数とする累乗を、次のように定義する。

$a > 0$ で、m を整数、n を正の整数とするとき，$a^{\frac{m}{n}}$ は n 乗すると a^m になる数である。すなわち

$$\left(a^{\frac{m}{n}}\right)^n = a^m \tag{5.2}$$

このように定義すると、$\sqrt{a}$ は2乗すると a になる数であるから、

$$\sqrt{a} = a^{\frac{1}{2}} \tag{5.3}$$

が成り立つ。

この定義により、指数が分数になった場合も指数法則が成り立つことがいえる。

ここでは、$a = 5$、$b = 7$、$m = \dfrac{1}{2}$、$n = \dfrac{2}{3}$ として、確認しよう。

① $a^m \times a^n = a^{m+n}$ について、指数の分数を整数に直すことを考える。2と3の最小公倍数が6であるから、左辺と右辺を6乗して、指数を整数にする。

$$\left(5^{\frac{1}{2}} \times 5^{\frac{2}{3}}\right)^6 = \left(5^{\frac{1}{2}}\right)^6 \times \left(5^{\frac{2}{3}}\right)^6 = \left\{\left(5^{\frac{1}{2}}\right)^2\right\}^3 \times \left\{\left(5^{\frac{2}{3}}\right)^3\right\}^2 = 5^3 \times (5^2)^2 = 5^7$$

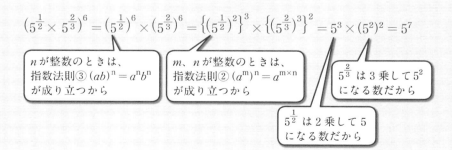

n が整数のときは、指数法則③ $(ab)^n = a^n b^n$ が成り立つから

m、n が整数のときは、指数法則② $(a^m)^n = a^{m \times n}$ が成り立つから

$5^{\frac{2}{3}}$ は3乗して 5^2 になる数だから

$5^{\frac{1}{2}}$ は2乗して5になる数だから

$$\left(5^{\frac{1}{2}+\frac{2}{3}}\right)^6 = \left(5^{\frac{3+4}{6}}\right)^6 = \left(5^{\frac{7}{6}}\right)^6 = 5^7$$

より $\left(5^{\frac{1}{2}} \times 5^{\frac{2}{3}}\right)^6 = \left(5^{\frac{1}{2}+\frac{2}{3}}\right)^6$

$5^{\frac{1}{2}} > 0$、$5^{\frac{2}{3}} > 0$ だから $5^{\frac{1}{2}} \times 5^{\frac{2}{3}} = 5^{\frac{1}{2}+\frac{2}{3}}$

同じようにして、指数法則② $(a^m)^n = a^{m \times n}$、③ $(a \times b)^n = a^n \times b^{n \text{(注5.3)}}$ についても成り立つことが確認できる。

整数と分数を合わせて有理数だから、指数が有理数のときも指数法則が成り立つ。

$a > 0$、$b > 0$で、r、s が有理数のとき、

① $a^r \times a^s = a^{r+s}$ ② $(a^r)^s = a^{r \times s}$ ③ $(ab)^r = a^r b^r$

この指数法則を用いて計算しよう。

(1) $81^{-\frac{3}{4}} = (3^4)^{-\frac{3}{4}} = 3^{4 \times \left(-\frac{3}{4}\right)} = 3^{-3} = \dfrac{1}{3^3} = \dfrac{1}{27}$

(2) $\left(2^{\frac{1}{2}} \times 3^{\frac{2}{3}}\right)^6 = 2^{\frac{1}{2} \cdot 6} \times 3^{\frac{2}{3} \cdot 6} = 2^3 \times 3^4 = 8 \times 81 = 648$

（注5.3）② $(a^m)^n = a^{m \times n}$ について

指数の分数を整数に直すために、2と3の最小公倍数が6だから、左辺と右辺を6乗する。

$$\{(5^{\frac{1}{2}})^{\frac{2}{3}}\}^6 = [\{(5^{\frac{1}{2}})^{\frac{2}{3}}\}^3]^2 = \{(5^{\frac{1}{2}})^2\}^2 = (5^1)^2 = 5^2$$

$$(5^{\frac{1}{2} \times \frac{2}{3}})^6 = \{(5^{\frac{1}{3}})^3\}^2 = (5^1)^2 = 5^2$$

より $\{(5^{\frac{1}{2}})^{\frac{2}{3}}\}^6 = (5^{\frac{1}{2} \times \frac{2}{3}})^6$

$(5^{\frac{1}{2}})^{\frac{2}{3}} > 0$、$5^{\frac{1}{2} \times \frac{2}{3}} > 0$ だから $(5^{\frac{1}{2}})^{\frac{2}{3}} = 5^{\frac{1}{2} \times \frac{2}{3}}$

③ $(a \times b)^n = a^n \times b^n$ について

分数を整数に直すために、左辺と右辺を3乗する。

$$\{(5 \times 7)^{\frac{2}{3}}\}^3 = (5 \times 7)^2 = 5^2 \times 7^2$$

$$\{(5^{\frac{2}{3}} \times 7^{\frac{2}{3}})\}^3 = (5^{\frac{2}{3}})^3 \times (7^{\frac{2}{3}})^3 = 5^2 \times 7^2$$

より $\{(5 \times 7)^{\frac{2}{3}}\}^3 = (5^{\frac{2}{3}} \times 7^{\frac{2}{3}})^3$

$(5 \times 7)^{\frac{2}{3}} > 0$、$5^{\frac{2}{3}} \times 7^{\frac{2}{3}} > 0$ だから $(5 \times 7)^{\frac{2}{3}} = 5^{\frac{2}{3}} \times 7^{\frac{2}{3}}$

(3) $8^{\frac{1}{4}} \div 2^{\frac{1}{2}} = (2^3)^{\frac{1}{4}} \times \dfrac{1}{2^{\frac{1}{2}}} = 2^{\frac{3}{4}} \times 2^{-\frac{1}{2}} = 2^{\frac{3}{4}+\left(-\frac{1}{2}\right)} = 2^{\frac{3}{4}-\frac{2}{4}} = 2^{\frac{1}{4}}$

$a \div b = a \times \dfrac{1}{b}$ より

$\dfrac{1}{a^n} = a^{-n}$ より

◎無理数の指数

ここまでに、指数を自然数から有理数まで広げてきた。次に、$2^{\sqrt{2}}$ のように、指数を無理数にまで広げることである。

$\sqrt{2}$ を小数で表すと、

$$\sqrt{2} = 1.41421356237309504880168887242097\cdots\cdots$$

である。この数から、小数第1位まで、第2位まで、第3位まで、第4位まで、……と数を抜き出すと、

1、1.4、1.41、1.414、1.4142、1.41421、1.414213、……

という無限に続く数列ができる。これらは、有限小数[注5.4]だから有理数である。つまり、分数で表せるのでいままでの指数の定義が使え、これらの数を指数とする数列

2^1、$2^{1.4}$、$2^{1.41}$、$2^{1.414}$、$2^{1.4142}$、$2^{1.41421}$、$2^{1.414213}$、……

ができる。これらの数の指数をどんどん $\sqrt{2}$ に近づけていくと、図5.1のように、これらの数はある一定の数に近づいていく。その一定の数を $2^{\sqrt{2}}$

（注5.4）　分数を小数で表すと、たとえば、

$$\frac{1}{8} = 0.125 \qquad \frac{1}{7} = 0.142857142857142857\cdots\cdots$$

同じ数字142857が繰り返される。

のように、小数点以下の数字が「有限個で終わる」場合と「同じ数字が無限回繰り返し現れる」場合がある。前者を有限小数、後者を循環小数という。すなわち、有理数は、有限小数か循環小数である。一方、無理数は小数点以下に同じ数字が繰り返されることなく無限個並ぶ。
　このように、小数点以下に無限個の数字が並ぶ小数を無限小数という。無限小数には、循環小数と循環しない小数があり、循環小数は有理数で、循環しない小数が無理数である。

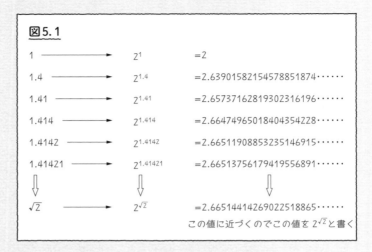

図5.1

1 ⟶	2^1	$=2$
1.4 ⟶	$2^{1.4}$	$=2.63901582154578851874\cdots\cdots$
1.41 ⟶	$2^{1.41}$	$=2.65737162819302316196\cdots\cdots$
1.414 ⟶	$2^{1.414}$	$=2.66474965018404354228\cdots\cdots$
1.4142 ⟶	$2^{1.4142}$	$=2.66511908853235146915\cdots\cdots$
1.41421 ⟶	$2^{1.41421}$	$=2.66513756179419556891\cdots\cdots$
⇓	⇓	⇓
$\sqrt{2}$ ⟶	$2^{\sqrt{2}}$	$=2.66514414269022518865\cdots\cdots$

この値に近づくのでこの値を $2^{\sqrt{2}}$ と書く

と定義する。

　指数が有理数の数では指数法則が成り立つから、指数法則は、限りなく近づく数 $2^{\sqrt{2}}$ にも受け継がれる。すなわち、この定義によって、指数が無理数でも指数法則は成り立つことになる。

　有理数と無理数を合わせて実数だから、指数が実数の場合まで指数法則が成り立つように拡張できた。

$a>0$、$b>0$ で、x、y が実数のとき、
　　① $a^x \times a^y = a^{x+y}$　　② $(a^x)^y = a^{x \times y}$　　③ $(ab)^x = a^x b^x$

2　指数関数

　$a>0$、$a \neq 1$ のとき、任意の実数 x に対して、a^x の値がただ1つ定まるので、この値を y とおくと、$y = a^x$ は x の関数である。

　この関数 $y = a^x$ を a を底とする**指数関数**という。

◎指数関数のグラフ

ここでは、指数関数のグラフを描こう。

(1) 指数関数 $y = 2^x$ のグラフを描くためには、$x = p$ のとき $y = 2^p$ を計算し、点 $(p, 2^p)$ を座標平面上に点をとる。それらの点を滑らかな曲線で結べば、グラフの概形が描ける。

そこで、2^x の x に、-3 から 3 までの整数を代入して、点をとり、それらの点を滑らかな曲線で結ぶと、$y = 2^x$ のグラフは、図5.2(1) の太い実線になる。

(2) 次に、$y = \left(\dfrac{1}{2}\right)^x$ のグラフを描こう。

ここでも、$x = p$ を代入して $\left(\dfrac{1}{2}\right)^p$ を計算するが、このままでは計算が少し面倒なので、前もって関数を変形しておく。

$$y = \left(\frac{1}{2}\right)^x = (2^{-1})^x = 2^{-x}$$

$\dfrac{1}{a} = a^{-1}$ より

として、-3 から 3 までの整数を x に代入して点をとり、滑らかな曲線で結ぶと、$y = \left(\dfrac{1}{2}\right)^x$ のグラフは図5.2(2) の太い実線になる。

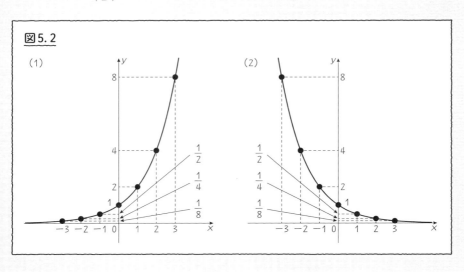

図5.2

第5章

245

一般に、$a > 0$、$a \neq 1$ のとき指数関数 $y = a^x$ のグラフは図5.3の太い実線になる。

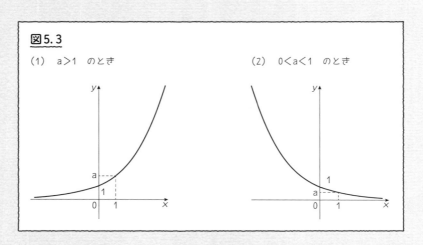

図5.3

(1)　a＞1　のとき

(2)　0＜a＜1　のとき

◎指数関数の性質

指数関数 $y = a^x$ のグラフを見ながら、指数関数の性質を調べよう。

(1) 図5.4(1) を見ると、x の値はすべての実数をとるが、y の値は正の実数しかとれない。すなわち、

指数関数 $y = a^x$ の定義域は実数全体で、値域は実数の正の部分である。

(2) 図5.4(2) を見ると、

　$a > 1$ のとき、x の値が増加すると y の値も増加する。

　$0 < a < 1$ のとき、x の値が

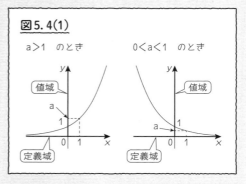

図5.4(1)

a＞1　のとき　　　0＜a＜1　のとき

値域　　　　　　　　　　値域

定義域　　　　　　　定義域

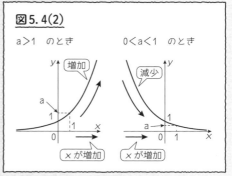

図5.4(2)

a＞1　のとき　　　0＜a＜1　のとき

増加　　　　　　　減少

x が増加　　　　　x が増加

増加すると、y の値は減少する。

　一般に、x の値が増加すると、y の値も増加する関数を**増加関数**といい、x の値が増加すると、y の値が減少する関数を**減少関数**という。

　そこで、指数関数 $y = a^x$ は、

　$a > 1$　　のとき、増加関数

　$0 < a < 1$ のとき、減少関数

である。

(3)　図 5.4(3) を見ると、指数関数 $y = a^x$ のグラフは、a の値にかかわらず $(0, 1)$ を通る。さらに、

　$a > 1$ のとき、x の値が原点から負の方向へどんどん離れていくと、グラフは x 軸に限りなく近づく。

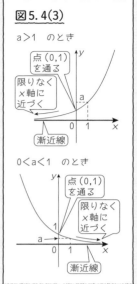

図 5.4(3)

$a > 1$ のとき

点 $(0,1)$ を通る

限りなく x 軸に近づく

漸近線

$0 < a < 1$ のとき

点 $(0,1)$ を通る

限りなく x 軸に近づく

漸近線

　$0 < a < 1$ のとき、x の値が原点から正の方向へどんどん離れていくと、グラフは x 軸に限りなく近づく。

　このいずれの場合も、グラフが x 軸と交わることはない。このような直線を**漸近線**という。すなわち、x 軸は、指数関数 $y = a^x$ の漸近線である。

(1)、(2)、(3) のことをまとめると、

指数関数 $y = a^x$ は、次の性質をもつ。図 5.5

(1) 定義域は実数全体、
　　値域は正の実数全体

(2) $a > 1$ のとき、増加関数
　　$0 < a < 1$ のとき、減少関数

(3) グラフは点 $(1, 0)$ を通り、
　　x 軸が漸近線

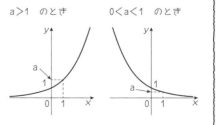

$a > 1$ のとき　　　　$0 < a < 1$ のとき

3　対数

　今までは、p が与えられて、a^p を計算していたが、今度は、M が与えられたとき、$M = a^p$ となる p を求めることを考える。

◎対数を求める

　$8 = 2^p$ のとき $p = 3$ であるが、$9 = 2^p$ となる p はわからない。そこで、この p を $\log_2 9$ と書き、「ログ 2 の p」と読む。

　一般に、正の数 M に対して、$M = a^p$ となる指数 p を $\log_a M$ と書き、a を底とする M の**対数**という。

　この正の数 M を $\log_a M$ の**真数**という。すなわち、

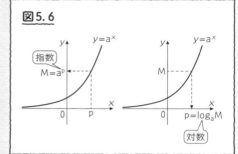

図5.6

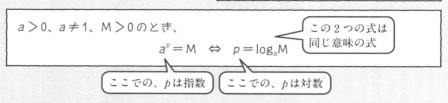

$a > 0$、$a \neq 1$、$M > 0$ のとき、

$$a^p = M \iff p = \log_a M$$

この2つの式は同じ意味の式

ここでの、p は指数　　ここでの、p は対数

◎対数の性質

$a > 0$、$a \neq 1$ のとき、

$a^p = M$ を $p = \log_a M$ の M に代入すると　$p = \log_a a^p$

すなわち、　　　$\log_a a^p = p$　　　　　　　　(5.4)

$p = \log_a M$ を $M = a^p$ の p に代入すると、$M = a^{\log_a M}$

すなわち、　　　$a^{\log_a M} = M$　　　　　　　　(5.5)

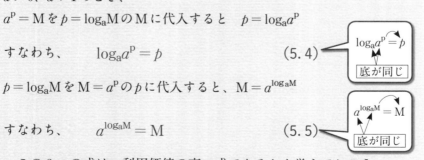

　この2つの式は、利用価値の高い式であるから覚えておこう。

(5.4) の式で、

$p=1$ とすると $\log_a a^1 = 1$ すなわち、$\log_a a = 1$ ← $a^1 = a$ だから

$p=0$ とすると $\log_a a^0 = 0$ すなわち、$\log_a 1 = 0$

が成り立つ。まとめると、 ← $a^0 = 1$ だから

$a>0$、$a \neq 1$ に対して $\log_a 1 = 0$ $\log_a a = 1$

対数の値を求めよう。 ← (5.4) $\log_a a^p = p$ より

(1) $\log_2 8 = \log_2 2^3 = 3$

(2) $\log_6 \dfrac{1}{36} = \log_6 6^{-2} = -2$

対数の計算では、次の3つの基本公式が重要である。

M >0、N >0 で、k は実数とする。

(1) $\log_a MN = \log_a M + \log_a N$

(2) $\log_a \dfrac{M}{N} = \log_a M - \log_a N$ ← かけ算 MN を 足し算 $\log_a M + \log_a N$ にしている

(3) $\log_a M^k = k \log_a M$

---

(1) を証明しよう。

(5.5) より、$a^{\log_a MN} = MN$、M $= a^{\log_a M}$、N $= a^{\log_a N}$ だから

$$a^{\log_a MN} = MN = a^{\log_a M} \cdot a^{\log_a N} = a^{\log_a M + \log_a N}$$

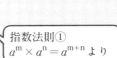

← 指数法則①
$a^m \times a^n = a^{m+n}$ より

よって、$a^{\log_a MN} = a^{\log_a M + \log_a N}$

両辺とも底が a であるから

$$\log_a MN = \log_a M + \log_a N$$

(2)、(3) も同じように証明できる[注5.5]。

基本公式を用いて、対数の計算をしよう。

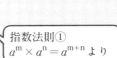

第5章

249

(1) $2\log_6 2 + \log_6 9 = \log_6 2^2 + \log_6 9$

公式(3) $\log_a M^k = k\log_a M$

$\qquad\qquad\qquad = \log_6(2^2 \times 9)$

公式(3) $\log_a MN = \log_a M + \log_a N$

$\qquad\qquad\qquad = \log_6 36 = \log_6 6^2 = 2$

(2) $\log_3 7 - \log_3 63 = \log_3 \dfrac{7}{63} = \log_3 \dfrac{1}{9} = \log_3 3^{-2} = -2$

公式(2) $\log_a \dfrac{M}{N} = \log_a M - \log_a N$

◎対数の変換公式

　対数の基本公式をみてもわかるように、対数は底が同じでないと計算できない。そこで、底が異なる場合は、底を変換して、同じ底にしてから計算する。

　底が a である対数 $\log_a b$ を c を底とする対数に変換する公式が、次の式である。これを**底の変換公式**という。

a、b、c は正の実数で、$a \neq 1$、$c \neq 1$ とするとき、

$$\log_a b = \frac{\log_c b}{\log_c a} \tag{5.6}$$

　この式を証明しよう。

(5.5) より

$a^{\log_a b} = b$ で c を底とする対数をとると

$\log_c a^{\log_a b} = \log_c b$

（注5.5）(2) $a^{\log_a \frac{M}{N}} = \dfrac{M}{N}$、$M = a^{\log_a M}$、$M = a^{\log_a N}$　だから

$\qquad a^{\log_a \frac{M}{N}} = \dfrac{M}{N} = \dfrac{a^{\log_a M}}{a^{\log_a N}} = a^{\log_a M - \log_a N}$　よって　$a^{\log_a \frac{M}{N}} = a^{\log_a M - \log_a N}$

$\qquad$両辺とも底が a であるから　　$\log_a \dfrac{M}{N} = \log_a M - \log_a N$

(3) $a^{\log_a M^k} = M^k$、$M^k = a^{\log_a M}$　だから

$\qquad a^{\log_a M^k} = M^k = (a^{\log_a M})^k = a^{k\log_a M}$　よって　$a^{\log_a M^k} = a^{k\log_a M}$

$\qquad$両辺とも底が a であるから　　　$\log_a M^k = k\log_a M$

したがって、$\log_a b \cdot \log_c a = \log_c b$

$a \neq 1$ より、$\log_c a \neq 0$ だから両辺を $\log_c a$ で割って、

> 基本公式（3）
> $\log_a M^k = k \log_a M$

$$\log_a b = \frac{\log_c b}{\log_c a}$$

> c は a、b と関係ない実数

これで、(5.6) が示された。

底が異なる対数の計算をしよう。

(1)　$\log_2 \sqrt{2} + \log_4 2 = \log_2 \sqrt{2} + \dfrac{\log_2 2}{\log_2 4}$

> (5.4) $\log_a a^p = p$ より

> 底が、2 と 4 で、$4 = 2^2$ だから、底を 2 に統一する

$$= \log_2 2^{\frac{1}{2}} + \frac{1}{\log_2 2^2} = \frac{1}{2} + \frac{1}{2} = 1$$

(2)　$\log_2 5 \cdot \log_5 4 = \log_2 5 \cdot \dfrac{\log_2 4}{\log_2 5} = \log_2 2^2 = 2$

> $\log_2 5$ を約分する

> 底が、2 と 5 で、前の対数の真数（248 ページ参照）が 5 だから、底を 2 に統一する

4　対数関数

$a > 0$、$a \neq 1$ として、任意の実数 $x > 0$ に対して、実数 $\log_a x$ がただ 1 つ定まるので、この値を y とおくと、$y = \log_a x$ は x の関数である。

この関数 $y = \log_a x$ を、a を底とする**対数関数**という。

◎対数関数のグラフ

ここでは、対数関数のグラフを描いてみよう。

(1)　$y = \log_2 x$ のグラフ

対数関数 $y = \log_2 x$ のグラフを描くためには、$x = p$ のとき、$y = \log_2 p$ を計算し、点 $(p, \log_2 p)$ を座標平面上にとる。それらの点を滑らかな曲線で結べば、グラフの概形が描ける。

たとえば、

$x = \dfrac{1}{8}$ を代入すると、$y = \log_2 \dfrac{1}{8} = \log_2 \dfrac{1}{2^3} = \log_2 2^{-3} = -3$ となるので、

点 $\left(\dfrac{1}{8}, -3\right)$ を座標平面上にとる。

　同じように、$x = \dfrac{1}{4}$、$\dfrac{1}{2}$、1、2、4、8 を代入して、点 $(p, \log_2 p)$ をとり、滑らかな曲線で結んでいくと、図 5.7(1) の太い実線になる。

(2)　$y = \log_{\frac{1}{2}} x$ のグラフ

　ここでも、$x = p$ を代入して、$y = \log_{\frac{1}{2}} p$ の値を求めるが、$\log_{\frac{1}{2}} p$ の計算は少し面倒なので、前もって関数を変形しておく。

　底の変換公式 (5.6) を用いて

$$\log_{\frac{1}{2}} x = \frac{\log_2 x}{\log_2 \dfrac{1}{2}} = \frac{\log_2 x}{\log_2 2^{-1}} = \frac{\log_2 x}{-1} = -\log_2 x$$

となるから、$y = \log_{\frac{1}{2}} x = -\log_2 x$ である。

　このように、変形してから x に数を代入する。

$$x = \frac{1}{8} \text{ のとき } \quad y = -\log_2 \frac{1}{8} = -\log_2 2^{-3} = -(-3) = 3$$

　同じように、$x = \dfrac{1}{4}$、$\dfrac{1}{2}$、1、2、4、8 を代入して、点 $\left(p, \log_{\frac{1}{2}} p\right)$ をとり、滑らかな曲線で結んでいくと、図 5.7(2) の太い実線になる。

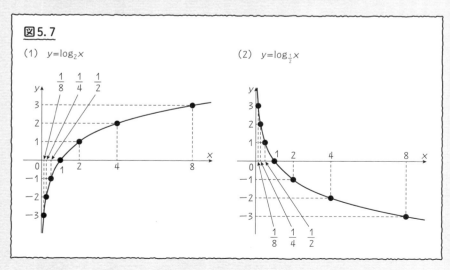

図 5.7

(1)　$y = \log_2 x$

(2)　$y = \log_{\frac{1}{2}} x$

一般に、$a > 0$、$a \neq 1$のとき対数関数$y = \log_a x$のグラフは、次のように
なる。

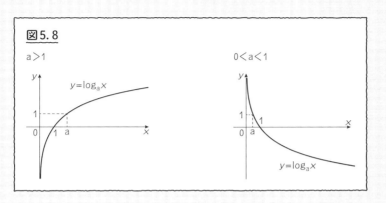

図5.8

a＞1　　　　　　　　　　　0＜a＜1

◎対数関数の性質

　対数関数$y = \log_a x$のグラフを見ながら、対数関数の性質を調べよう。

(1) 図5.9(1) のグラフを見
　ると、xの値は正の実数を
　とり、yの値はすべての実
　数をとる。すなわち、$y =$
　$\log_a x$の定義域は実数の正
　の部分、値域は実数全体で
　ある。

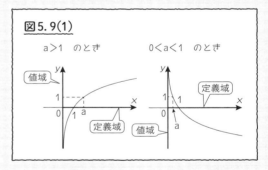

図5.9(1)

a＞1　のとき　　　　　0＜a＜1　のとき

(2) 図5.9(2) のグラフで、
　$a > 1$のとき、
　xの値が増加すると、yの値も
　増加する。
　$0 < a < 1$のとき、
　xの値が増加すると、yの値も
　減少する。
　すなわち、対数関数$y = \log_a x$

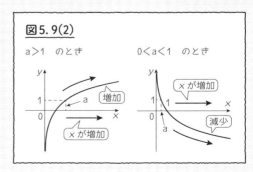

図5.9(2)

a＞1　のとき　　　　　0＜a＜1　のとき

は、$a > 1$のとき、増加関数、$0 < a < 1$のとき、減少関数である。

(3) 図5.9(3) のグラフより、対数関数 $y = \log_a x$ は、a の値にかかわらず $(1, 0)$ を通る。

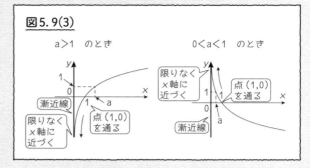

図5.9(3)

a>1 のとき　　　　　　0<a<1 のとき

限りなく×軸に近づく

点 (1,0) を通る

漸近線

x の値が原点 0 に近づくと、グラフは限りなく y 軸に近づいていくが y 軸と交わることはない。

y 軸は、対数関数 $y = \log_a x$ の漸近線である。

以上のことをまとめると、

$a > 0$、$a \neq 1$ のとき、対数関数 $y = \log_a x$ は、次の性質をもつ。

(1) 定義域は正の実数全体、値域は実数全体である。

(2) $a > 1$ のとき、増加関数。$0 < a < 1$ のとき、減少関数。

(3) グラフは点 $(1, 0)$ を通り、y 軸を漸近線とする。

図5.10

a>1 のとき　　　　　0<a<1 のとき

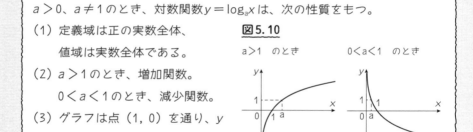

指数関数 $y = a^x$ を x について解くと、$x = \log_a y$

x と y を入れ替えて、$y = \log_a x$

すなわち、対数関数 $y = \log_a x$ は指数関数 $y = a^x$ の逆関数（59ページ参照）である。

一般に、関数 $y = f(x)$ のグラフと逆関数 $y = f^{-1}(x)$ のグラフは、直線 $y = x$ に関して対象である（60ページ参照）から、

指数関数 $y = a^x$ と対数関数 $y = \log_a x$ のグラフは、直線 $y = x$ に関して対称である（図5.11）。

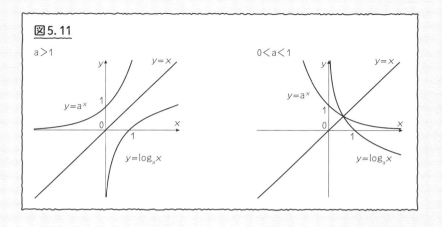

図5.11

a>1

$y=x$

$y=a^x$

$y=\log_a x$

0<a<1

$y=x$

$y=a^x$

$y=\log_a x$

5　指数関数・対数関数の微分

　まず、対数関数の導関数を求めてから、指数関数の導関数を求める。このときに、ネイピア数eが出現する。

◎対数関数の微分

　対数関数の微分を考えよう。ここでも、導関数の定義（3.8）より

$$(\log_a x)' = \lim_{h \to 0} \frac{\log_a(x+h) - \log_a x}{h} = \lim_{h \to 0} \frac{1}{h}\{\log_a(x+h) - \log_a x\}$$

$$= \lim_{h \to 0} \frac{1}{h} \log_a \frac{x+h}{x}$$

対数の基本公式
$\log_a M - \log_a N = \log_a \dfrac{M}{N}$
より

$$= \lim_{h \to 0} \frac{1}{h} \log_a\left(1 + \frac{h}{x}\right)$$

分母分子に、xをかける

$$= \lim_{h \to 0} \frac{1}{x} \cdot \frac{x}{h} \log_a\left(1 + \frac{h}{x}\right)$$

$$= \frac{1}{x} \lim_{h \to 0} \log_a\left(1 + \frac{h}{x}\right)^{\frac{x}{h}}$$

対数の基本公式
$k \log_a M = \log_a M^k$ より

　ここで、xを実数として、hを限りなく0に近づけたとき、$\left(1 + \dfrac{h}{x}\right)^{\frac{x}{h}}$がどのような値に近づくか調べよう。

255

すなわち、$\lim_{h \to 0}\left(1 + \dfrac{h}{x}\right)^{\frac{x}{h}}$ を求めよう。

$\dfrac{h}{x} = k$ とおくと、

$h \to 0$ のとき $\dfrac{h}{x} \to 0$ だから $k \to 0$

となる。また、$\dfrac{x}{h} = \dfrac{1}{k}$ であるから、

$$\dfrac{x}{h} = \dfrac{1}{\dfrac{h}{x}} = \dfrac{1}{k}$$

$$(\log_a x)' = \dfrac{1}{x} \lim_{h \to 0} \log_a\left(1 + \dfrac{h}{x}\right)^{\frac{x}{h}} = \dfrac{1}{x} \lim_{k \to 0} (1 + k)^{\frac{1}{k}}$$

となる。$\lim_{k \to 0}(1 + k)^{\frac{1}{k}}$ の値を調べると、表5.1のように、ある一定の数に近づくことがわかる。その数を e とおく。

e は無理数で、その値は、

$$e = \lim_{k \to 0}(1 + k)^{\frac{1}{k}} = 2.7182818284\cdots\cdots \tag{5.7}$$

となる。したがって、

表5.1

k の値	$(1 + k)^k$	k の値	$(1 + k)^k$
0.1	2.5937424601⋯	−0.1	2.8679719907⋯
0.01	2.7048138294⋯	−0.01	2.7319990264⋯
0.001	2.7169239322⋯	−0.001	2.7196422164⋯
0.0001	2.7181459268⋯	−0.0001	2.718417755⋯
0.00001	2.7182682371⋯	−0.00001	2.7182954199⋯
0.000001	2.718280469⋯	−0.000001	2.7182831876⋯
0.0000001	2.7182816941⋯	−0.0000001	2.7182819629⋯
0.00000001	2.7182817983⋯	−0.00000001	2.7182818557⋯
↓	↓	↓	↓
0	2.7182818284⋯	0	2.7182818284⋯

$$(\log_a x)' = \frac{1}{x} \log_a \left\{ \lim_{h \to 0} \left(1 + \frac{h}{x}\right)^{\frac{x}{h}} \right\} = \frac{1}{x} \log_a \left\{ \lim_{k \to 0} (1 + k)^{\frac{1}{k}} \right\}$$

$$= \frac{1}{x} \log_a e = \frac{1}{x} \cdot \frac{1}{\log_e a} = \frac{1}{x \log_e a}$$

すなわち

底の変換公式より $\log_a e = \dfrac{\log_e e}{\log_e a} = \dfrac{1}{\log_e a}$

$$(\log_a x)' = \frac{1}{x \log_e a} \tag{5.8) a}$$

とくに、a を e にすれば、

$\log_e e = 1$ より

$$(\log_e x)' = \frac{1}{x \log_e e} = \frac{1}{x} \tag{5.8) b}$$

　e を底とする対数 $\log_e x$ を**自然対数**といい、底 e を省略して $\log x$ または $\ln x$ と書く。$\ln$ は logarithmus naturalis（自然対数のラテン語）の略である。そして、e のことを**自然対数の底**、または**ネイピア数**という。

　以上のことから、対数関数の微分は、

$$(\log_a x)' = \frac{1}{x \log a}, \quad (\log x)' = \frac{1}{x}$$

自然対数だから底 e を省略している

　それでは、a を 0 でない実数、b を実数として、$y = \log (ax + b)$ を微分しよう。

　$u = ax + b$ とおいて、$y = \log (ax + b)$ を $y = \log u$ と $u = ax + b$ の合成関数として、

$$y' = \{\log (ax + b)\}' = (\log u)'(ax + b)' = \frac{1}{u} \cdot a = \frac{a}{ax + b}$$

$ax + b$ を u とおいて、u で微分 　　$u = ax + b$ を x で微分

すなわち、

$$\{\log(ax+b)\}' = \frac{a}{ax+b} \tag{5.9}$$

◎指数関数の微分

次に、指数関数の導関数を求めよう。

$a^x > 0$ であるから $y = a^x$ の両辺の自然対数をとると、

$$\log y = \log a^x$$

である。対数の基本公式 (3) $\log_a M^k = k \log_a M$ より

$$\log y = x \log a \tag{5.10}$$

この両辺を以下のように x で微分する。

(1) まず、(5.10) の左辺を微分しよう。

① (5.10) の左辺を $v = \log y$ とし、y は x の関数だから、$y = f(x)$ とおくと、$v = \log f(x)$ である。

②関数 v は $v = \log y$ と $y = f(x)$ の合成関数である。

③合成関数の微分法（133ページ）を使う。まず、$\log y$ を y で微分して、$y = f(x)$ を x で微分する。

$$v' = (\log y)'\{f(x)\}' = \frac{1}{y} \cdot f'(x) = \frac{1}{y} \cdot y' = \frac{y'}{y}$$

y で微分　　x で微分　　　　　$y = f(x)$ だから $y' = f'(x)$

(2) 次に、(5.10) の右辺を微分しよう。

①$v = x \log a$ とおく。

②$\log a$ は定数だから、$v = x \log a$ は x の 1 次関数である。

$$v' = (x \log a)' = (x)' \log a = 1 \cdot \log a = \log a$$

結局、(5.9) の両辺を x で微分すると、(1)、(2) より

$$\frac{y'}{y} = \log a \qquad\qquad (5.11)$$

となる。

(5.11) の両辺に y をかけて、$y' = y \log a$

$y = a^x$ を代入して、$y' = a^x \log a$

$y' = (a^x)'$ を代入して、$(a^x)' = a^x \log a \qquad (5.12)\text{a}$

とくに、(5.12)a で、$a = e$ であるとき、$\log e = 1$ であるから、

$$(e^x)' = e^x \qquad\qquad (5.12)\text{b}$$

このことから、指数関数 $y = e^x$ は微分しても変わらない関数であることがわかる。

また、このように $y = f(x)$ の両辺に対数をとり、$\log y = \log f(x)$ を微分する方法を**対数微分法**という。

以上より、指数関数の微分は、

$$(a^x)' = a^x \log a, \qquad (e^x)' = e^x$$

それでは、a を 0 でない実数、b を実数として、e^{ax+b} を微分しよう。

$u = ax + b$ とおいて、$y = e^{ax+b}$ を $y = e^u$ と $u = ax + b$ の合成関数として、

$$y' = (e^{ax+b})' = (e^u)'(ax + b)' = e^u \cdot a = ae^{ax+b}$$

すなわち

$$(e^{ax+b})' = ae^{ax+b} \qquad\qquad (5.13)$$

◎指数関数のベキ級数

指数関数 e^x の微分がわかったから e^x をベキ級数展開しよう。
指数関数 $f(x) = e^x$ は微分しても変わらないから、

$$f^{(n)}(x) = e^x \text{ である。よって、} f^{(n)}(0) = e^0 = 1$$

146ページ (3.32) に代入して、

$$e^x = 1 + \frac{1}{1!}x + \frac{1}{2!}x^2 + \frac{1}{3!}x^3 + \cdots\cdots + \frac{1}{n!}x^n + \cdots\cdots$$

$$= \sum_{n=0}^{\infty} \frac{1}{n!}x^n \tag{5.14}$$

$\sin x$、$\cos x$ のベキ級数展開と e^x のベキ級数展開からオイラーの公式 $e^x = \sin x + i\cos x$ を求めることになる（289ページ）。

6　$y = x^p$ の微分

n が自然数のとき、$y = x^n$ の微分は

$$y' = nx^{n-1}$$

であることを見てきた。

ここでは、p を0でない実数としたとき、

$$y = x^p \quad (x > 0) \tag{5.15}$$

の微分を求めよう。

指数関数の導関数を求めた対数微分法を用いる。
(5.15) の両辺の対数をとって

$$\log y = \log x^p$$

対数の基本公式 (3) $\log_a M^k = k\log_a M$ から

$$\log y = p \log x$$

両辺をxで微分すると、

$$\frac{y'}{y} = p \cdot \frac{1}{x}$$

両辺にyをかけて、

$$y' = p \cdot \frac{y}{x} = p \cdot \frac{x^p}{x} = p\, x^{p-1}$$

結局、

> pを0でない実数として、$x > 0$の範囲で
>
> $\qquad (x^p)' = px^{p-1}$ $\hfill$ (5.16)

今までは、nが自然数のとき、$y = x^n$の導関数は$y' = nx^{n-1}$であったが、この式からnが自然数でなくて、任意の実数nに対しても、$y' = nx^{n-1}\,(x > 0)$が成り立つことを意味している。

a、pを0でない実数，bを実数として、関数$y = (ax + b)^p$を微分しよう。$u = ax + b$とおいて、$y = (ax + b)^p$を$y = u^p$と$u = ax + b$の合成関数として、

$$y' = \{(ax + b)^p\}' = (u^p)'(ax + b)' = pu^{p-1} \cdot a = ap(ax + b)^{p-1}$$

すなわち

$$\{(ax + b)^p\}' = ap(ax + b)^{p-1} \qquad (5.17)$$

7　指数関数の積分

指数関数の微分を見てきたので、次は微分の逆操作である積分を見ていこう。（対数関数の積分は、本書では使わないので省略する）

◎不定積分

　積分は微分の逆操作だから、積分の公式を求めるときは、微分の公式から求めることが多い。

(1) 指数関数の不定積分

① $(a^x)' = a^x \log a$ より

> $\log a$ は、底が e の対数 $\log_e a$ のこと。e を省略した（257ページ）

$$\left(\frac{a^x}{\log a}\right)' = \frac{1}{\log a}(a^x)' = \frac{1}{\log a} \cdot a^x \log a = a^x$$

この式より、$\dfrac{a^x}{\log a}$ は a^x の不定積分だから

$$\int a^x\, dx = \frac{a^x}{\log a} + C$$

② $(e^x)' = e^x$ より e^x は e^x の不定積分だから

$$\int e^x\, dx = e^x + C$$

まとめると、

---

a を1でない正の実数のとき

$$\int a^x dx = \frac{a^x}{\log a} + C \quad (5.18)\text{a}、\quad \int e^x dx = e^x + C \quad (5.18)\text{b}$$

　さらに、指数関数 $y = e^{ax+b}$ の不定積分を求めよう。

(5.13)　$(e^{ax+b})' = ae^{ax+b}$ より

$$\left(\frac{1}{a}e^{ax+b}\right)' = \frac{1}{a}(e^{ax+b})' = \frac{1}{a} \cdot ae^{ax+b} = e^{ax+b}$$

であるから、$\dfrac{1}{a}e^{ax+b}$ は e^{ax+b} の不定積分である。よって

$$\int e^{ax+b}\, dx = \frac{1}{a}e^{ax+b} + C \tag{5.19}$$

◎定積分

不定積分がわかれば、定積分は計算できる。そこで、次の定積分を求めよう。

そこで、$\int_0^1 xe^x\,dx$ を求めよう。

xe^x は、x と e^x のかけ算で、$(x)'=1$ となるから、部分積分を用いる。

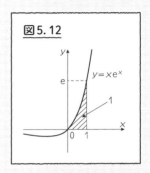

図 5.12

$$積分 \int e^x\,dx = e^x$$

$$\int_0^1 xe^x\,dx = [xe^x]_0^1 - \int_0^1 1\cdot e^x\,dx$$

微分 $(x)'=1$

$$= (1\cdot e^1 - 0\cdot e^0) - [e^x]_0^1$$
$$= e - (e^1 - e^0)$$
$$= e - e + 1 = 1$$

この 1 は、図 5.12 の斜線部分の面積を表している。

8 関数 $y = x^p$ の積分

150 ページの (3.34)a で見てきたように、自然数 n に対して、

$$\int x^n\,dx = \frac{1}{n+1}x^{n+1} + C \tag{3.34a}$$

であった。ここでは、p が任意の実数であるとき、x^p の積分がどうなるか見ていこう。

◎関数 $y = x^p$ の不定積分

261 ページの (5.16) で示したように、p を実数として、$x > 0$ の範囲で、

$$(x^p)' = px^{p-1} \tag{5.16}$$

であった。この (5.16) を使って、関数 $y = x^p$ の不定積分を求めよう。

263

(1) $p \neq -1$ のとき

分母に $p+1$ があるから $p \neq -1$ とする

$$\left(\frac{1}{p+1} x^{p+1}\right)' = \frac{1}{p+1}(x^{p+1})' = \frac{1}{p+1}(p+1)x^{p+1-1} = x^p$$

が成り立つから、$\dfrac{1}{p+1} x^{p+1}$ は x^p の不定積分である。よって、

$$\int x^p \, dx = \frac{1}{p+1} x^{p+1} + C$$

(2) $p = -1$ のときは、$x^{-1} = \dfrac{1}{x}$ となる。

対数関数の微分の公式（257ページ）より、

$$(\log x)' = \frac{1}{x}$$

であるから、$\log x$ は $\dfrac{1}{x}$ の不定積分である。よって

$$\int \frac{1}{x} \, dx = \log x + C$$

結局、対数の微分公式から導かれる式は、

---

p を実数として、$x > 0$ の範囲で

(1) $p \neq -1$ のとき $\displaystyle\int x^p \, dx = \dfrac{1}{p+1} x^{p+1} + C$ (5.20)a

(2) $p = -1$ のとき $\displaystyle\int x^{-1} \, dx = \dfrac{1}{x} \, dx = \log x + C$ (5.20)b

---

である。

さらに、a、p は0でない実数、b は実数とするとき、

関数 $y = (ax+b)^p$ の不定積分を求めよう。

(1) $p \neq -1$ のとき、(5.17) $\{(ax+b)^p\}' = ap(ax+b)^{p-1}$ より

$$\left\{\frac{1}{a(p+1)}(ax+b)^{p+1}\right\}' = \frac{1}{a(p+1)}\{(ax+b)^{p+1}\}'$$

$$= \frac{1}{a(p+1)}\cdot a(p+1)(ax+b)^{p+1-1}$$

$$= (ax+b)^p$$

であるから、$\dfrac{1}{a(p+1)}(ax+b)^{p+1}$ は、$(ax+b)^p$ の不定積分である。

よって $\displaystyle\int (ax+b)^p\, dx = \frac{1}{a(p+1)}(ax+b)^{p+1} + C$

$$(5.21)\text{a}$$

(2) $p = -1$ のとき $(ax+b)^{-1} = \dfrac{1}{ax+b}$ となるから、

258ページの (5.9) $\{\log(ax+b)\}' = \dfrac{1}{ax+b}$ より

$$\left\{\frac{1}{a}\log(ax+b)\right\}' = \frac{1}{a}\{\log(ax+b)\}' = \frac{1}{a}\cdot\frac{a}{ax+b}$$

$$= \frac{1}{ax+b}$$

よって、$\dfrac{1}{a}\log(ax+b)$ は $\dfrac{1}{ax+b}$ の不定積分である。

したがって、

$$\int (ax+b)^{-1}\, dx = \int \frac{1}{ax+b}\, dx = \frac{1}{a}\log(ax+b) + C$$

すなわち、

$$\int (ax+b)^{-1}\, dx = \frac{1}{a}\log(ax+b) + C \qquad (5.21)\text{b}$$

◎関数 $y = x^p$ の定積分

関数 $f(x) = x^p\,(x > 0)$ の不定積分を求めたから、定積分を求めよう。

(1) まず、$\displaystyle\int_0^1 \frac{1}{(2x+1)^2}\,dx$ を求めよう。

(5.21)aで、$a=2$、$b=1$、$p=-2$、の場合にあたるから、

$$\int_0^1 \frac{1}{(2x+1)^2}\,dx = \int_0^1 (2x+1)^{-2}\,dx$$

$$= \left[\frac{1}{2(-2+1)}(2x+1)^{-2+1}\right]_0^1$$

$$= \left[\frac{1}{-2}(2x+1)^{-1}\right]_0^1 = \left[-\frac{1}{2(2x+1)}\right]_0^1$$

$$= -\frac{1}{2}\left\{\frac{1}{(2\cdot1+1)} - \frac{1}{(2\cdot0+1)}\right\}$$

$$= -\left(\frac{1}{3} - \frac{1}{1}\right) = \frac{2}{3}$$

この log 3 は、図5.14の斜線部分の面積を表す。

(2) 次に、$\displaystyle\int_1^3 \frac{1}{x}\,dx$ を求めよう。

$$\int_1^3 \frac{1}{x}\,dx = \left[\log x\right]_1^3$$

$$= \log 3 - \log 1$$

$$= \log 3 \quad \boxed{\log 1 = 0}$$

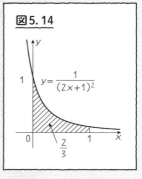

図5.14

この log 3 は、図5.15の斜線部分の面積を表している。

このように、$y = \dfrac{1}{x}$ と x 軸で挟まれる図形の面積は対数になる。

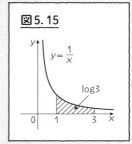

図5.15

第6章

複素フーリエ級数

本章では、第4章で導いたフーリエ級数

$$f(x) = \frac{1}{2}a_0 + \sum_{n=1}^{\infty}(a_n \cos nx + b_n \sin nx)$$

から、オイラーの公式

$$e^{ix} = \cos x + i \sin x$$

を用いて、複素フーリエ級数

$$f(x) = \sum_{n=-\infty}^{\infty} c_n e^{inx}$$

を導く。

本章の流れ

1．オイラーの公式の左辺にある e^{ix} は指数関数であるが、右肩に i が存在する。この i は、2乗すると -1 になる虚数単位と呼ばれている数である。この i を用いて、$a + bi$ という複素数をつくり、この複素数の計算方法や性質について調べる。

2．次に、複素数を平面上の点と同一視する。この平面を複素数平面といい、この複素数平面を用いて、さらに、複素数について詳しく調べる。

3．e^{ix} とはどのような関数かを調べ、指数関数の変数を複素数の範囲まで拡張する。3つの関数 e^{ix}、$\sin x$、$\cos x$ のベキ級数展開を利用して、オイラーの公式を導く。そして、関数 e^{ix} の変数 x での微分・積分を考える。

4．はじめに、周期 2π の周期関数の複素フーリエ級数をオイラーの公式を用いて導く。具体例として、ノコギリ波の複素フーリエ級数を求め、それが第4章で求めたフーリエ級数と一致することを確かめる。

5．次に、周期 $2L$ の周期関数の複素フーリエ級数をオイラーの公式を用いて導く。例として、方形波の複素フーリエ級数を求め、それが第4章で求めたフーリエ級数と一致することを確かめる。

1　複素数

オイラーの公式「$e^{ix} = \cos x + i \sin x$」の左辺には、$e^{ix}$ がある。ここでは、e^{ix} の指数に現れる数 i についてみていこう。i は方程式が解けるようにするために誕生した数である。そこで、

$$2 \text{次方程式} \quad x^2 = -4 \tag{6.1}$$

を満たす x について考える。

◎虚数の誕生

方程式 $x^2 = 4$ の解は $x = \pm 2$ であるが、方程式 $x^2 = -4$ の解は実数の範囲では求められない。2乗してマイナスになる実数は存在しないからである。しかし、調和のとれた美しさを求める数学にとって、このような簡単な方程式が解けないのでは困る。そこで、2次方程式 (6.1) が解をもつようにするため、2乗してマイナスになる数を考えていこう。

まず、2乗して -1 になる数を i と書くことにする。すなわち、

$$i^2 = -1$$

である。この i は、文字（今までの a とか x とかの文字）と同じように計算して、i^2 を -1 に置き換えることにする。すると、次のように計算できる。

$$(2i)^2 = 2^2 i^2 = 4 \cdot (-1) = -4,$$
$$(-2i)^2 = (-2)^2 i^2 = 4 \cdot (-1) = -4$$

このことから、

$$x^2 = -4 \text{の解は} x = \pm 2i \tag{6.2}$$

である。このように i を用いることによって、2乗して負になる数を表すことができる。この i を **虚数単位** という。

さらに、もう少し複雑な2次方程式$x^2 - 2x + 5 = 0$の解を求めてみよう。

$$x^2 - 2x + 5 = 0$$
$$x^2 - 2x + 1^2 - 1^2 + 5 = 0$$

公式$a^2 - 2ab + b^2 = (a - b)^2$を利用するために$1^2$を足して、$1^2$を引いておく

$$(x - 1)^2 - 1 + 5 = 0$$
$$(x - 1)^2 = -4$$

$a^2 - 2ab + b^2 = (a - b)^2$
より
$x^2 - 2x + 1^2 = (x - 1)^2$

$$x - 1 = \pm 2i$$
$$x = 1 \pm 2i$$

(6.2) より

したがって、解は　$x = 1 + 2i$、$1 - 2i$

2次方程式は2つの解を持つから、$1 + 2i$と$1 - 2i$をそれぞれ1つの数と考える。

そこで、虚数単位iと実数a、bを用いて、$a + bi$の形で表される数を考える。この数を**複素数**という。

　aを複素数$a + bi$の**実部**

　bを複素数$a + bi$の**虚部**

という。

$b = 0$のとき、$a + 0i$は、**実数**aを表すことにし、

$b \neq 0$のとき、$a + bi$を**虚数**という。

とくに、$a = 0$かつ$b \neq 0$のとき、$0 + bi$を**純虚数**といい、biで表す。

ここまでに学んできた数をまとめると次のようになる。

$a + bi = a \times 1 + b \times i$となるから、"素"となる2つの数1と$i$がある。そこで、複素数という。$1 + \sqrt{2}$も同じような形に見えるが、この場合は小数に直せて、
$1 + \sqrt{2} = 1 + 1.14142\cdots$
$= 2.14142\cdots \times 1$
となるので、$\sqrt{2}$は"素"となる数ではない

複素数：　$a + bi$
実部　　　虚部

269

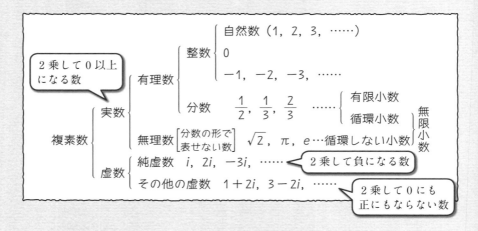

◎複素数の相等

次に、この複素数について調べていこう。

まず、「2つの複素数が等しい」とはどのようなときか？

2つの複素数の実部どうし、虚部どうしが等しいとき、2つの複素数は等しいと定める。すなわち、

---

a、b、c、d を実数として、2つの複素数 $a+bi$、$c+di$ について

$a+bi=c+di \iff a=c$ かつ $b=d$ (6.3)a

とくに、$a+bi=0 \iff a=0$ かつ $b=0$ (6.3)b

それでは、なぜ、(6.3)a のように定めるのか？　その理由は次のとおりである。

$$a+bi=c+di \quad \text{より} \quad (b-d)i=c-a \tag{6.4}$$

(1) $b \neq d$ ならば、$b-d \neq 0$ だから、

$$i=\frac{c-a}{b-d}$$

である。両辺を 2 乗すると

$$i^2 = \left(\frac{c-a}{b-a}\right)^2$$

$\dfrac{a-c}{b-d}$ は実数だから、$\left(\dfrac{c-a}{b-d}\right)^2 > 0$

ところが、$i^2 = -1$ であるので、

$$-1 = \left(\frac{c-a}{b-d}\right)^2 > 0$$

となり、不合理になる。そこで、$b = d$ となる。

(2) $b = d$ ならば、(6.4) より $0 \cdot i = c - a$

であるので、$c - a = 0$ となり、$a = c$ である。

このようなことから、(6.3)a と定めることにする。

(6.3)b は、(6.3)a で、$c = 0$、$d = 0$ とすると

$$a + bi = 0 + 0i \iff a = 0 \text{ かつ } b = 0$$

$0 + 0i = 0 + 0 = 0$ だから

$$a + bi = 0 \iff a = 0 \text{ かつ } b = 0$$

となる。

◎複素数の計算

複素数の四則計算は、$i^2 = -1$ とする以外は、文字 i の式と考えて計算する。

たとえば、次の計算をしよう。

(1) $(5 - 3i) + (4 + 5i) = 5 - 3i + 4 + 5i = 5 + 4 - 3i + 5i = 9 + 2i$

(2) $(3 + 2i)(4 - 5i) = 3 \cdot 4 - 3 \cdot 5i + 2 \cdot 4i - 2 \cdot 5i^2$

$\qquad\qquad\quad = 12 - 15i + 8i - 10(-1)$ 　　i^2 を -1 に置き換える。

$\qquad\qquad\quad = 22 - 7i$

(3) $i^9 = i^8 \cdot i = (i^2)^4 i = (-1)^4 i = 1 \cdot i = i$ 　　$i^2 = -1$、$i^4 = 1$ で置き換えると便利

複素数 $a + bi$ と $a - bi$ を、互いに**共役な複素数**という。

複素数 α と共役な複素数を $\overline{\alpha}$ で表す。

互いに共役な複素数 $\alpha = a + bi$ と $\overline{\alpha} = a - bi$ の和と積は、

$$\alpha + \overline{\alpha} = (a + bi) + (a - bi) = a + bi + a - bi = 2a$$

$$\alpha\,\overline{\alpha} = (a + bi)(a - bi) = a^2 - (bi)^2 = a^2 - b^2 i^2$$
$$= a^2 - b^2(-1) = a^2 + b^2$$

で、ともに実数である。

複素数の割り算は、分母と共役な複素数を分母と分子に掛ける（分母の有理化と同じ計算）。

> $(a + b)(a - b) = a^2 - b^2$
> を利用するために
> 分母分子に $(1 + i)$ の共役
> 複素数 $(1 - i)$ をかける

$$\frac{1 - 2i}{1 + i} = \frac{(1 - 2i)(1 - i)}{(1 + i)(1 - i)} = \frac{1 - i - 2i + 2i^2}{1^2 - i^2}$$
$$= \frac{1 - 3i - 2}{1 + 1} = -\frac{1}{2} - \frac{3}{2}i$$

以上のことから、2つの複素数の和・差・積・商は、また複素数になる（このことを、複素数は四則演算に関して**閉じている**という）。まとめると次のようになる。

加法　$(a + bi) + (c + di) = (a + c) + (b + d)i$

減法　$(a + bi) - (c + di) = (a - c) + (b - d)i$

乗法　$(a + bi)(c + di) = (ac - bd) + (ad + bc)i$

除法　$\dfrac{a + bi}{c + di} = \dfrac{ac + bd}{c^2 + d^2} + \dfrac{bc - ad}{c^2 + d^2}i$

さらに、

2つの複素数 α、β に対して、

$\alpha\beta = 0 \iff \alpha = 0$ または $\beta = 0$　　　　　　　(6.5)

が成り立つ。当たり前のように見えるが重要な性質で、これが成り立たないと、方程式を解くときに不便である。

次のように証明することができる。

まず「$\alpha\beta = 0 \implies \alpha = 0$ または $\beta = 0$」を証明しよう。

$\alpha \neq 0$ とすると、$\dfrac{1}{\alpha}$ を $\alpha\beta = 0$ の両辺にかけると、

$$\frac{1}{\alpha} \cdot \alpha\beta = \frac{1}{\alpha} \cdot 0$$

よって $\beta = 0$

同じように $\beta \neq 0$ とすると $\alpha = 0$ となるから、

「$\alpha\beta = 0 \implies \alpha = 0$ または $\beta = 0$」がいえた。

逆に、「$\alpha = 0$ または $\beta = 0 \implies \alpha\beta = 0$」は明らかである。

◎虚数と実数の違い

虚数には実数と違う点がある。それは、

「虚数については、正・負や大小関係は考えない」ということである。

i は正の数、負の数のどちらでもないし、1 と i はどちらが大きいかは答えられない。したがって、**正の数、負の数というときは、数は実数を意味する**。

[i が正でも負でもない理由]

$i > 0$ とすると、両辺に i をかけて $i^2 > 0 \cdot i$

よって $-1 > 0$ となり、不合理

$i < 0$ とすると、両辺に i をかけて $i^2 > 0 \cdot i$

よって $-1 > 0$ となり、不合理

> i は負だから不等号の向きが変わる
> たとえば
> $1 < 2$
> の両辺に -1 をかけると
> $-1 > -2$
> と不等号の向きが変わる

◎負の数の平方根

次に、負の数の平方根について考えよう。

$a > 0$ のとき

> 2乗して a になる数を a の平方根という

$$(\sqrt{a}\, i)^2 = (\sqrt{a})^2 i^2 = a(-1) = -a,$$

$$(-\sqrt{a}\,i)^2 = (-\sqrt{a})^2 i^2 = a(-1) = -a$$

であるから、2乗して $-a$ になる数（つまり、$-a$ の平方根）は、$\sqrt{a}\,i$ と $-\sqrt{a}\,i$ である。

したがって、次のことが成り立つ。

$a>0$ のとき、負の数 $-a$ の平方根は $\sqrt{a}\,i$ と $-\sqrt{a}\,i$ である

そこで、$a>0$ のとき、記号 $\sqrt{-a}$ を次のように定める。

$$\sqrt{-a} = \sqrt{a}\,i \quad \text{とくに} \quad \sqrt{-1} = i$$

たとえば、-12 の平方根は $\quad \pm\sqrt{-12} = \pm\sqrt{12}\,i = \pm 2\sqrt{3}\,i$

ただし、$\sqrt{}$ の計算は、実数の場合と異なることがあるので注意しなければならない。

(1) $\sqrt{-2}\,\sqrt{-3} = \sqrt{2}\,i\,\sqrt{3}\,i$　〔$\sqrt{-a}$ を $\sqrt{a}\,i$ に置き換えてから計算！〕

$$\qquad\qquad\quad = \sqrt{2}\,\sqrt{3}\,i^2 = -\sqrt{6}$$

【注意】 $\sqrt{-2}\,\sqrt{-3} = \sqrt{(-2)\times(-3)} = \sqrt{6}$　〔間違い！〕

(2) $\dfrac{\sqrt{2}}{\sqrt{-3}} = \dfrac{\sqrt{2}}{\sqrt{3}\,i} = \dfrac{\sqrt{2}\cdot\sqrt{3}\,i}{\sqrt{3}\,i\cdot\sqrt{3}\,i} = \dfrac{\sqrt{6}\,i}{3i^2} = \dfrac{\sqrt{6}\,i}{3(-1)} = -\dfrac{\sqrt{6}}{3}\,i$

【注意】 $\dfrac{\sqrt{2}}{\sqrt{-3}} = \sqrt{\dfrac{2}{-3}} = \sqrt{-\dfrac{2}{3}} = \sqrt{\dfrac{2}{3}}\,i = \dfrac{\sqrt{6}}{3}\,i$　〔間違い！〕

一般に虚数の範囲では、$\sqrt{\alpha}\,\sqrt{\beta} \neq \sqrt{\alpha\beta}$、$\dfrac{\sqrt{\beta}}{\sqrt{\alpha}} \neq \sqrt{\dfrac{\beta}{\alpha}}$

2 複素数平面

2乗して0以上にならない虚数は、18世紀になってもなかなか数の仲間と認められなかった。実数は、直線上の点で表されて目で見ることができるが、虚数は数直線上に表せないので目で見られないのも原因の1つであった。

そこで、19世紀前半に、ドイツのガウス（1777〜1855年）は、実数や虚数を含めた複素数を平面上の点として表した。このことにより、虚数の性質が明確になり、虚数は数として認知されるに至った。

◎複素数と平面上の点は1対1に対応する

複素数と平面上の点を次のように対応させる。

複素数 $z = a + bi$ ⟷ 点 $P(a, b)$

このように対応させた平面を**複素数平面**（または**ガウス平面**）という。x軸を**実軸**、y軸を**虚軸**という。

そして、複素数 $z = a + bi$ が表す点Pを、$P(z)$ または $P(a + bi)$ と書く。または、単に**点 z** と呼ぶこともある。

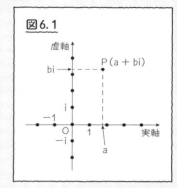

図6.1

◎共役複素数の性質

複素数 $z = a + bi$ に対して、共役複素数を $\bar{z}$ として

$$\bar{z} = a - bi$$
$$-z = -(a + bi) = -a - bi$$
$$-\bar{z} = -(a - bi) = -a + bi$$

であるから、点 $\bar{z}$、$-z$、$-\bar{z}$ を複素数平面上に記すと、図6.2のようになる。

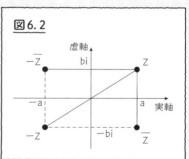

図6.2

よって、次のことが成り立つ。

点 z と点 $\bar{z}$ は実軸に関して対称
点 z と点 $-z$ は原点に関して対称
点 z と点 $-\bar{z}$ は虚軸に関して対称

共役複素数には、次の重要な性質がある。

$$（1）\quad \overline{z+w}=\overline{z}+\overline{w}、\quad \overline{z-w}=\overline{z}-\overline{w}$$

$$（2）\quad \overline{z \times w}=\overline{z} \times \overline{w}、\quad \overline{\left(\dfrac{z}{w}\right)}=\dfrac{\overline{z}}{\overline{w}}$$

このことを証明しよう。

$z=a+bi$、$w=c+di$（a、b、c、dは実数）とおく。

まず、（1）は

$$\overline{z+w}=\overline{(a+bi)+(c+di)}=\overline{(a+c)+(b+d)i}$$
$$=(a+c)-(b+d)i$$
$$\overline{z}+\overline{w}=\overline{(a+bi)}+\overline{(c+di)}=(a-bi)+(c-di)$$
$$=(a+c)-(b+d)i$$

よって、$\overline{z+w}=\overline{z}+\overline{w}$

引き算も同じように示される[注6.1]。

次に、（2）は

$$\overline{z \times w}=\overline{(a+bi)(c+di)}=\overline{(ac-bd)+(bc+ad)i}$$
$$=(ac-bd)-(bc+ad)i$$
$$\overline{z} \times \overline{w}=\overline{(a+bi)} \times \overline{(c+di)}=(a-bi) \times (c-di)$$
$$=(ac-bd)-(bc+ad)i$$

よって、$\overline{z \times w}=\overline{z}+\overline{w}$

割り算も同じように示される[注6.2]。

◎複素数の絶対値

さて、複素数の絶対値について考えよう。実数と同じように原点からの距離で定義する（実数の場合は32ページ（注1.3）参照）。

（注6.1）　$z=a+bi$、$w=c+di$（a、b、c、dは実数）とおく。
$\overline{z-w}=\overline{(a+bi)-(c+di)}=\overline{(a-c)+(b-d)i}=(a-c)-(b-d)i$
$\overline{z}-\overline{w}=\overline{(a+bi)}-\overline{(c+di)}=(a-bi)-(c-di)=(a-c)-(b-d)i$
　　よって　$\overline{z-w}=\overline{z}-\overline{w}$

複素数$z = a + bi$に対して、原点Oと点zの距離をzの**絶対値**といい、$|z|$または、$|a + bi|$で表す。図6.3において、ピタゴラスの定理より、

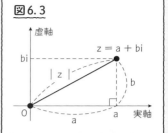

図6.3

$$|z| = |a + bi| = \sqrt{a^2 + b^2}$$

絶対値について、次のことが成り立つ。

(1) $|z| \geqq 0$　とくに　$|z| = 0 \iff z = 0$

(2) $|z| = |\bar{z}|$　　　(3) $|z|^2 = z\bar{z}$

(4) $|zw| = |z||w|$　　(5) $\left|\dfrac{z}{w}\right| = \dfrac{|z|}{|w|}$

このことを示そう。

$z = a + bi$、$w = c + di$とおく。

(1) $|z| = \sqrt{a^2 + b^2} \geqq 0$

特に$|z| = 0 \Leftrightarrow \sqrt{a^2 + b^2} = 0 \Leftrightarrow a = b = 0 \Leftrightarrow z = 0$

(2) $|z| = \sqrt{a^2 + b^2}$、$|\bar{z}| = |a - bi| = \sqrt{a^2 + (-b)^2} = \sqrt{a^2 + b^2}$

よって、$|z| = |\bar{z}|$

(3) $|z|^2 = (\sqrt{a^2 + b^2})^2 = a^2 + b^2$

$z\bar{z} = (a + bi)(a - bi) = a^2 - b^2 i^2 = a^2 + b^2$

よって、$|z|^2 = z\bar{z}$

共役複素数の性質
[2] $\overline{z \times w} = \bar{z} \times \bar{w}$
より

(4) $|zw|^2 = zw \cdot \overline{zw} = z \cdot w \cdot \bar{z} \cdot \bar{w} = z \cdot \bar{z} \cdot w \cdot \bar{w} = |z|^2|w|^2 = (|z||w|)^2$

(注6.2)　$z = a + bi$、$w = c + di$(a, b, c, dは実数) とおく。

$$\overline{\left(\frac{z}{w}\right)} = \overline{\left(\frac{a + bi}{c + di}\right)} = \overline{\left\{\frac{(a + bi)(c - di)}{(c + di)(c - di)}\right\}} = \overline{\left\{\frac{(ac + bd) + (bc - ad)i}{c^2 - d^2 i^2}\right\}}$$

$$= \overline{\left\{\frac{(ac + bd)}{c^2 + d^2} + \frac{(bc - ad)}{c^2 + d^2} i\right\}} = \frac{ac + bd}{c^2 + d^2} - \frac{bc - ad}{c^2 + d^2} i$$

$$\frac{\bar{z}}{\bar{w}} = \frac{\overline{a + bi}}{\overline{c + di}} = \frac{a - bi}{c - di} = \frac{(a - bi)(c + di)}{(c - di)(c + di)} = \frac{(ac + bd) + (-bc + ad)i}{c^2 - d^2 i^2}$$

$$= \frac{(ac + bd) - (bc - ad)i}{c^2 + d^2} = \frac{ac + bd}{c^2 + d^2} - \frac{bc - ad}{c^2 + d^2} i$$

よって　$\overline{\left(\dfrac{z}{w}\right)} = \dfrac{\bar{z}}{\bar{w}}$

$$|zw| \geqq 0、\ |z||w| \geqq 0 \quad だから \quad |zw| = |z||w|$$

(5)
$$\left|\frac{z}{w}\right|^2 = \left(\frac{z}{w}\right)\cdot\overline{\left(\frac{z}{w}\right)} = \frac{z}{w}\cdot\frac{\overline{z}}{\overline{w}} = \frac{z\,\overline{z}}{w\,\overline{w}} = \frac{|z|^2}{|w|^2} = \left(\frac{|z|}{|w|}\right)^2$$

$$\left|\frac{z}{w}\right| \geqq 0、\ \frac{|z|}{|w|} \geqq 0 \quad だから \quad \left|\frac{z}{w}\right| = \frac{|z|}{|w|}$$

◎複素数平面上の距離

　最後に、複素数平面上の2点間の距離を表すことを考えよう。

　2点をP(z)、Q(w)とし、$z = a + bi$、$w = c + di$とする。

　図6.4から、ピタゴラスの定理より、

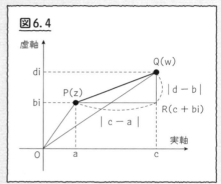

図6.4

$$PQ^2 = (c - a)^2 + (d - b)^2$$

よって、

$$PQ = \sqrt{(c - a)^2 + (d - b)^2} \quad \cdots\cdots①$$

　一方、
$$w - z = (c + di) - (a + bi)$$
$$= (c - a) + (d - b)i\ だから、$$

$$|w - z| = \sqrt{(c - a)^2 + (d - b)^2} \quad \cdots\cdots②$$

①、②より　$PQ = |w - z|$

2点P(z)とQ(w)の距離PQは　$PQ = |w - z|$

3　オイラーの公式

オイラーの公式「$e^{ix} = \cos x + i \sin x$」の左辺には、$e^{ix}$がある。今まで

は、指数関数 e^x の変数 x には実数が入った。つまり、実数の世界での指数関数 e^x を考えていた。ところが、オイラーの公式では、e の ix 乗と、指数が虚数になっている。このことは、虚数の世界での指数関数を考えなければならないことを示している。そこで、虚数の世界での指数関数を見ていくことにしよう。

◎ e^i とは

まず、指数が虚数 i である数 e^i（e の i 乗）はどのような数を表しているのか考えよう。

実数をとる変数 x（これを**実変数**という）としたときの関数 e^x のベキ級数展開は、

$$e^x = \sum_{n=0}^{\infty} \frac{1}{n!} x^n \qquad (6.6)$$

> $n = 0$ のとき
> $\dfrac{1}{0!}$ となるが、$0! = 1$
> （139ページ参照）なので、
> $\dfrac{1}{0!} = \dfrac{1}{1} = 1$ である

であった。

ここで、この x に虚数 i を、形式的に代入すると、

$$e^i = \sum_{n=0}^{\infty} \frac{1}{n!} i^n \qquad (6.7)$$

となる。左辺の e^i の意味はわからないが、右辺は計算でき、1つの数を表しそうである。そこで、右辺を計算しよう。ここでは、和の記号 Σ を用いて計算する。

Σ の計算は慣れると便利であるが、慣れるまでわかりにくい。そのようなときは、具体的な和の形で表してみると理解しやすくなる。そこで、ここでは具体的な式も示しながら計算しよう。

$$e^i = \sum_{n=0}^{\infty} \frac{1}{n!} i^n \qquad \boxed{1 + \frac{1}{1!}i + \frac{1}{2!}i^2 + \frac{1}{3!}i^3 + \frac{1}{4!}i^4 + \frac{1}{5!}i^5 + \frac{1}{6!}i^6 + \frac{1}{7!}i^7 + \cdots\cdots}$$

$$= \sum_{k=0}^{\infty} \left\{ \frac{1}{(4k)!} i^{4k} + \frac{1}{(4k+1)!} i^{4k+1} + \frac{1}{(4k+2)!} i^{4k+2} + \frac{1}{(4k+3)!} i^{4k+3} \right\}$$

$\boxed{\begin{array}{l} i^0 = 1,\ i^1 = i,\ i^2 = -1,\ i^3 = i^2 \cdot i = -i \text{ で } i^4 = i^2 \cdot i^2 = (-1)\cdot(-1) = 1 \\ \text{と 1 にもどるから、4 個ずつの組にする。} \\ = \left(1 + \frac{1}{1!}i + \frac{1}{2!}i^2 + \frac{1}{3!}i^3\right) + \left(\frac{1}{4!}i^4 + \frac{1}{5!}i^5 + \frac{1}{6!}i^6 + \frac{1}{7!}i^7\right) + \cdots\cdots \end{array}}$

$$= \sum_{k=0}^{\infty} \left\{ \frac{1}{(4k)!} \cdot 1 + \frac{1}{(4k+1)!} \cdot i + \frac{1}{(4k+2)!} \cdot (-1) + \frac{1}{(4k+3)!} \cdot (-i) \right\}$$

$\boxed{\begin{array}{l} i^{4k} = (i^4)^k = 1^k = 1,\ i^{4k+1} = i^{4k} \cdot i = 1 \cdot i = i,\ i^{4k+2} = i^{4k} \cdot i^2 = 1 \cdot (-1) = -1, \\ i^{4k+3} = i^{4k} \cdot i^3 = 1 \cdot (-i) = -i \text{ となるから、} \\ = \left\{1 + \frac{1}{1!}i + \frac{1}{2!}(-1) + \frac{1}{3!}(-i)\right\} + \left\{\frac{1}{4!}1 + \frac{1}{5!}i + \frac{1}{6!}(-1) + \frac{1}{7!}(-i)\right\} + \cdots\cdots \end{array}}$

$$= \sum_{k=0}^{\infty} \left[\left\{ \frac{1}{(4k)!} - \frac{1}{(4k+2)!} \right\} + \left\{ \frac{1}{(4k+1)!} - \frac{1}{(4k+3)!} \right\} \cdot i \right]$$

$\boxed{\begin{array}{l} i \text{ がついていない項とついている項に分ける} \\ = \left[\left\{1 - \frac{1}{2!}\right\} + \left\{\frac{1}{1!} - \frac{1}{3!}\right\}i\right] + \left[\left\{\frac{1}{4!} - \frac{1}{6!}\right\} + \left\{\frac{1}{5!} - \frac{1}{7!}\right\}i\right] + \cdots\cdots \end{array}}$

$$= \underbrace{\sum_{k=0}^{\infty} \left\{ \frac{1}{(4k)!} - \frac{1}{(4k+2)!} \right\}}_{(実部)} + \underbrace{\sum_{k=0}^{\infty} \left\{ \frac{1}{(4k+1)!} - \frac{1}{(4k+3)!} \right\} \cdot i}_{(虚部)}$$

$\boxed{\text{実部と虚部に分ける}}$ $\cdots\cdots(*)$

ここで、最後の式 (*) の値を求めるために、実部と虚部を具体的に書くと、

$$(実部) = \sum_{k=0}^{\infty} \left\{ \frac{1}{(4k)!} - \frac{1}{(4k+2)!} \right\}$$

$$= \left\{ \frac{1}{(4\cdot0)!} - \frac{1}{(4\cdot0+2)!} \right\} + \left\{ \frac{1}{(4\cdot1)!} - \frac{1}{(4\cdot1+2)!} \right\}$$

（上の式の波括弧上部に $k=0$、$k=1$ の吹き出し）

$$\boxed{\frac{1}{0!} = \frac{1}{1} = 1} + \left\{ \frac{1}{(4 \cdot 2)!} - \frac{1}{(4 \cdot 2 + 2)!} \right\} + \cdots\cdots$$

（上の吹き出し：$k = 2$）

$$= 1 - \frac{1}{2!} + \frac{1}{4!} - \frac{1}{6!} + \frac{1}{8!} - \frac{1}{10!} + \cdots\cdots$$

虚部についても、k に 0、1、2、……を代入すると、

$$(虚部) = \sum_{k=0}^{\infty} \left\{ \frac{1}{(4k+1)!} - \frac{1}{(4k+3)!} \right\}$$

$$= \frac{1}{1!} - \frac{1}{3!} + \frac{1}{5!} - \frac{1}{7!} + \frac{1}{9!} - \frac{1}{11!} + \cdots\cdots$$

となる。結局、最後の式（＊）は、

$$e^{i} = \sum_{n=0}^{\infty} \frac{1}{n!} i^{n} = \left(1 - \frac{1}{2!} + \frac{1}{4!} - \frac{1}{6!} + \cdots\cdots \right)$$

$$+ \left(\frac{1}{1!} - \frac{1}{3!} + \frac{1}{5!} - \frac{1}{7!} + \cdots\cdots \right) i$$

となる。

　この最後の式（＊）の実部と虚部にある無限級数は収束する。すなわち、ある1つの数に限りなく近づいて行く。その数は何か？　具体的に計算してみると、次のようになる。

$$(実部) \quad 1 - \frac{1}{2!} = 0.5$$

$$1 - \frac{1}{2!} + \frac{1}{4!} = 0.5416666\cdots\cdots$$

$$1 - \frac{1}{2!} + \frac{1}{4!} - \frac{1}{6!} = 0.5402777\cdots\cdots$$

$$1 - \frac{1}{2!} + \frac{1}{4!} - \frac{1}{6!} + \frac{1}{8!} = 0.5403025\cdots\cdots$$

$$\downarrow \qquad\qquad\qquad \downarrow$$

$$1 - \frac{1}{2!} + \frac{1}{4!} - \frac{1}{6!} + \frac{1}{8!} + \cdots\cdots = 0.5403023\cdots\cdots$$

（虚部） $\dfrac{1}{1!} - \dfrac{1}{3!} = 0.833333333\cdots\cdots$

$\dfrac{1}{1!} - \dfrac{1}{3!} + \dfrac{1}{5!} = 0.8416666\cdots\cdots$

$\dfrac{1}{1!} - \dfrac{1}{3!} + \dfrac{1}{5!} - \dfrac{1}{7!} = 0.8414682\cdots\cdots$

$\dfrac{1}{1!} - \dfrac{1}{3!} + \dfrac{1}{5!} - \dfrac{1}{7!} + \dfrac{1}{9!} = 0.8414434\cdots\cdots$

$\downarrow \qquad\qquad\qquad\qquad\qquad\qquad \downarrow$

$= \dfrac{1}{1!} - \dfrac{1}{3!} + \dfrac{1}{5!} - \dfrac{1}{7!} + \dfrac{1}{9!} - \cdots\cdots = 0.8414709\cdots\cdots$

すなわち、

> 実は、この値は $\cos 1$ に等しい。オイラーの公式からわかる

$$（実部）= 1 - \dfrac{1}{2!} + \dfrac{1}{4!} - \dfrac{1}{6!} + \dfrac{1}{8!} - \cdots\cdots = 0.5403023\cdots\cdots$$

$$（虚部）= \dfrac{1}{1!} - \dfrac{1}{3!} + \dfrac{1}{5!} - \dfrac{1}{7!} + \dfrac{1}{9!} - \cdots\cdots = 0.8414709\cdots\cdots$$

> 実は、この値は $\sin 1$ に等しい。オイラーの公式からわかる

である。

したがって、

$$e^{i} = \sum_{n=0}^{\infty} \dfrac{1}{n!} i^{n} = (0.5403023\cdots\cdots) + (0.8414709\cdots\cdots)i \quad (6.8)$$

となる。この値を、虚数の世界の e の i 乗の値とする。

このように、e^{i} という数を無限級数(6.8) で定義する。同じように、複素数をとる変数 z（これを**複素変数**という）の指数関数 e^{z} をベキ級数で定義することにする。

今まで実変数 x の指数関数 e^{x} をベキ級数展開してきたが、発想を転換して、z が複素変数のとき、e^{z}（e の z 乗）をベキ級数で次のように定義する。

$$e^{z} = \sum_{n=0}^{\infty} \dfrac{1}{n!} z^{n} = 1 + \dfrac{1}{1!} z + \dfrac{1}{2!} z^{2} + \dfrac{1}{3!} z^{3} + \dfrac{1}{4!} z^{4} + \cdots\cdots$$

このように定義にすると、zが実変数xのときは、今までと同じ指数関数e^xになる。

三角関数についても、同じように、ベキ級数で定義し直す。

複素変数zに対して、e^z、$\sin z$、$\cos z$を次のように定義する。

$$e^z = \sum_{n=0}^{\infty} \frac{1}{n!} z^n = 1 + \frac{1}{1!} z + \frac{1}{2!} z^2 + \frac{1}{3!} z^3 + \frac{1}{4!} z^4 + \cdots\cdots \quad (6.9)$$

$$\sin z = \sum_{n=0}^{\infty} \frac{(-1)^n}{(2n+1)!} z^{2n+1} = z - \frac{1}{3!} z^3 + \frac{1}{5!} z^5 - \frac{1}{7!} z^7 + \cdots\cdots \quad (6.10)$$

$$\cos z = \sum_{n=0}^{\infty} \frac{(-1)^n}{(2n)!} z^{2n} = 1 - \frac{1}{2!} z^2 + \frac{1}{4!} z^4 - \frac{1}{6!} z^6 + \cdots\cdots \quad (6.11)$$

実変数のベキ級数で成り立つことは、複素変数にしても成り立つことがわかっているので、同じように計算することができる。

実数の世界と虚数の世界を合わせた世界が複素数の世界である。これで、実数の世界から複素数の世界に広げたときの指数関数e^z、三角関数$\sin z$、$\cos z$が定義できた。

◎ e^z の指数法則

複素数の世界の指数関数e^zはベキ級数(6.9)で定義された。このように定義した指数関数e^zが、複素数の世界でも指数法則$e^z \times e^w = e^{z+w}$が成り立たないと困る。そこで、この指数法則が複素数の世界でも成り立つか調べよう。ここでも、Σを用いて計算するが、わかりやすくするために具体的な式も書いておこう。

(6.9)より$e^z = \sum_{k=0}^{\infty} \frac{1}{k!} z^k$、$e^w = \sum_{m=0}^{\infty} \frac{1}{m!} w^m$とおく。

$$e^z e^w = \sum_{k=0}^{\infty} \frac{1}{k!} z^k \sum_{m=0}^{\infty} \frac{1}{m!} w^m$$

$$= \left(1 + \frac{1}{1!}z + \frac{1}{2!}z^2 + \frac{1}{3!}z^3 + \cdots\cdots\right)\left(1 + \frac{1}{1!}w + \frac{1}{2!}w^2 + \frac{1}{3!}w^3 + \cdots\cdots\right)$$

$$= \sum_{k=0}^{\infty} \left(\frac{1}{k!} z^k \sum_{m=0}^{\infty} \frac{1}{m!} w^m\right)$$

分配法則

$\dfrac{1}{0!} z^0$

$(a+b)\,(c+d) = a(c+d)$
$\qquad\qquad\qquad + b(c+d)$ より

$$= 1 \cdot \left(1 + \frac{1}{1!}w + \frac{1}{2!}w^2 + \frac{1}{3!}w^3 + \cdots\cdots\right)$$

$$+ \frac{1}{1!}z \cdot \left(1 + \frac{1}{1!}w + \frac{1}{2!}w^2 + \frac{1}{3!}w^3 + \cdots\cdots\right)$$

$$+ \frac{1}{2!}z^2 \cdot \left(1 + \frac{1}{1!}w + \frac{1}{2!}w^2 + \frac{1}{3!}w^3 + \cdots\cdots\right)$$

$$+ \frac{1}{3!}z^3 \cdot \left(1 + \frac{1}{1!}w + \frac{1}{2!}w^2 + \frac{1}{3!}w^3 + \cdots\cdots\right)$$

$$\cdots\cdots\cdots\cdots\cdots$$

$$= \sum_{k=0}^{\infty} \sum_{m=0}^{\infty} \frac{1}{k!m!} z^k w^m$$

分配法則
　　$(a+b)\,(c+d) = a(c+d) + b(c+d) = ac + ad + bc + bd$
で展開する。

$\qquad\qquad n=0 \quad n=1 \quad n=2 \qquad n=3$ （ここで、$n=k+m$）

$$= \quad 1 + \frac{1}{1!}w + \frac{1}{2!}w^2 + \frac{1}{3!}w^3 + \cdots\cdots \qquad\qquad \leftarrow k=0 \text{の行}$$

$$+ \frac{1}{1!}z + \frac{1}{1!1!}zw + \frac{1}{1!2!}zw^2 + \frac{1}{1!3!}zw^3 + \cdots\cdots \qquad \leftarrow k=1 \text{の行}$$

$$+ \frac{1}{2!}z^2 + \frac{1}{2!1!}z^2 w + \frac{1}{2!2!}z^2 w^2 + \frac{1}{2!3!}z^2 w^3 + \cdots\cdots \qquad \leftarrow k=2 \text{の行}$$

$$+ \frac{1}{3!}z^3 + \frac{1}{3!1!}z^3 w + \frac{1}{3!2!}z^3 w^2 + \frac{1}{3!3!}z^3 w^3 + \cdots\cdots \qquad \leftarrow k=3 \text{の行}$$

$\qquad \vdots \qquad\qquad \vdots \qquad\qquad \vdots \qquad\qquad \vdots$
$\qquad \uparrow \qquad\qquad \uparrow \qquad\qquad \uparrow \qquad\qquad \uparrow$
$\quad m=0 \qquad m=1 \qquad m=2 \qquad m=3$
$\quad \text{の列} \qquad \text{の列} \qquad \text{の列} \qquad \text{の列}$

$$= \sum_{n=0}^{\infty} \sum_{\substack{k+m=n \\ 0 \le k \le n \\ 0 \le m \le n}} \frac{1}{k!m!} z^{\mathrm{k}} w^{\mathrm{m}}$$

記号 $\displaystyle\sum_{\substack{k+m=n \\ 0 \le k \le n \\ 0 \le m \le n}}$ は、0 以上 n 以下の整数 k、m が $k+m=n$ を満たす組合せ

のすべての項を足し算することを表す。このことは、すぐ前の吹き出しの赤い点線に沿って足し算することを表している。

$$= \underbrace{\frac{1}{n=0}}_{n=0} + \underbrace{\left(\frac{1}{1!} z + \frac{1}{1!} w \right)}_{n=1} + \underbrace{\left(\frac{1}{2!} z^2 + \frac{1}{1!1!} zw + \frac{1}{2!} w^2 \right)}_{n=2}$$

$$+ \underbrace{\left(\frac{1}{3!} z^3 + \frac{1}{2!1!} z^2 w + \frac{1}{1!2!} zw^2 + \frac{1}{3!} w^3 \right)}_{n=3} + \cdots$$

$$= \sum_{n=0}^{\infty} \frac{1}{n!} \sum_{\substack{k+m=n \\ 0 \le k \le n \\ 0 \le m \le n}} \frac{n!}{k!m!} z^{\mathrm{k}} w^{\mathrm{m}}$$

$n!$ を分母分子にかけ算する

$$= \frac{1}{0!} \cdot 0! + \frac{1}{1!}\left(\frac{1!}{1!} z + \frac{1!}{1!} w \right) + \frac{1}{2!}\left(\frac{2!}{2!} z^2 + \frac{2!}{1!1!} zw + \frac{2!}{2!} w^2 \right)$$

$$+ \frac{1}{3!}\left(\frac{3!}{3!} z^3 + \frac{3!}{2!1!} z^2 w + \frac{3!}{1!2!} zw^2 + \frac{3!}{3!} w^3 \right) + \cdots$$

$$= 1 + (z + w) + \frac{1}{2!}(z + 2zw + w^2)$$

$$+ \frac{1}{3!}(z^3 + 3z^2 w + 3zw^2 + w^3) + \cdots$$

285

$$= \sum_{n=0}^{\infty} \frac{1}{n!}(z+w)^n$$

$1 = (z+w)^0$、$z+w = (z+w)^1$、$z^2 + 2zw + w^2 = (z+w)^2$、
$z^3 + 3z^2w + 3zw^2 + w^3 = (z+w)^3$、……
で、一般に

$$\sum_{\substack{k+m=n \\ 0 \le k \le n \\ 0 \le m \le n}} \frac{n!}{k!m!} z^k w^m$$

$$= \frac{n!}{n!} z^n + \frac{n!}{(n-1)!1!} z^{n-1} w^1 + \frac{n!}{(n-2)!2!} z^{n-2} w^2 + \frac{n!}{(n-3)!3!} z^{n-3} w^3$$

$$+ \cdots\cdots + \frac{n!}{1!(n-1)!} z^1 w^{n-1} + \frac{n!}{n!} w^n$$

$$= (z+w)^n$$

が成り立つ。これを**二項定理**という。

$$= 1 + (z+w) + \frac{1}{2!}(z+w)^2 + \frac{1}{3!}(z+w)^3 + \cdots\cdots$$

$$= e^{z+w} \qquad \text{(6.9) の } z \text{ を } (z+w) \text{ に置き換えた式}$$

したがって、$e^z \times e^w = e^{z+w}$ が成り立つことがわかる。

次に、整数 n について、$(e^z)^n = e^{nz}$ が成り立つか調べよう。

① $(e^z)^1 = e^z = e^{1 \cdot z}$

$(e^z)^2 = e^z \times e^z = e^{z+z} = e^{2z}$

$(e^z)^3 = (e^z)^2 \times e^z = e^{2z} \times e^z = e^{2z+z} = e^{3z}$

$(e^z)^4 = (e^z)^3 \times e^z = e^{3z} \times e^z = e^{3z+z} = e^{4z}$

このことを続けていけば、k が自然数のとき、

$$(e^z)^k = e^{kz} \qquad\qquad (6.12)$$

が成り立つことがわかる。

② 0乗 $(e^z)^0$ とマイナス乗 $(e^z)^{-k}$ について調べよう。

一般に実数の場合と同様に、自然数 k と複素数 z に対して

$$z^0 = 1、\quad z^{-k} = \frac{1}{z^k}$$

と定義する。

$(e^z)^0 = 1$ であり、$e^{0 \cdot z} = e^0 = 1$ であるから、

$$(e^z)^0 = e^{0 \cdot z} \tag{6.13}$$

また、マイナス乗では、

$$(e^z)^{-k} = \frac{1}{(e^z)^k} = \frac{1}{e^{kz}} = e^{-kz}$$

よって、$(e^z)^{-k} = e^{-kz}$ $\tag{6.14}$

(6.12)、(6.13)、(6.14) より、

整数 n に対して、$(e^z)^n = e^{nz}$ が成り立つ。

したがって、複素数の世界でも、次の指数法則が成り立つことがわかった。

複素数 z、w、整数 n について、
$$e^z \times e^w = e^{z+w}, \qquad (e^z)^n = e^{nz}$$

◎オイラーの公式

さて、いよいよオイラーの公式「$e^{ix} = \cos x + i \sin x$」を導く。
280ページで e^i の値を求めたときと同じように計算する。

複素数の世界の指数関数 (6.9) の z に ix を代入すると、

$$e^{ix} = \sum_{n=0}^{\infty} \frac{1}{n!}(ix)^n = \sum_{n=0}^{\infty} \frac{1}{n!} i^n x^n$$

（4個ずつの組に分ける）

$$= \sum_{k=0}^{\infty} \left\{ \frac{1}{(4k)!} i^{4k} x^{4k} + \frac{1}{(4k+1)!} i^{4k+1} x^{4k+1} + \frac{1}{(4k+2)!} i^{4k+2} x^{4k+2} \right.$$
$$\left. + \frac{1}{(4k+3)!} i^{4k+3} x^{4k+3} \right\}$$

$i^{4k} = (i^4)^k = 1k = 1$, $i^{4k+1} = i^{4k} \cdot i = 1 \cdot i = i$、
$i^{4k+2} = i^{4k} \cdot i^2 = 1 \cdot (-1) = -1$、
$i^{4k+3} = i^{4k} \cdot i^3 = 1 \cdot (-i) = -i$ を用いる

$$= \sum_{k=0}^{\infty} \left\{ \frac{1}{(4k)!} \cdot 1 x^{4k} + \frac{1}{(4k+1)!} i \cdot x^{4k+1} + \frac{1}{(4k+2)!} \cdot (-1) x^{4k+2} + \frac{1}{(4k+3)!} \cdot (-i) x^{4k+3} \right\}$$

i がついていない項とついている項に分ける

$$= \sum_{k=0}^{\infty} \left[\left\{ \frac{1}{(4k)!} x^{4k} - \frac{1}{(4k+2)!} x^{4k+2} \right\} + \left\{ \frac{1}{(4k+1)!} x^{4k+1} - \frac{1}{(4k+3)!} x^{4k+3} \right\} \cdot i \right]$$

$$= \underbrace{\sum_{k=0}^{\infty} \left\{ \frac{1}{(4k)!} x^{4k} - \frac{1}{(4k+2)!} x^{4k+2} \right\}}_{\text{(実部)}}$$

実部と虚部に分ける

$$+ \underbrace{\sum_{k=0}^{\infty} \left\{ \frac{1}{(4k+1)!} x^{4k+1} - \frac{1}{(4k+3)!} x^{4k+3} \right\} \cdot i}_{\text{(虚部)}} \qquad (6.15)$$

　ここまでは、280ページの e^i の値を求めるときの計算と同じである。ここから、(6.15) の実部と虚部を次のように書き換える。

$$(\text{実部}) = \sum_{k=0}^{\infty} \left\{ \frac{1}{(4k)!} x^{4k} - \frac{1}{(4k+2)!} x^{4k+2} \right\}$$

$(-1)^{2k} = 1$ 　　　$(-1)^{2k+1} = -1$

$$= \sum_{k=0}^{\infty} \left\{ \frac{(-1)^{2k}}{\{2(2k)\}!} x^{2(2k)} + \frac{(-1)^{2k+1}}{\{2(2k+1)\}!} x^{2(2k+1)} \right\}$$

$k = 0$、1、2、… を代入して具体的にかくと
$$= \left\{ \frac{(-1)^0}{(2 \cdot 0)!} x^{2 \cdot 0} + \frac{(-1)^1}{(2 \cdot 1)!} x^{2 \cdot 1} \right\} + \left\{ \frac{(-1)^2}{(2 \cdot 2)!} x^{2 \cdot 2} + \frac{(-1)^3}{(2 \cdot 3)!} x^{2 \cdot 3} \right\}$$
$$+ \left\{ \frac{(-1)^4}{(2 \cdot 4)!} x^{2 \cdot 4} + \frac{(-1)^5}{(2 \cdot 5)!} x^{2 \cdot 5} \right\} + \cdots\cdots$$
となる。矢印の数字が 0、1、2、3、… の順に現れるので、これらの数を n と置き換えて Σ を使って書き表す。

$$= \sum_{n=0}^{\infty} \frac{(-1)^n}{(2n)!} x^{2n} \qquad (6.16)$$

虚部についても同じように計算する[注6.3]と、

$$(\text{虚部}) = \sum_{n=0}^{\infty} \frac{(-1)^n}{(2n+1)!} x^{2n+1} \tag{6.17}$$

となる。結局、(6.15) に (6.16) と (6.17) を代入すると、

$$e^{ix} = \sum_{n=0}^{\infty} \frac{(-1)^n}{(2n)!} x^{2n} + i \sum_{n=0}^{\infty} \frac{(-1)^n}{(2n+1)!} x^{2n+1}$$

となる。ここで、141ページと142ページで見たきたように、

$$\cos x = \sum_{n=0}^{\infty} \frac{(-1)^n}{(2n)!} x^{2n} \qquad \sin x = \sum_{n=0}^{\infty} \frac{(-1)^n}{(2n+1)!} x^{2n+1}$$

である。したがって、オイラーの公式

$$e^{ix} = \cos x + i \sin x$$

が成り立つことがわかった。

　このオイラーの公式から、驚くべきことに指数 $y = e^{ix}$ は周期 2π の周期関数であることがわかる。

　実数の世界の指数関数は、もちろん周期関数ではない。このことはグラフを見ればわかる（図6.5）。実数の世界の指数関数 $y = e^x$ は、単調に増加するグラフを持ち、どう見ても同じ形の曲線が繰り返し現れる周期関数のグラフには見

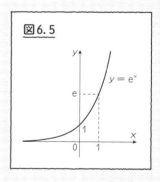

図6.5

(注6.3)
$$\begin{aligned}
(\text{虚部}) &= \sum_{k=0}^{0} \left\{ \frac{(-1)^{2k}}{(4k+1)!} x^{4k+1} + \frac{(-1)^{2k+1}}{(4k+3)!} x^{4k+3} \right\} \\
&= \sum_{k=0}^{0} \left\{ \frac{(-1)^{2k}}{\{2(2k)+1\}!} x^{2(2k)+1} + \frac{(-1)^{2k+1}}{\{2(2k+1)+1\}!} x^{2(2k+1)+1} \right\} \\
&= \sum_{n=0}^{0} \frac{(-1)^{2k}}{(2n+1)!} x^{2n+1}
\end{aligned}$$

えない。それが、複素数の世界まで広げると周期関数になってしまうのだ。

指数関数 $y = e^{ix}$ が周期 2π の周期関数であることは、次のようにしてわかる。

$$e^{i(x+2\pi)} = \cos(x + 2\pi) + i\sin(x + 2\pi)$$
$$= \cos x + i\sin x = e^{ix}$$

であるから、x が 2π 増えても y の値は変わらない。

◎ e^{ix} の微分・積分

オイラーの公式「$e^{ix} = \cos x + i\sin x$」からわかるように、$e^{ix}$ の値は複素数である。すなわち、実数 x に対して複素数 e^{ix} をとる関数である。今まで考えてきた関数 $f(x)$ の値は実数であったので、複素数の値をとる関数についての微分・積分を考える必要がある。

実変数 x に対して、複素数の値をとる関数
$$f(x) = u(x) + iv(x) \quad (u(x)、v(x) \text{ は実数値をとる関数})$$
の導関数を求めよう。

x は実数であるから、122ページの導関数の定義式 (3.8) を用いて、

$$
\begin{aligned}
f'(x) &= \lim_{h \to 0} \frac{f(x+h) - f(x)}{h} \\
&= \lim_{h \to 0} \frac{\{u(x+h) + iv(x+h)\} - \{u(x) + iv(x)\}}{h} \\
&= \lim_{h \to 0} \frac{\{u(x+h) - u(x)\} + i\{v(x+h) - v(x)\}}{h} \\
&= \lim_{h \to 0} \left\{ \frac{u(x+h) - u(x)}{h} + i\frac{v(x+h) - v(x)}{h} \right\} \\
&= \lim_{h \to 0} \frac{u(x+h) - u(x)}{h} + i\lim_{h \to 0} \frac{v(x+h) - v(x)}{h} \\
&= u'(x) + iv'(x)
\end{aligned}
$$

したがって、

$f(x) = u(x) + iv(x)$ を x で微分すると、

$$f'(x) = \{u(x) + iv(x)\}' = u'(x) + iv'(x) \tag{6.18}$$

となる。

とくに、$u(x) = 0$ ならば、(6.18) より、

$$f'(x) = \{0 + iv(x)\}' = 0 + iv'(x)$$

だから、

$$\{iv(x)\}' = iv'(x) \tag{6.19}$$

となる。

この 2 式 (6.18) と (6.19) から、複素数の値をとる関数を実変数 x で微分するとき、i は実数の定数と同じ扱いができることがわかる。

それでは、a, b が実数のとき、関数 $e^{(a+ib)x}$ を x で微分しよう。

$$\begin{aligned}
\{e^{(a+ib)x}\}' &= \{e^{ax+ibx}\}' = (e^{ax} \cdot e^{ibx})' \\
&= (e^{ax})' \cdot e^{ibx} + e^{ax} \cdot (e^{ibx})' \quad \cdots\cdots①
\end{aligned}$$

積の微分

ここで、

$$(e^{ax})' = ae^{ax} \quad \cdots\cdots②$$

(5.13) $(e^{ax+b})' = ae^{ax+b}$ で $b = 0$ にした場合

$$\begin{aligned}
(e^{ibx})' &= (e^{ibx})' = (\cos bx + i \sin bx)' \\
&= (\cos bx)' + i(\sin bx)'
\end{aligned}$$

オイラーの公式

$-1 = i^2$

$$\begin{aligned}
&= -b \sin bx + ib \cos bx \\
&= i^2 b \sin bx + ib \cos bx \\
&= ib(i \sin bx + \cos bx) \\
&= ib(\cos bx + i \sin bx) \\
&= ibe^{ibx} \quad \cdots\cdots③
\end{aligned}$$

ib をくくり出す

②、③を①に代入して、

$$\{e^{(a+ib)x}\}' = ae^{ax} \cdot e^{ibx} + e^{ax} \cdot ibe^{ibx}$$
$$= (a+ib)e^{ax} \cdot e^{ibx}$$
$$= (a+ib)e^{ax+ibx} = (a+ib)e^{(a+ib)x}$$

よって、

$$\{e^{(a+ib)x}\}' = (a+ib)e^{(a+ib)x} \qquad (6.20)$$

が成り立つ。

(6.20) は、変数 x の係数が複素数でも、実数の場合の微分の公式 $(e^{ax})'$ $= ae^{ax}$ と同じように扱えること示している。

また、③から

$$\{e^{ibx}\}' = ibe^{ibx} \qquad (6.21)$$

実変数 x に対して、複素数の値をとる関数

$$f(x) = u(x) + iv(x) \quad (u(x)、v(x) は実数値をとる関数)$$

の不定積分を求めよう。

$u(x)$ と $v(x)$ の不定積分の 1 つをそれぞれ、$U(x)$ と $V(x)$ をとし、$F(x) = U(x) + iV(x)$ とおく。

$$F'(x) = U'(x) + iV'(x) = u(x) + iv(x) = f(x)$$

であるから、$F(x)$ は $f(x)$ の不定積分の 1 つである。

したがって、

$$\int f(x)dx = F(x) + C \quad (C は積分定数で複素数である)$$

すなわち、

$$\int \{u(x) + iv(x)\}dx = U(x) + iV(x) + C$$

$f(x) = u(x) + iv(x)$
$F(x) = U(x) + iV(x)$
だから

よって、

$$\int \{u(x) + iv(x)\}dx = \int u(x)dx + i\int v(x)dx \qquad (6.22)$$

$U(x)$ は $u(x)$、$V(x)$ は $v(x)$ の不定積分の 1 つ

が成り立つ。

とくに、$u(x) = 0$ のときは、(6.22) より

$$\int \{0 + iv(x)\}dx = \int 0dx + i\int v(x)dx$$

よって、

$$\int \{iv(x)\}dx = i\int v(x)dx \qquad (6.23)$$

この2式 (6.22) と (6.23) から、複素数の値をとる関数を実変数 x で積分するとき、i は実数の定数と同じ扱いができることがわかる。

それでは、関数 $e^{(a+ib)x}$ を x で積分しよう。

(6.20) $\{e^{(a+ib)x}\}' = (a+ib)e^{(a+ib)x}$ より

$$\left\{\frac{1}{a+ib}e^{(a+ib)x}\right\}' = \frac{1}{a+ib}\{e^{(a+ib)x}\}' = \frac{1}{a+ib}\cdot(a+ib)e^{(a+ib)x}$$
$$= e^{(a+ib)x}$$

であるから、$\dfrac{1}{a+ib}e^{(a+ib)x}$ は $e^{(a+ib)x}$ の不定積分である。

よって、

$$\int e^{(a+ib)x}dx = \frac{1}{a+ib}e^{(a+ib)x} + C \qquad (6.24)$$

(6.24) は、変数 x の係数が複素数でも、実数の場合の積分の公式 $\int e^{ax}dx = \dfrac{1}{a}e^{ax} + C$ と同じように扱えること示している。

とくに、(6.24) で $a = 0$ とすると、

$$\int e^{ibx}dx = \frac{1}{ib}e^{ibx} + C \qquad (6.25)$$

が成り立つ。

4 区分的に滑らかな周期2πの周期関数の複素フーリエ級数

第4章では、定数と$\sin nx$、$\cos nx$の和としてのフーリエ級数

$$f(x) = \frac{1}{2}a_0 + \sum_{n=1}^{\infty}(a_n \cos nx + b_n \sin nx) \tag{6.26}$$

> $n=1$に注意。ここでのnは自然数

$$a_0 = \frac{1}{\pi}\int_{-\pi}^{\pi}f(x)dx \tag{6.27}a$$

$$a_n = \frac{1}{\pi}\int_{-\pi}^{\pi}f(x)\cos nx\,dx \tag{6.27}b$$

$$b_n = \frac{1}{\pi}\int_{-\pi}^{\pi}f(x)\sin nx\,dx \tag{6.27}c$$

（nは自然数）

を見てきた。しかし、フーリエ級数がフーリエ変換に進化するためには、$\sin nx$と$\cos nx$の代わりに、e^{inx}を用いて、

$$f(x) = \sum_{n=-\infty}^{\infty}c_n e^{inx} \tag{6.28}$$

> $n=-\infty$に注意。ここでのnは整数

$$c_n = \frac{1}{2\pi}\int_{-\pi}^{\pi}f(x)e^{-inx}dx \quad (n\text{は整数}) \tag{6.29}$$

と書き換えなければならない。この（6.28）を複素フーリエ級数展開といい、（6.28）の右辺を$f(x)$の複素フーリエ級数、c_nを複素フーリエ係数という。今までのフーリエ級数(6.26)の右辺を$f(x)$の実フーリエ級数、フーリエ係数(6.27)a〜cを実フーリエ係数ということもある。

この書き換えによって、フーリエ級数がフーリエ変換に進化することができる。さらに、$\sin nx$、$\cos nx$よりe^{inx}の計算の方が簡単であり、フーリエ級数に関するいろいろな公式も$\sin nx$、$\cos nx$で表すより、e^{inx}で表す方が簡潔になる。

◎周期2πの複素フーリエ級数

　実フーリエ級数(6.26)を複素フーリエ級数(6.28)に書き換えよう。まず、注意するのは、実フーリエ級数(6.26)で使われるnは自然数(正の整数)であり、複素フーリエ級数(6.28)で使われるnは整数であることである。そのため、変形の途中でnを自然数としたり、整数としたりすることがある。

(1) $\sin nx$、$\cos nx$とe^{inx}の関係を示す式は、オイラーの公式

$$e^{inx} = \cos nx + i \sin nx \tag{6.30}$$

であるから、この式を用いて、$\cos nx$と$\sin nx$をe^{inx}とe^{-inx}に書き換える。

　まず、(6.30)のxに$-x$を代入すると

$$e^{in(-x)} = \cos n(-x) + i \sin n(-x)$$

だから、

$$e^{-inx} = \cos nx - i \sin nx \tag{6.31}$$

> 三角関数の性質
> $\cos(-\theta) = \cos\theta$
> $\sin(-\theta) = -\sin\theta$

(6.30)+(6.31) より　$e^{inx} + e^{-inx} = 2\cos nx$
　　両辺を2で割って

$$\cos nx = \frac{e^{inx} + e^{-inx}}{2} \tag{6.32}$$

(6.30)−(6.31) より　$e^{inx} - e^{-inx} = 2i \sin nx$

両辺を$2i$で割って　$\sin nx = \dfrac{e^{inx} - e^{-inx}}{2i}$ 　　(6.33)a

(6.33)aの右辺の分母分子にiをかけて

$$\frac{e^{inx} - e^{-inx}}{2i} = \frac{(e^{inx} - e^{-inx})i}{2i^2} = \frac{(e^{inx} - e^{-inx})i}{2(-1)}$$

$$= -\frac{ie^{inx} - ie^{-inx}}{2}$$

> $i^2 = -1$

となるから、(6.33)aは、

$$\sin nx = -\frac{ie^{\mathrm{inx}} - ie^{-\mathrm{inx}}}{2} \tag{6.33}b$$

と書き換えられる。そこで、(6.32)、(6.33)bを実フーリエ級数 (6.26) に代入すると、

$$f(x) = \frac{1}{2}a_0 + \sum_{n=1}^{\infty}\left(a_{\mathrm{n}}\frac{e^{\mathrm{inx}} + e^{-\mathrm{inx}}}{2} - b_{\mathrm{n}}\frac{ie^{\mathrm{inx}} - ie^{-\mathrm{inx}}}{2}\right) \tag{6.34}a$$

となる。これで、$\cos nx$ と $\sin nx$ を消去して、e^{inx} と $e^{-\mathrm{inx}}$ で表すことができた。

(2) 次に、(6.34)aを複素フーリエ級数(6.28) の形にする。そのために、(6.34)aを次のように e^{inx} の項と $e^{-\mathrm{inx}}$ の項に分ける。

$$\begin{aligned}
f(x) &= \frac{1}{2}a_0 + \sum_{n=1}^{\infty}\left(a_{\mathrm{n}}\frac{e^{\mathrm{inx}} + e^{-\mathrm{inx}}}{2} - b_{\mathrm{n}}\frac{ie^{\mathrm{inx}} - ie^{-\mathrm{inx}}}{2}\right) \\
&= \frac{1}{2}a_0 + \sum_{n=1}^{\infty}\left(\frac{a_{\mathrm{n}}(e^{inx} + e^{-inx}) - b_{\mathrm{n}}(ie^{\mathrm{inx}} - ie^{-\mathrm{inx}})}{2}\right) \\
&= \frac{1}{2}a_0 + \sum_{n=1}^{\infty}\frac{(a_n + b_n i)e^{-inx} + (a_n - b_n i)e^{inx}}{2} \\
&= \frac{1}{2}a_0 + \sum_{n=1}^{\infty}\left\{\frac{1}{2}(a_{\mathrm{n}} + b_{\mathrm{n}}i)e^{-\mathrm{inx}} + \frac{1}{2}(a_{\mathrm{n}} - b_{\mathrm{n}}i)e^{\mathrm{inx}}\right\} \\
&= \frac{1}{2}a_0 + \sum_{n=1}^{\infty}\frac{1}{2}(a_{\mathrm{n}} + b_{\mathrm{n}}i)e^{-\mathrm{inx}} + \sum_{n=1}^{\infty}\frac{1}{2}(a_{\mathrm{n}} - b_{\mathrm{n}}i)e^{\mathrm{inx}} \\
&= \sum_{n=1}^{\infty}\frac{1}{2}(a_{\mathrm{n}} + b_{\mathrm{n}}i)e^{-\mathrm{inx}} + \frac{1}{2}a_0 + \sum_{n=1}^{\infty}\frac{1}{2}(a_{\mathrm{n}} - b_{\mathrm{n}}i)e^{\mathrm{inx}}
\end{aligned} \tag{6.34}b$$

(3) 次に、(6.34)bの

①定数項　$\dfrac{1}{2}a_0$　　②e^{inx}の項の係数　$\dfrac{1}{2}(a_n - b_n i)$

③$e^{-\text{inx}}$の項の係数　$\dfrac{1}{2}(a_n + b_n i)$

を、実フーリエ級数と同じように積分で表そう。

① $\dfrac{1}{2}a_0 = \dfrac{1}{2}\cdot\dfrac{1}{\pi}\displaystyle\int_{-\pi}^{\pi}f(x)dx$

> $(6.27)\text{a}$　$a_0 = \dfrac{1}{\pi}\displaystyle\int_{-\pi}^{\pi}f(x)dx$

$\qquad = \dfrac{1}{2\pi}\displaystyle\int_{-\pi}^{\pi}f(x)\cdot 1\,dx = \dfrac{1}{2\pi}\displaystyle\int_{-\pi}^{\pi}f(x)e^{-\text{i}\cdot 0\cdot x}\,dx$

> $1 = e^0 = e^{-\text{i}\cdot 0\cdot x}$

② $\dfrac{1}{2}(a_n - b_n i)$

$\qquad = \dfrac{1}{2}\left(\dfrac{1}{\pi}\displaystyle\int_{-\pi}^{\pi}f(x)\cos nx\,dx - i\dfrac{1}{\pi}\displaystyle\int_{-\pi}^{\pi}f(x)\sin nx\,dx\right)$

> $(6.27)\text{b}$　$a_n = \dfrac{1}{\pi}\displaystyle\int_{-\pi}^{\pi}f(x)\cos nx\,dx$

> $(6.27)\text{c}$　$b_n = \dfrac{1}{\pi}\displaystyle\int_{-\pi}^{\pi}f(x)\sin nx\,dx$

$\qquad = \dfrac{1}{2}\cdot\dfrac{1}{\pi}\left(\displaystyle\int_{-\pi}^{\pi}f(x)\cos nx\,dx - i\displaystyle\int_{-\pi}^{\pi}f(x)\sin nx\,dx\right)$

> $\dfrac{1}{\pi}$ をくくり出す

> 292ページの (6.22)
> $\displaystyle\int_a^b u(x)dx + i\int_a^b v(x)dx = \int_a^b\{u(x)+iv(x)\}dx$

$\qquad = \dfrac{1}{2\pi}\displaystyle\int_{-\pi}^{\pi}(f(x)\cos nx - if(x)\sin nx)dx$

$\qquad = \dfrac{1}{2\pi}\displaystyle\int_{-\pi}^{\pi}f(x)(\cos nx - i\sin nx)dx$

$\qquad = \dfrac{1}{2\pi}\displaystyle\int_{-\pi}^{\pi}f(x)\{\cos(-nx)+i\sin(-nx)\}dx$

> 三角関数の性質
> $\cos\theta = \cos(-\theta)$
> $\sin\theta = -\sin(-\theta)$

$\qquad = \dfrac{1}{2\pi}\displaystyle\int_{-\pi}^{\pi}f(x)e^{i(-nx)}dx$

$\qquad = \dfrac{1}{2\pi}\displaystyle\int_{-\pi}^{\pi}f(x)e^{-inx}dx$

> オイラーの公式
> $\cos\theta + i\sin\theta = e^{i\theta}$

③ ②と同じように計算する[注6.4]と、

$$\dfrac{1}{2}(a_n + b_n i) = \dfrac{1}{2\pi}\displaystyle\int_{-\pi}^{\pi}f(x)e^{-\text{i}(-\text{n})\text{x}}dx$$

(4) 以上をまとめると、

① $\dfrac{1}{2}a_0 = \dfrac{1}{2\pi}\displaystyle\int_{-\pi}^{\pi} f(x)e^{-i\cdot 0\cdot x}\,dx$

② $\dfrac{1}{2}(a_n - b_n i) = \dfrac{1}{2\pi}\displaystyle\int_{-\pi}^{\pi} f(x)e^{-inx}\,dx$

③ $\dfrac{1}{2}(a_n + b_n i) = \dfrac{1}{2\pi}\displaystyle\int_{-\pi}^{\pi} f(x)e^{-i(-n)x}\,dx$

となる。この3式の右辺で異なるところは、e の指数に、

　　①が 0 、②が n、③が $-n$

があることである。そこで、自然数 n について、

$$c_0 = \dfrac{1}{2}a_0 = \dfrac{1}{2\pi}\int_{-\pi}^{\pi} f(x)e^{-i\cdot 0\cdot x}\,dx \tag{6.35}a$$

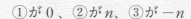

$$c_n = \dfrac{1}{2}(a_n - b_n i) = \dfrac{1}{2\pi}\int_{-\pi}^{\pi} f(x)e^{-inx}\,dx \tag{6.35}b$$

$$c_{-n} = \dfrac{1}{2}(a_n + b_n i) = \dfrac{1}{2\pi}\int_{-\pi}^{\pi} f(x)e^{-i(-n)x}\,dx \tag{6.35}c$$

とおくことにする。

　これらを、(6.34)b に代入すると、

(注6.4) $\dfrac{1}{2}(a_n + b_n i) = \dfrac{1}{2}\left(\dfrac{1}{\pi}\displaystyle\int_{-\pi}^{\pi} f(x)\cos nx\,dx + i\cdot\dfrac{1}{\pi}\displaystyle\int_{-\pi}^{\pi} f(x)\sin nx\,dx\right)$

$\qquad\qquad\qquad = \dfrac{1}{2}\cdot\dfrac{1}{\pi}\left(\displaystyle\int_{-\pi}^{\pi} f(x)\cos nx\,dx + i\displaystyle\int_{-\pi}^{\pi} f(x)\sin nx\,dx\right)$

$\qquad\qquad\qquad = \dfrac{1}{2\pi}\displaystyle\int_{-\pi}^{\pi} (f(x)\cos nx + if(x)\sin nx)\,dx$

$\qquad\qquad\qquad = \dfrac{1}{2\pi}\displaystyle\int_{-\pi}^{\pi} f(x)(\cos nx + i\sin nx)\,dx$

$\qquad\qquad\qquad = \dfrac{1}{2\pi}\displaystyle\int_{-\pi}^{\pi} f(x)e^{inx}\,dx = \dfrac{1}{2\pi}\displaystyle\int_{-\pi}^{\pi} f(x)e^{-i(-n)x}\,dx$

$$f(x) = \sum_{n=1}^{\infty} \frac{1}{2}(a_n + b_n i)e^{-inx} + \frac{1}{2}a_0 + \sum_{n=1}^{\infty} \frac{1}{2}(a_n - b_n i)e^{inx}$$

$$= \sum_{n=1}^{\infty} c_{-n}e^{i(-n)x} + c_0 + \sum_{n=1}^{\infty} c_n e^{inx} \qquad (6.34)\text{c}$$

となる。

(5) しかし、(6.34)cの最初の項 $\sum_{n=1}^{\infty} c_{-n}e^{i(-n)x}$ のnは自然数なので、これを次のように負の整数に直す。

$n = -k$とおくと、$k = -n$であるから、

$n = 1、2、3、……$と変化すると $k = -1、-2、-3、……$

と変化する。

そこで、次のように変形する。

$$\sum_{n=1}^{\infty} c_{-n}e^{i(-n)x} = \sum_{k=-1}^{-\infty} c_k e^{ikx}$$

（kが負の整数を動くので、負の整数$-n$をkに置き換える）

$$= \sum_{k=-\infty}^{-1} c_k e^{ikx}$$

（足す順序を逆にする）

$$= \sum_{k=-\infty}^{-1} c_n e^{inx}$$

（文字kを文字nに変える）

すなわち

$$\sum_{n=1}^{\infty} c_{-n}e^{-inx} = \sum_{n=-\infty}^{-1} c_n e^{inx} \qquad (6.36)$$

(6.36) を、(3.34)cに代入すると、

$$f(x) = \sum_{n=-\infty}^{-1} c_n e^{inx} + c_0 + \sum_{n=1}^{\infty} c_n e^{inx} \qquad (6.34)\text{d}$$

(6.34)dは、nに $-\infty$から∞までの整数を代入した式の和であるから、

$$f(x) = \sum_{n=-\infty}^{\infty} c_n e^{inx} \qquad (6.28)$$

となる。これで、実フーリエ級数(6.26) から複素フーリエ級数(6.26)を導くことができた。

(6) さらに、複素フーリエ係数(6.29) を導こう。

(6.35)a、(6.35)b、(6.35)c から、

n を整数としたとき、

(6.35)a は $n = 0$ の場合

(6.35)b は正の整数 n の場合

(6.35)c は負の整数 n の場合

にあたるから、次のようにまとめられる。

整数 n について

$$c_n = \frac{1}{2\pi} \int_{-\pi}^{\pi} f(x) e^{-inx} dx \qquad (6.29)$$

以上のことをまとめると、

周期 2π の周期関数 $f(x)$ が区分的に滑らかであるとき、

$f(x)$ のグラフが滑らかである x の範囲では、

$$f(x) = \sum_{n=-\infty}^{\infty} c_n e^{inx} \qquad (6.28)$$

$f(x)$ のグラフが $x = \alpha$ で不連続であるときは、

記号 $f(\alpha+0)$ は
右側極限
記号 $f(\alpha-0)$ は
左側極限
(112ページ)

$$\frac{f(\alpha+0) + f(\alpha-0)}{2} = \sum_{n=-\infty}^{\infty} c_n e^{in\alpha} \qquad (6.37)$$

ここで
$$c_n = \frac{1}{2\pi} \int_{-\pi}^{\pi} f(x) e^{-inx} dx \qquad (6.29)$$

複素フーリエ係数は、n を自然数としたとき、(6.35)b、(6.35)c より、

$$c_n = \frac{1}{2}(a_n - b_n i)、\quad c_{-n} = \frac{1}{2}(a_n + b_n i)$$

であった。これを見ると、c_{-n} と c_n は互いに共役複素数であることがわかる。また、

$$e^{inx} = \cos nx + i \sin nx \qquad (6.30)$$
$$e^{-inx} = \cos nx - i \sin nx \qquad (6.31)$$

> $a + bi$ と $a - bi$
> を互いに共役複
> 素数という
> （272ページ）

であるから、e^{inx} と e^{-inx} も互いに共役複素数である。したがって、$c_n e^{inx}$ と $c_{-n} e^{-inx}$ は互いに共役複素数となる。$c_n e^{inx}$ が求まると $c_{-n} e^{-inx}$ も求まるので、$c_n e^{inx}$ と $c_{-n} e^{-inx}$ は一対で式の中に現れる。

> 複素数 α、β の共役複素数は、それぞれ $\overline{\alpha}$、$\overline{\beta}$ である。276ページの共役複素数の性質より
> $$\overline{\alpha \cdot \beta} = \overline{\alpha}\,\overline{\beta}$$
> だから、$\alpha\beta$ と $\overline{\alpha}\cdot\overline{\beta}$ は共役複素数であることがわかる。
> ここでは、$\alpha = c_n$、$\beta = e^{inx}$ にあたり、$\overline{\alpha} = c_{-n}$、$\overline{\beta} = e^{-inx}$ にあたるから、$c_n e^{inx}$ と $c_{-n} e^{-inx}$ も互いに共役複素数である

そこで、複素フーリエ級数を

$$f(x) = c_0 + \sum_{n=1}^{\infty}(c_n e^{inx} + c_{-n} e^{-inx})$$

と書くこともある。

　上記では、実フーリエ係数 a_n、b_n から複素フーリエ係数 c_n を求めたが、ここで、改めて複素フーリエ級数から積分で求めてみよう。

　実フーリエ級数のときと同じように、$f(x)$ に e^{-imx} をかけて、$-\pi$ から π まで積分すると、

> $$f(x) = \sum_{n=-\infty}^{\infty} c_n e^{inx} \qquad (6.28)$$

$$\int_{-\pi}^{\pi} f(x) e^{-imx}\, dx = \int_{-\pi}^{\pi}\left(\sum_{n=-\infty}^{\infty} c_n e^{inx}\right)e^{-imx}\, dx$$

$$= \int_{-\pi}^{\pi}\sum_{n=-\infty}^{\infty} c_n e^{inx} e^{-imx}\, dx$$

$$= \sum_{n=-\infty}^{\infty} c_n \int_{-\pi}^{\pi} e^{i(n-m)x}\, dx$$

となる。

そこで、積分 $\displaystyle\int_{-\pi}^{\pi} e^{i(n-m)x}dx$ を調べよう。

実フーリエ級数の場合と同じように、計算の途中で $\dfrac{1}{i(n-m)}$ の形で $n-m$ が分母に現れるので、$m \neq n$ と $m = n$ に分けて計算する。

(1) $m \neq n$ のとき、

$$\int_{-\pi}^{\pi} e^{i(n-m)x}dx = \left[\frac{1}{i(n-m)}e^{i(n-m)x}\right]_{-\pi}^{\pi}$$

$$= \frac{1}{i(n-m)}(e^{i(n-m)\pi} - e^{-i(n-m)\pi})$$

$$= \frac{1}{i(n-m)}2i\sin(n-m)\pi = 0$$

> $\displaystyle\int e^{ibx}dx = \dfrac{1}{ib}e^{ibx} + C$
> (6.25)参照

> (6.33)a より $e^{inx} - e^{-inx} = 2i\sin nx$

> k が整数のとき $\sin k\pi = 0$

(2) $m = n$ のとき、

$$\int_{-\pi}^{\pi} e^{i(n-m)x}dx = \int_{-\pi}^{\pi} e^{i(m-m)x}dx = \int_{-\pi}^{\pi} e^{0}dx$$

$$= \int_{-\pi}^{\pi} 1\,dx = [x]_{-\pi}^{\pi} = \pi - (-\pi) = 2\pi$$

このことから、$m = n$ の項以外はすべて 0 となるので、

$$\int_{-\pi}^{\pi} f(x)e^{-imx}dx = 2\pi c_m$$

すなわち、

$$c_m = \frac{1}{2\pi}\int_{-\pi}^{\pi} f(x)e^{-imx}dx \qquad (6.29)$$

> ここでは、文字が m になっているが、n に置き換えても同じである。

が成り立つ。

このように、複素フーリエ級数の方が実フーリエ級数よりも、計算が簡単になる場合が多い。

◎ノコギリ波の複素フーリエ級数

218ページでノコギリ波の実フーリエ級数を求めたので、ここでは、ノコギリ波の複素フーリエ級数を求めよう。

218ページのノコギリ波の関数は、

$$f_s(x) = x \quad (-\pi \leqq x < \pi) \tag{6.38}$$

を周期的拡張した周期関数 $f(x)$ である。

$f(x)$ の複素フーリエ級数を

$$f(x) = \sum_{n=-\infty}^{\infty} c_n e^{inx}$$

とおいて、複素フーリエ係数 c_n を求める。

計算の途中で $\dfrac{1}{in}$ と n が分母に現れるので、$n \neq 0$ と $n = 0$ に分けて計算する。

(1) $n \neq 0$ のとき

> $-\pi \leqq x < \pi$ で、$f(x) = x$

> ここでの積分は広義積分で考える（215ページ）。計算は今まで通りにできる

$$c_n = \frac{1}{2\pi} \int_{-\pi}^{\pi} f(x) e^{-inx} dx = \frac{1}{2\pi} \int_{-\pi}^{\pi} x e^{-inx} dx$$

> e^{-inx} を積分する
> (6.25)
> $\displaystyle\int e^{ibx} dx = \frac{1}{ib} e^{ibx} + C$

> 部分積分法（176ページ）
> $g'(x)$ の積分
> $$\int_a^b f(x) \cdot g'(x) dx = [f(x) \cdot g(x)]_a^b - \int_a^b f'(x) \cdot g(x) dx$$
> $f(x)$ の微分

$$= \frac{1}{2\pi} \left\{ \left[x \left(\frac{1}{-in} e^{-inx} \right) \right]_{-\pi}^{\pi} - \int_{-\pi}^{\pi} 1 \cdot \left(\frac{1}{-in} e^{-inx} \right) dx \right\}$$

> x を微分する

$$= \frac{1}{2\pi} \left\{ -\frac{1}{in} \{ \pi e^{-in\pi} - (-\pi) e^{-in(-\pi)} \} - \left(-\frac{1}{in} \right) \int_{-\pi}^{\pi} e^{-inx} dx \right\}$$

$$= \frac{1}{2\pi} \cdot \left(-\frac{1}{in} \right) \left\{ \pi (e^{-in\pi} + e^{in\pi}) - \left(-\frac{1}{in} \right) [e^{-inx}]_{-\pi}^{\pi} \right\}$$

> $-\dfrac{1}{in}$ をくくり出す

$$= -\frac{1}{2in\pi}\left\{\pi(e^{in\pi} + e^{-in\pi}) + \frac{1}{in}(e^{-in\pi} - e^{in\pi})\right\}$$

$$\boxed{e^{-in\pi} - e^{in\pi} = -e^{in\pi} + e^{-in\pi} = -(e^{in\pi} - e^{-in\pi})}$$

$$= -\frac{1}{2in\pi}\left\{\pi(e^{in\pi} + e^{-in\pi}) - \frac{1}{in}(e^{in\pi} - e^{-in\pi})\right\}$$

$$= \frac{-1}{2in\pi}\left(\pi\cdot 2\cos n\pi - \frac{1}{in}\cdot 2i\sin n\pi\right)$$

$$\boxed{\begin{array}{l} e^{inx} + e^{-inx} = 2\cos nx \\ e^{inx} - e^{-inx} = 2i\sin nx \end{array}}$$

$$\boxed{-1 = i^2}$$

$$= -\frac{i^2}{2in\pi}\left\{2\pi(-1)^n - \frac{1}{in}2i\cdot 0\right\} = \frac{(-1)^n i}{n}$$

$$\boxed{k\text{ が整数のとき }\cos k\pi = (-1)^k}$$

(2) $n = 0$ のとき

$$c_0 = \frac{1}{2\pi}\int_{-\pi}^{\pi} x e^{-i\cdot 0\cdot x}\,dx = \frac{1}{2\pi}\int_{-\pi}^{\pi} x\,dx = 0 \qquad \boxed{x\text{ は奇関数}}$$

(1)、(2) の結果を複素フーリエ級数

$$f(x) = \sum_{n=-\infty}^{\infty} c_n e^{inx} \qquad \boxed{\begin{array}{ll} n = 0\text{ のとき} & c_0 = 0 \\ n \neq 0\text{ のとき} & c_n = \dfrac{(-1)^n i}{n} \end{array}}$$

に代入して、

$$\boxed{c_0\text{ が抜ける}}$$

$$f(x) = \sum_{n=-\infty}^{-1} \frac{(-1)^n i}{n} e^{inx} + \sum_{n=1}^{\infty} \frac{(-1)^n i}{n} e^{inx} \tag{6.39}$$

これが、ノコギリ波の複素フーリエ級数である。

また、(6.41) は次のように書くこともできる。

$$f(x) = \sum_{\substack{n=-\infty \\ n\neq 0}}^{\infty} \frac{(-1)^n i}{n} e^{inx}$$

ただし、ここでの記号 $\displaystyle\sum_{\substack{n=-\infty \\ n\neq 0}}^{\infty}$ は、0 を除く整数 n について和をとることを意味している。

(6.39) の n に数値を代入して、具体的に書くと、

$$f(x) = \cdots\cdots + \frac{(-1)^{-4}i}{-4}e^{-4ix} + \frac{(-1)^{-3}i}{-3}e^{-3ix}$$

$$+ \frac{(-1)^{-2}i}{-2}e^{-2ix} + \frac{(-1)^{-1}i}{-1}e^{-ix} + \frac{(-1)^{1}i}{1}e^{ix}$$

$$+ \frac{(-1)^{2}i}{2}e^{2ix} + \frac{(-1)^{3}i}{3}e^{3ix} + \frac{(-1)^{4}i}{4}e^{4ix} + \cdots\cdots$$

$$= \cdots\cdots - \frac{1}{4}ie^{-4ix} + \frac{1}{3}ie^{-3ix} - \frac{1}{2}ie^{-2ix} + ie^{-ix}$$

$$-ie^{ix} + \frac{1}{2}ie^{2ix} - \frac{1}{3}ie^{3ix} + \frac{1}{4}ie^{4ix} - \cdots\cdots$$

$\dfrac{(-1)^{-4}}{-4} = \dfrac{1}{-4} \cdot \dfrac{1}{(-1)^4} = -\dfrac{1}{4}$

他の係数も同様に計算

となる。

ここで、たとえば $n = -4$ と $n = 4$ の項を例にとると、それぞれ $-\dfrac{1}{4}ie^{-4ix}$、$\dfrac{1}{4}ie^{4ix}$ であり、この2つは互いに共役複素数である。

ところで、220ページのノコギリ波の実フーリエ級数は、

$$f(x) = \sum_{n=1}^{\infty} \frac{2(-1)^{n+1}}{n}\sin nx \tag{6.40}$$

であった。

いま、求めたノコギリ波の複素フーリエ級数(6.39)が実フーリエ級数(6.40)と同じ式になるか確認しよう。

この2式を見ると、複素フーリエ級数 (6.39) には e^{inx} があり、実フーリエ級数 (6.40) には $\sin nx$ がある。そこで、(6.33)a から、

$$e^{inx} - e^{-inx} = 2i\sin nx$$

を用いればよいことがわかる。

次に、(6.39) では $\displaystyle\sum_{n=-\infty}^{-1}$ と $\displaystyle\sum_{n=1}^{\infty}$ と2つあるが、(6.40) では $\displaystyle\sum_{n=1}^{\infty}$ と1つで

ある。そこで、(6.39) の $\displaystyle\sum_{n=-\infty}^{-1}$ と $\displaystyle\sum_{n=-1}^{\infty}$ の2つを、$\displaystyle\sum_{n=1}^{\infty}$ の1つにまとめながら、次のように (6.39) を変形する。

$$
\begin{aligned}
f(x) &= \sum_{n=-\infty}^{-1} \frac{(-1)^n i}{n} e^{inx} + \sum_{n=1}^{\infty} \frac{(-1)^n i}{n} e^{inx} \\
&= \sum_{n=-1}^{-\infty} \frac{(-1)^n i}{n} e^{inx} + \sum_{n=1}^{\infty} \frac{(-1)^n i}{n} e^{inx} \\
&= \sum_{k=1}^{\infty} \frac{(-1)^{-k} i}{-k} e^{i(-k)x} + \sum_{n=1}^{\infty} \frac{(-1)^n i}{n} e^{inx} \\
&= \sum_{k=1}^{\infty} \frac{-(-1)^{-k} i}{k} e^{-ikx} + \sum_{n=1}^{\infty} \frac{(-1)^n i}{n} e^{inx} \\
&= \sum_{n=1}^{\infty} \frac{-(-1)^{-n} i}{n} e^{-inx} + \sum_{n=1}^{\infty} \frac{(-1)^n i}{n} e^{inx} \\
&= \sum_{n=1}^{\infty} \frac{(-1)^n i}{n} (-e^{-inx} + e^{inx}) \\
&= \sum_{n=1}^{\infty} \frac{(-1)^n i}{n} (e^{inx} - e^{-inx}) \\
&= \sum_{n=1}^{\infty} \frac{(-1)^n i}{n} 2i \sin nx \\
&= \sum_{n=1}^{\infty} \frac{2(-1)^n i^2}{n} \sin nx \\
&= \sum_{n=1}^{\infty} \frac{2(-1)^n (-1)}{n} \sin nx \\
&= \sum_{n=1}^{\infty} \frac{2(-1)^{n+1}}{n} \sin nx
\end{aligned}
$$

（吹き出し）n の負の整数部分の足す順序を逆にする

（吹き出し）$n=-k$ とおく。$n=-1, -2, -3, \cdots$ と変化すると $k=1, 2, 3, \cdots$ と変化するので、$n=-k$ を代入する

（吹き出し）文字 k を文字 n に置き換える

（吹き出し）$\displaystyle\sum_{n=1}^{\infty} \frac{(-1)^n i}{n}$ をくくり出す

（吹き出し）足し算を逆にする

（吹き出し）$e^{inx} - e^{-inx} = 2i \sin nx$

（吹き出し）$i^2 = -1$

　これで、ノコギリ波の複素フーリエ級数(6.39) から実フーリエ級数 (6.40) が導かれた。すなわち、複素フーリエ級数(6.39) は実フーリエ級数(6.40) と同じ式であることがわかった。

5　区分的に滑らかな周期2Lの周期関数の複素フーリエ級数

実フーリエ級数と同じように、複素フーリエ級数

$$f(x) = \sum_{n=-\infty}^{\infty} c_n e^{inx} \tag{6.26}$$

を、周期2Lの周期関数に書き換えよう。

実フーリエ級数を求めるときに、

「xを変数とするの周期関数$\sin x$は周期2πであり、tを変数とする周期関数 $\sin\dfrac{\pi}{L}t$ は周期2Lである（第4章229ページ）」

ことを見てきた。

ここも同じように、xを変数とする周期関数e^{inx}の周期は2πであり、tを変数とする関数 $e^{i\frac{n\pi}{L}t}$ を考えると、

$$\begin{aligned}
e^{i\frac{n\pi}{L}(t+2L)} &= e^{i\left(\frac{n\pi}{L}t + \frac{n\pi}{L}\cdot 2L\right)} = e^{i\left(\frac{n\pi}{L}t + 2n\pi\right)} \\
&= \cos\left(\frac{n\pi}{L}t + 2n\pi\right) + i\sin\left(\frac{n\pi}{L}t + 2n\pi\right) \\
&= \cos\frac{n\pi}{L}t + i\sin\frac{n\pi}{L}t = e^{i\left(\frac{n\pi}{L}t\right)}
\end{aligned}$$

三角関数の性質（74ページ）
$\sin(\theta + 2n\pi) = \sin\theta$
$\cos(\theta + 2n\pi) = \cos\theta$

$e^{i\frac{n\pi}{L}t}$でtが2L増えても $e^{i\frac{n\pi}{L}t}$ と $e^{i\frac{n\pi}{L}(t+2L)}$ は同じ値をとるから2Lが周期

が成り立つから、$e^{i\frac{n\pi}{L}t}$ は周期2Lの周期関数である。

したがって、複素フーリエ級数(6.28) に、$x = \dfrac{\pi}{L}t$ を代入した

$$f\left(\frac{\pi}{L}t\right) = \sum_{n=-\infty}^{\infty} c_n e^{i\frac{n\pi}{L}t}$$

は、周期2Lの周期関数である。

そこで、$f\left(\dfrac{\pi}{L}t\right)=g(t)$ とおくと、

$$g(t)=\sum_{n=-\infty}^{\infty}c_{n}e^{i\frac{n\pi}{L}t}$$

は、周期2Lの周期関数 $g(t)$ の複素フーリエ級数展開である。

次に、周期2Lの周期関数の複素フーリエ係数を求めよう。

周期 2π の周期関数の複素フーリエ係数

$$c_{n}=\frac{1}{2\pi}\int_{-\pi}^{\pi}f(x)e^{-\mathrm{i}nx}dx \tag{6.29}$$

の変数 x を $x=\dfrac{\pi}{L}t$ とおいて、次の手順で変数 t に変える。

①まず、(6.29) に $x=\dfrac{\pi}{L}t$ を代入する。

②次に、$x=\dfrac{\pi}{L}t$ より $dx=\dfrac{\pi}{L}dt$ なので、

(6.29) に $dx=\dfrac{\pi}{L}dt$ を代入する。

> $x=\dfrac{\pi}{L}t$ を微分すると
> $$\frac{dx}{dt}=\frac{\pi}{L}$$
> 両辺に dt をかけて
> $$dx=\frac{\pi}{L}dt$$

③最後に、積分区間を変える。

$x=\dfrac{\pi}{L}t$ より $t=\dfrac{L}{\pi}x$ だから、

x が $-\pi$ から π まで、変化すると、

t は $t=\dfrac{L}{\pi}\cdot(-\pi)=-L$ から $t=\dfrac{L}{\pi}\cdot\pi=L$

まで変化する。

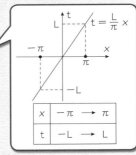

この①、②、③を (6.29) に適用して、

$$c_{n}=\frac{1}{2\pi}\int_{-\pi}^{\pi}f(x)e^{-\mathrm{i}nx}dx=\frac{1}{2\pi}\int_{-L}^{L}f\left(\frac{\pi}{L}t\right)e^{-\mathrm{i}\frac{n\pi}{L}t}\frac{\pi}{L}dt$$

> ③積分区間が $-L$ から L

> ①x に $\dfrac{\pi}{L}t$ を代入

> ②dx に $\dfrac{\pi}{L}dt$ を代入

$$=\frac{1}{2\pi}\cdot\frac{\pi}{L}\int_{-L}^{L}g(t)e^{-\mathrm{i}\frac{n\pi}{L}t}dt=\frac{1}{2L}\int_{-L}^{L}g(t)e^{-\mathrm{i}\frac{n\pi}{L}t}dt$$

> $f\left(\dfrac{\pi}{L}t\right)=g(t)$ だから

したがって、周期2Lの周期関数$g(t)$の複素フーリエ級数は、

$$g(t) = \sum_{n=-\infty}^{\infty} c_n e^{i\frac{n\pi}{L}t} \quad \text{ただし、} \quad c_n = \frac{1}{2L}\int_{-L}^{L} g(t)e^{-i\frac{n\pi}{L}t}dt$$

となる。

変数tをxと書き換え、関数$g(t)$も$f(x)$と書き換えて、以上のことをまとめると、

周期2Lの周期関数$f(x)$が区分的に滑らかであるとき、

$f(x)$のグラフが滑らかであるxの範囲では、

$$f(x) = \sum_{n=-\infty}^{\infty} c_n e^{i\frac{n\pi}{L}x} \tag{6.41}$$

$f(x)$のグラフが$x = \alpha$で不連続であるときは

$$\frac{f(\alpha + 0) + f(\alpha - 0)}{2} = \sum_{n=-\infty}^{\infty} c_n e^{i\frac{n\pi}{L}\alpha} \tag{6.42}$$

ここで、

$$c_n = \frac{1}{2L}\int_{-L}^{L} f(x)e^{-i\frac{n\pi}{L}x}dx \tag{6.43}$$

◎方形波の複素フーリエ級数

234ページの方形波は、

$$\text{関数} \quad fs(x) = \begin{cases} -1 & (-2 \leqq t < 0) \\ 1 & (0 \leqq t < 2) \end{cases}$$

を周期的拡張した周期4の周期関数$f(x)$であった（図6.6）。

この関数$f(x)$の複素フーリエ級数を求めよう。

周期2Lの複素フーリエ級数は、

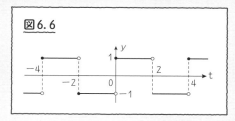

図6.6

$$f(x) = \sum_{n=-\infty}^{\infty} c_n e^{i\frac{n\pi}{L}x} \tag{6.41}$$

であるから、あとは複素フーリエ係数

$$c_n = \frac{1}{2L}\int_{-L}^{L} f(x)e^{-i\frac{n\pi}{L}x}dx \tag{6.43}$$

を求める。

　周期 4 であるから、2L＝4 より L＝2 である。
(6.43) の L に 2 を代入して、
(1) n≠0 のとき

$$c_n = \frac{1}{2\cdot 2}\int_{-2}^{2} f(x)e^{-i\frac{n\pi}{2}x}dx$$

$$= \frac{1}{4}\left\{\int_{-2}^{0} f(x)e^{-i\frac{n\pi}{2}x}dx + \int_{0}^{2} f(x)e^{-i\frac{n\pi}{2}x}dx\right\}$$

> $-2 \leqq x < 0$ と $0 \leqq x < 2$
> で式が違うので、積分
> 区間を分ける

$$= \frac{1}{4}\left\{\int_{-2}^{0} (-1)\cdot e^{-i\frac{n\pi}{2}x}dx + \int_{0}^{2} 1\cdot e^{-i\frac{n\pi}{2}x}dx\right\}$$

> $-2 \leqq x < 0$ で $f(x) = -1$
> $0 \leqq x < 2$ で $f(x) = 1$

$$= \frac{1}{4}\left(-\int_{-2}^{0} e^{-i\frac{n\pi}{2}x}dx + \int_{0}^{2} e^{-i\frac{n\pi}{2}x}dx\right)$$

> $\int e^{ibx}dx = \frac{1}{ib}e^{ibx}$
> 293 ページ (6.25)

$$= \frac{1}{4}\left(-\left[\frac{1}{-i\frac{n\pi}{2}}e^{-i\frac{n\pi}{2}x}\right]_{-2}^{0} + \left[\frac{1}{-i\frac{n\pi}{2}}e^{-i\frac{n\pi}{2}x}\right]_{0}^{2}\right)$$

$$= \frac{1}{4}\left\{-\frac{2}{-in\pi}\left(e^{-i\frac{n\pi}{2}\cdot 0} - e^{-i\frac{n\pi}{2}\cdot(-2)}\right) + \frac{2}{-in\pi}\left(e^{-i\frac{n\pi}{2}\cdot 2} - e^{-i\frac{n\pi}{2}\cdot 0}\right)\right\}$$

> $\dfrac{1}{-i\frac{n\pi}{2}} = \dfrac{1\times 2}{\frac{-in\pi}{2}\times 2} = \dfrac{2}{-in\pi}$

$$= \frac{1}{4} \cdot \frac{2}{in\pi} \{(1 - e^{in\pi}) - (e^{-in\pi} - 1)\}$$

（$\frac{2}{in\pi}$ をくくり出す）

$$= \frac{i}{2i^2 n\pi} \{2 - (e^{in\pi} + e^{-in\pi})\}$$

（2 を約分して、分母分子に i をかける）

$$= \frac{i}{2(-1)n\pi} (2 - 2\cos\pi)$$

（$e^{inx} + e^{-inx} = 2\cos nx$）

（$i^2 = -1$）

$$= \frac{i}{-2n\pi} \cdot 2\{1 - (-1)^n\}$$

（n が偶数のとき $\cos n\pi = 1$
n が奇数のとき $\cos n\pi = -1$
だから $\cos n\pi = (-1)^n$）

$$= \frac{-\{1 - (-1)^n\}}{n\pi} i$$

$$= \frac{(-1)^n - 1}{n\pi} i$$

(2) $n = 0$ のとき、$f(x)$ のグラフは、図6.6からわかるように原点に関して対称である。したがって、$f(x)$ は奇関数である。

$$c_0 = \frac{1}{2 \cdot 2} \int_{-2}^{2} f(x) e^{-i\frac{0 \cdot \pi}{2}x} dx = \frac{1}{4} \int_{-2}^{2} f(x) dx = 0$$

(1)、(2) の結果を複素フーリエ級数 (6.41)

$$f(x) = \sum_{n=-\infty}^{\infty} c_n e^{i\frac{n\pi}{L}x}$$

に代入すると、

（$c_0 = 0$ だから
$n = 0$ の項はない）

（$c_n = \dfrac{(-1)^n - 1}{n\pi} i$）

$$f(x) = \sum_{n=-\infty}^{-1} \frac{(-1)^n - 1}{n\pi} i e^{i\frac{n\pi}{2}x} + \sum_{n=1}^{\infty} \frac{(-1)^n - 1}{n\pi} i e^{i\frac{n\pi}{2}x}$$

$$(6.44)$$

または、

$$f(x) = \sum_{\substack{n=-\infty \\ n \neq 0}}^{\infty} \frac{(-1)^n - 1}{n\pi} i e^{i\frac{n\pi}{2}x}$$

これが、方形波の複素フーリエ級数である。

n が偶数のときは、$n=2k$ とおくと、

$$c_{2k} = \frac{(-1)^{2k}-1}{2k\pi}i = \frac{1-1}{2k\pi}i = 0$$

であるから、(6.44) の n に奇数を代入して、具体的に書くと、

$$
\begin{aligned}
f(x) = \cdots\cdots &+ \frac{(-1)^{-5}-1}{-5\pi}ie^{i\frac{(-5)\pi}{2}x} \\
&+ \frac{(-1)^{-3}-1}{-3\pi}ie^{i\frac{(-3)\pi}{2}x} + \frac{(-1)^{-1}-1}{-\pi}ie^{i\frac{(-1)\pi}{2}x} \\
&+ \frac{(-1)^{1}-1}{\pi}ie^{i\frac{\pi}{2}x} + \frac{(-1)^{3}-1}{3\pi}ie^{i\frac{3\pi}{2}x} \\
&+ \frac{(-1)^{5}-1}{5\pi}ie^{i\frac{5\pi}{2}x} + \cdots\cdots \\
= \cdots\cdots &+ \frac{2}{5\pi}ie^{-i\frac{5\pi}{2}x} + \frac{2}{3\pi}ie^{-i\frac{3\pi}{2}x} + \frac{2}{\pi}ie^{-i\frac{\pi}{2}x} \\
&- \frac{2}{\pi}ie^{i\frac{\pi}{2}x} - \frac{2}{3\pi}ie^{i\frac{3\pi}{2}x} - \frac{2}{5\pi}ie^{i\frac{5\pi}{2}x} + \cdots\cdots
\end{aligned}
$$

となる。

　次に、今求めた複素フーリエ級数 (6.44) が、236ページの方形波の実フーリエ級数

$$f(x) = \sum_{n=1}^{\infty} \frac{2}{n\pi}\{1-(-1)^n\}\sin\frac{n\pi}{2}x \tag{6.45}$$

と同じ式になることを確認しよう。

　複素フーリエ級数 (6.44) の n は整数であり、実フーリエ級数 (6.45) の n は自然数である。整数 n を自然数にまとめる。そこで、(6.44) の ($n<0$ の項) を次のように変形する。

$$\sum_{n=-\infty}^{-1} \frac{(-1)^n - 1}{n\pi} i e^{i\frac{n\pi}{2}x} = \sum_{n=-1}^{-\infty} \frac{(-1)^n - 1}{n\pi} i e^{i\frac{n\pi}{2}x}$$

足す順序を逆にする

第6章

$$(-1)^{-k} = \frac{1}{(-1)^k}$$
$$= \left(\frac{1}{-1}\right)^k$$
$$= (-1)^k$$

$$= \sum_{k=1}^{\infty} \frac{(-1)^{-k} - 1}{-k\pi} i e^{-i\frac{-k\pi}{2}x}$$

$n = -k$ とおく。
$n = -1, -2, -3, \cdots\cdots$
と変化すると
$k = 1, 2, 3, \cdots\cdots$
と変化するので、
$n = -k$ を代入する

$$= -\sum_{k=1}^{\infty} \frac{(-1)^k - 1}{k\pi} i e^{i\frac{-k\pi}{2}x}$$

$$= -\sum_{n=1}^{\infty} \frac{(-1)^n - 1}{-n\pi} i e^{-i\frac{n\pi}{2}x}$$

文字 k を文字 n に変える

したがって、

$$\sum_{n=-\infty}^{-1} \frac{(-1)^n - 1}{n\pi} i e^{i\frac{n\pi}{2}x} = -\sum_{n=1}^{\infty} \frac{(-1)^n - 1}{n\pi} i e^{-i\frac{n\pi}{2}x} \quad (6.46)$$

(6.46) を (6.44) に代入して

$$f(x) = -\sum_{n=1}^{\infty} \frac{(-1)^n - 1}{n\pi} i e^{-i\frac{n\pi}{2}x} + \sum_{n=1}^{\infty} \frac{(-1)^n - 1}{n\pi} i e^{i\frac{n\pi}{2}x}$$

$$= \sum_{n=1}^{\infty} \frac{(-1)^n - 1}{n\pi} i \left(-e^{-i\frac{n\pi}{2}x} + e^{i\frac{n\pi}{2}x}\right)$$

$\sum_{n=1}^{\infty} \frac{(-1)^n - 1}{n\pi} i$ をくくり出す

$$= \sum_{n=1}^{\infty} \frac{(-1)^n - 1}{n\pi} i \left(e^{i\frac{n\pi}{2}x} - e^{-i\frac{n\pi}{2}x}\right)$$

$$= \sum_{n=1}^{\infty} \frac{(-1)^n - 1}{n\pi} i \cdot 2i \sin\frac{n\pi}{2}x$$

$e^{inx} - e^{-inx} = 2i \sin nx$

$$= \sum_{n=1}^{\infty} \frac{(-1)^n - 1}{n\pi} (-1) 2 \sin\frac{n\pi}{2}x$$

$$= \sum_{n=1}^{\infty} \frac{2}{n\pi} \{1 - (-1)^n\} \sin\frac{n\pi}{2}x$$

方形波の実フーリエ級数 (6.45)

これで、実フーリエ級数(6.47) が導かれた。すなわち、複素フーリエ級数(6.44) は実フーリエ級数 (6.45) と同じ式であることがわかった。

フーリエ変換

いよいよ、前章で導いた複素フーリエ級数

$$f(x) = \sum_{n=-\infty}^{\infty} c_n e^{i\frac{n\pi}{L}x} \qquad (7.1)$$

ここで、$c_n = \dfrac{1}{2L}\displaystyle\int_{-L}^{L} f(x)e^{-i\frac{n\pi}{L}x}dx \qquad (7.2)$

から、

フーリエ変換　$F(\omega) = \displaystyle\int_{-\infty}^{\infty} f(x)e^{-i\omega x}dx \qquad (7.3)$

フーリエ逆変換　$f(x) = \dfrac{1}{2\pi}\displaystyle\int_{-\infty}^{\infty} F(\omega)e^{i\omega x}d\omega \qquad (7.4)$

を導こう。

本章の流れ

1. フーリエの積分公式の$-\infty$から∞までの積分がどのようなものかを知るために、半開区間における積分を詳しく見ていく。そして、$-\infty$から∞までの積分を調べる。
2. 周期をもたない関数 $f(x)$ を、周期関数の周期を無限に大きくした関数と考えて、関数 $f(x)$ を複素フーリエ級数と同じような形の式で表す。これをフーリエの積分公式という。
3. 方形波の周期を無限に大きくすることによってできる方形パルスを例にとり、複素フーリエ級数がフーリエの積分公式に変化する様子を見ていく。
4. フーリエの積分公式からフーリエ変換・フーリエ逆変換を導き、その具体例を見ていく。
5. フーリエ係数とフーリエ変換の意味を考える。

前章で、区分的に滑らかな周期2Lの周期関数 $f_L(x)$ の複素フーリエ級数展開を見てきた。しかし、世の中には周期性をもたない現象がたくさんある。この周期性をもたない関数 $f(x)$（これを非周期関数という）についても、複素フーリエ級数と同じような形の展開式を考える必要がある。

そこで、この非周期関数 $f(x)$ を周期関数 $f_L(x)$ の周期2Lが無限に大きくなった関数（図7.1）と考え、複素フーリエ級数から非周期関数についての展開式のような式を求める。この式からフーリエ変換、フーリエ逆変換が導き出される。

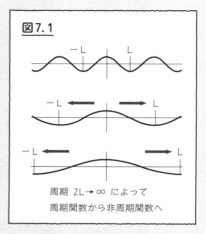

図7.1

周期 2L→∞ によって
周期関数から非周期関数へ

1 　広義積分

フーリエ変換 $\mathrm{F}(\omega) = \displaystyle\int_{-\infty}^{\infty} f(x)e^{-i\omega x}\,dx$ を見ると、記号 $\displaystyle\int_{-\infty}^{\infty}$ が現れている。これは $-\infty$ から $+\infty$ まで定積分することを意味しているが、一体どのようなことなのか。まず、このことから考えていこう。

◎半開区間 $a \leqq x < b$、$a < x \leqq b$ で連続な関数の広義積分

第4章で、半開区間 $a \leqq x < b$ で区分的に滑らかな関数の広義積分を見てきた。ここで改めて広義積分を次のように定義する。

半開区間 $a \leqq x < b$ で連続な関数 $f(x)$ の不定積分の1つを $\mathrm{F}(x)$ とする。$a \leqq c < b$ となる c をとり、b に c を左側から限りなく近づけると（図7.2a）、

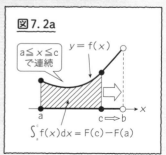

図7.2a

$a \leqq x \leqq c$
で連続

$y = f(x)$

a　　　　$c \Longrightarrow b$　x

$\displaystyle\int_a^c f(x)dx = F(c) - F(a)$

$$\lim_{c \to b-0} \int_a^c f(x)dx = \lim_{c \to b-0} [\mathrm{F}(x)]_a^c$$

$$= \lim_{c \to b-0} \{\mathrm{F}(c) - \mathrm{F}(a)\}$$

$$= \lim_{c \to b-0} \mathrm{F}(c) - \mathrm{F}(a)$$

となる。

このとき、$\lim_{c \to b-0} \mathrm{F}(c) - \mathrm{F}(a)$ を $\int_a^b f(x)dx$ と

書き、**広義積分**という。すなわち

$$\int_a^b f(x)dx = \lim_{c \to b-0} \int_a^c f(x)dx$$

$$= \lim_{c \to b-0} \mathrm{F}(c) - \mathrm{F}(a) \, (7.5)$$

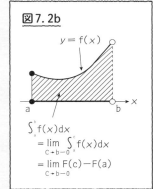

図7.2b

$y = f(x)$

$\int_a^b f(x)dx$
$= \lim_{c \to b-0} \int_a^c f(x)dx$
$= \lim_{c \to b-0} \mathrm{F}(c) - \mathrm{F}(a)$

である（図7.2b）。

$\lim_{c \to b-0} \mathrm{F}(c)$ が有限な値に収束するとき**広義積**

分可能といい、発散するとき**広義積分不可能**という。

半開区間 $a < x \le b$ で連続な関数 $f(x)$ についても、同じようにして（図7.3a）、広義積分 $\int_a^b f(x)dx$ を

$$\int_a^b f(x)dx = \lim_{c \to a+0} \int_c^b f(x)dx = \mathrm{F}(a) - \lim_{c \to a+0} \mathrm{F}(c) \qquad (7.6)$$

で定義する（図7.3b）。

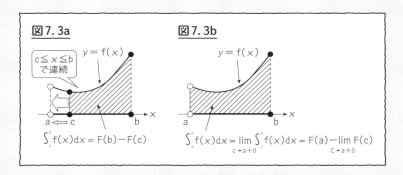

図7.3a

$c \le x \le b$ で連続

$y = f(x)$

$\int_c^b f(x)dx = \mathrm{F}(b) - \mathrm{F}(c)$

図7.3b

$y = f(x)$

$\int_a^b f(x)dx = \lim_{c \to a+0} \int_c^b f(x)dx = \mathrm{F}(a) - \lim_{c \to a+0} \mathrm{F}(c)$

$\displaystyle\lim_{c \to a+0} F(c)$ が有限の値に収束するならば、広義積分可能といい、発散するならば広義積分不可能という。

　さらに、開区間 $a < x < b$ で連続な関数 $f(x)$ についても、同じようにして（図7.4a）、広義積分 $\displaystyle\int_a^b f(x)dx$ を

$$\int_a^b f(x)dx = \lim_{\substack{c \to b-0 \\ c' \to a+0}} \int_{c'}^c f(x)dx = \lim_{c \to b-0} F(c) - \lim_{c' \to a+0} F(c')$$

> 記号 $\displaystyle\lim_{\substack{c \to b-0 \\ c' \to a+0}}$ は、2つの記号 $\displaystyle\lim_{c \to b-0}$ と $\displaystyle\lim_{c' \to a+0}$ を合わせたもの

(7.7)

で定義する（図7.4b）。

　$\displaystyle\lim_{c \to b-0} F(c)$ と $\displaystyle\lim_{c' \to a+0} F(c')$ が共に有限の値に収束するとき、広義積分可能といい、少なくとも一方が発散するとき広義積分不可能という。

　以下では、半開区間 $a \leqq x < b$ や $a < x \leqq b$ で関数 $f(x)$ が連続な場合について考える。開区間 $a < x < b$ で連続な関数については、半開区間 $a \leqq x < b$ と $a < x \leqq b$ を合わせればよいので省略する。

　それでは、$\displaystyle\lim_{c \to b-0} F(c)$、$\displaystyle\lim_{c \to a+0} F(c)$ が収束したり、発散したりするのはどのような場合であるか考えよう。

　$a \leqq x < b$（または $a < x \leqq b$）において、連続な関数 $f(x)$ には、次の2

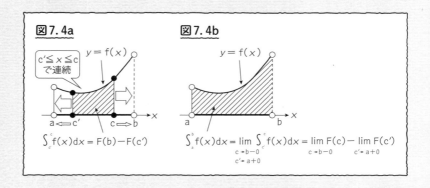

通りの場合がある。

$a \leqq c < b$（または $a < x \leqq b$）について、

(1) $\displaystyle \lim_{c \to b-0} f(c)$（または $\displaystyle \lim_{c \to a+0} f(c)$）が有限な値に収束する（図7.5a）。

(2) $\displaystyle \lim_{c \to b-0} f(c)$（または $\displaystyle \lim_{c \to a+0} f(c)$）が発散する（図7.5b）。

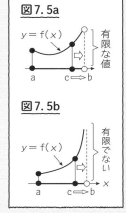

図7.5a

$y = f(x)$　有限な値

a　　c⇨b

図7.5b

$y = f(x)$　有限でない

a　　c⇨b

(1) の場合は、第4章で次のことを示した。

「半開区間 $a \leqq x < b$ で連続な関数 $f(x)$ において、$\displaystyle \lim_{c \to b-0} f(c)$ が有限な値をとるならば、広義積分 $\displaystyle \int_a^b f(x)dx$ は、閉区間 $a \leqq x \leqq b$ の定積分 $\displaystyle \int_a^b f(x)dx$ として計算することができる」

半開区間 $a < x \leqq b$ で連続な関数 $f(x)$ の広義積分も、同じように閉区間 $a \leqq x \leqq b$ の定積分 $\displaystyle \int_a^b f(x)dx$ として計算することができる。

(2) の場合はどうなるか。具体例で見ていこう。

半開区間 $0 < x \leqq 1$ で連続な2つの関数

① $f(x) = \dfrac{1}{\sqrt{x}}$　　② $g(x) = \dfrac{1}{x}$

について調べる。

この①、②の関数のグラフは、それぞれ図7.6の太い実線だから、

・$0 < x \leqq 1$ で連続

・$\displaystyle \lim_{x \to +0} \dfrac{1}{\sqrt{x}} = \infty$、$\displaystyle \lim_{x \to +0} \dfrac{1}{x} = \infty$

が成り立つ。

① まず、関数 $f(x) = \dfrac{1}{\sqrt{x}}$　　(7.8)

について考えよう。

$0 < c < 1$ なる c をとり（図7.7a）、広義積分を計算すると、

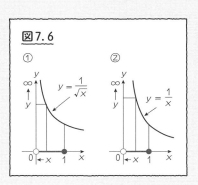

図7.6

① $y = \dfrac{1}{\sqrt{x}}$

② $y = \dfrac{1}{x}$

$$\int_0^1 \frac{1}{\sqrt{x}}\,dx = \lim_{c \to +0}\int_c^1 \frac{1}{\sqrt{x}}\,dx$$

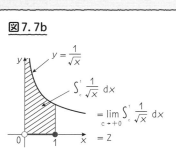

$\dfrac{1}{\sqrt{x}} = \dfrac{1}{x^{\frac{1}{2}}} = x^{-\frac{1}{2}}$

$$= \lim_{c \to +0}\int_c^1 x^{-\frac{1}{2}}\,dx$$

p を実数とし、実変数 x が $x>0$ の範囲で、
$$\int x^p\,dx = \frac{1}{p+1}x^{p+1} + C$$
（264ページ）

$$= \lim_{c \to +0}\left[\frac{1}{-\dfrac{1}{2}+1}x^{-\frac{1}{2}+1}\right]_c^1$$

$$= \lim_{c \to +0}\left[2\sqrt{x}\,\right]_c^1$$

$$= \lim_{c \to +0}\left(2 - 2\sqrt{c}\,\right) = 2$$

と有限な値に収束しているから、広義積分
可能である（図7.7b）。

② 次に、関数 $g(x) = \dfrac{1}{x}$ (7.9)

について考えよう。

$0<c<1$ なる c をとり（図7.8a）、
広義積分を計算すると、

$$\int_0^1 \frac{1}{x}\,dx = \lim_{c \to +0}\int_c^1 \frac{1}{x}\,dx$$

$$= \lim_{c \to +0}\left[\log x\right]_c^1$$

$\log 1 = 0$

$$= \lim_{c \to +0}(\log 1 - \log c)$$

$$= \lim_{c \to +0}(0 - \log c)$$

$$= -(-\infty)$$

$$= \infty$$

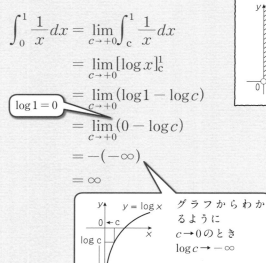

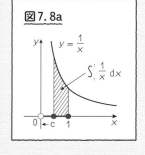

グラフからわかるように
$c \to 0$ のとき
$\log c \to -\infty$

320

と発散しているから、広義積分不可

能である（図7.8b）。

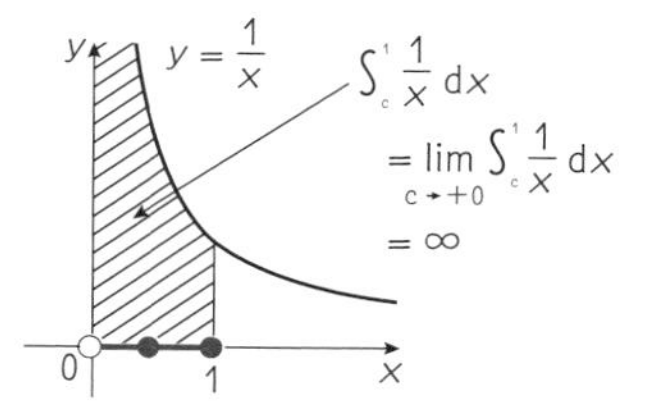

　以上より

① $\displaystyle\int_0^1 \frac{1}{\sqrt{x}}dx = 2$ で、広義積分可能

である

② $\displaystyle\int_0^1 \frac{1}{x}dx = \infty$ で、広義積分不可能

である。

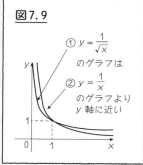

図7.8b

$$y = \frac{1}{x}$$

$$\int_c^1 \frac{1}{x}dx = \lim_{c \to +0}\int_c^1 \frac{1}{x}dx = \infty$$

このように、① $\displaystyle\lim_{x \to +0}\frac{1}{\sqrt{x}} = \infty$

　　　　　② $\displaystyle\lim_{x \to +0}\frac{1}{x} = \infty$

であっても、広義積分可能になったり、不可能

になったりする。その理由は、

① $f(x) = \dfrac{1}{\sqrt{x}}$ のグラフは、② $g(x) = \dfrac{1}{x}$

のグラフより y 軸に近いからである（図7.9）。

図7.9

① $y = \dfrac{1}{\sqrt{x}}$

　のグラフは

② $y = \dfrac{1}{x}$

　のグラフより

　y 軸に近い

　すなわち、関数 $f(x)$ が $\displaystyle\lim_{x \to +0}f(x) = 0$ であっても、$y = f(x)$ のグラフが

y 軸にどのくらい近いかによって、広義積分可能になったり、不可能に

なったりする。

　一般に、正の実数 p に対して、

　$0 < p < 1$ のとき、$\displaystyle\int_0^1 \frac{1}{x^p}dx$ は広義積分可能であり、

　$1 \leqq p$ のとき、$\displaystyle\int_0^1 \frac{1}{x^p}dx$ は広義積分不可能である。

◎半開区間 $a \leqq x$、$x \leqq a$ での積分

　次に、半開区間 $a \leqq x$（a から ∞ まで）、$x \leqq a$（$-\infty$ から a まで）を積分

区間にもつ積分について考えよう。

　区間 $a \leqq x$ で連続な関数 $f(x)$ の不定積分の 1 つを $\mathrm{F}(x)$ とする。

$a < c$ となる c を限りなく大きくする（図7.10a）と、

$$\lim_{c \to \infty} \int_a^c f(x)dx = \lim_{c \to \infty} [F(x)]_a^c$$
$$= \lim_{c \to \infty} \{F(c) - F(a)\}$$
$$= \lim_{c \to \infty} F(c) - F(a)$$

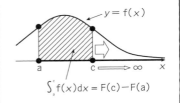

図7.10a

$y = f(x)$

$\int_a^c f(x)dx = F(c) - F(a)$

となる（図7.10b）。

このとき、$\lim_{c \to \infty} F(c) - F(a)$ を $\int_a^\infty f(x)dx$ と書いて、**広義積分**という（**無限積分**ということもある）。すなわち、

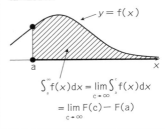

図7.10b

$y = f(x)$

$\int_a^\infty f(x)dx = \lim_{c \to \infty} \int_a^c f(x)dx$
$= \lim_{c \to \infty} F(c) - F(a)$

$$\int_a^\infty f(x)dx = \lim_{c \to \infty} \int_a^c f(x)dx$$
$$= \lim_{c \to \infty} F(c) - F(a) \tag{7.10}$$

である。そして、$\lim_{c \to \infty} F(c)$ が有限な値に収束するとき、**広義積分可能**といい、発散するとき**広義積分不可能**という。

区間 $x \leqq a$ で連続な関数 $f(x)$ についても同じように（図7.11a）、広義積分（無限積分）$\int_{-\infty}^a f(x)dx$ を

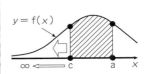

図7.11a

$y = f(x)$

$$\int_{-\infty}^a f(x)dx = \lim_{c \to -\infty} \int_c^a f(x)dx$$
$$= F(a) - \lim_{c \to -\infty} F(c) \tag{7.11}$$

で定義する（図7.11b）。そして、$\lim_{c \to -\infty} F(c)$ が有限な値に収束するとき、広義積分可能といい、発散するとき広義積分不可能という。

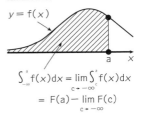

図7.11b

$y = f(x)$

$\int_{-\infty}^a f(x)dx = \lim_{c \to -\infty} \int_c^a f(x)dx$
$= F(a) - \lim_{c \to -\infty} F(c)$

まず、$\displaystyle\int_a^\infty f(x)dx$ が広義積分可能になるためには、$\displaystyle\lim_{x\to\infty}f(x)=0$ でなければならない。

なぜならば、$\displaystyle\lim_{x\to\infty}f(x)=\alpha\neq0$ とすると、図7.12aのように曲線 $y=f(x)$ と3直線x軸、$x=a$、$x=c$とで囲まれた図形の面積は、cが大きくなればいくらでも大きくなるから、$\displaystyle\lim_{c\to\infty}\int_a^c f(x)dx=\infty$ となる。

したがって、$\displaystyle\int_a^\infty f(x)dx$ は広義積分不可能である。

これで、$\displaystyle\int_a^\infty f(x)dx$ が広義積分可能なるためには、$\displaystyle\lim_{x\to\infty}f(x)=0$ であることが必要であることがわかった。

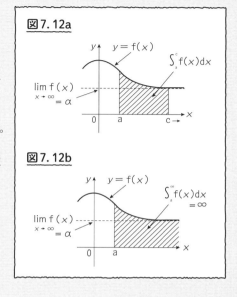

図7.12a

図7.12b

そこで、$\displaystyle\lim_{x\to\infty}f(x)=0$ ならば、$\displaystyle\int_a^\infty f(x)dx$ が広義積分可能になるか？

このことを、次の2つの関数で見ていこう。

① $f(x)=\dfrac{1}{x^2}$　② $g(x)=\dfrac{1}{x}$

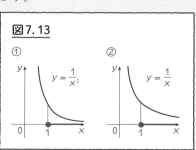

図7.13

この2つの関数のグラフは、図7.13の太い実線である。グラフからわかるように、

・$x\geqq1$で連続

・$\displaystyle\lim_{x\to\infty}\frac{1}{x^2}=0$、$\displaystyle\lim_{x\to\infty}\frac{1}{x}=0$

が成り立つ。

① 関数 $f(x) = \dfrac{1}{x^2}$ (7.12)

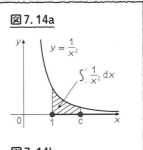

図7.14a

を考えよう。

$1 < c$ となる実数 c をとり、広義積分を計算すると（図7.14a）、

$$\int_1^\infty \frac{1}{x^2}\,dx = \lim_{c \to \infty} \int_1^c \frac{1}{x^2}\,dx$$

$$= \lim_{c \to \infty} \int_1^c x^{-2}\,dx$$

$$= \lim_{c \to \infty} \left[\frac{1}{-2+1}x^{-2+1}\right]_1^c$$

$$= \lim_{c \to \infty} \left[-\frac{1}{x}\right]_1^c$$

$$= \lim_{c \to \infty} \left(-\frac{1}{c}+1\right) = 1$$

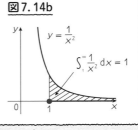

図7.14b

と有限の値に収束するから、広義積分可能である（図7.14b）。

②次に、関数 $g(x) = \dfrac{1}{x}$ (7.13)

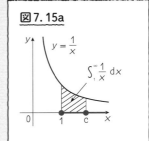

図7.15a

を考えよう。$1 < c$ となる実数 c をとり（図7.15a）、

$$\int_1^\infty \frac{1}{x}\,dx = \lim_{c \to \infty} \int_1^c \frac{1}{x}\,dx = \lim_{c \to \infty} [\log x]_1^c$$

$$= \lim_{c \to \infty} (\log c - 0) = \infty$$

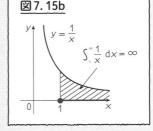

図7.15b

と発散するから、広義積分不可能である（図7.15b）。

この2つの例では、

① $\displaystyle\lim_{x\to\infty}\frac{1}{x^2}=0$ ② $\displaystyle\lim_{x\to\infty}\frac{1}{x}=0$

と、ともに極限値が0になるが、①は広義積分可能で、②は広義積分不可能である。

これは、① $f(x)=\dfrac{1}{x^2}$ のグラフが② $g(x)=\dfrac{1}{x}$ のグラフより x 軸に近いからである（図7.16）。

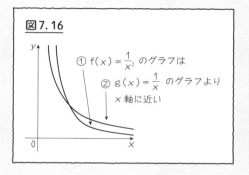

図7.16

① $f(x)=\dfrac{1}{x^2}$ のグラフは
② $g(x)=\dfrac{1}{x}$ のグラフより
x 軸に近い

すなわち、関数 $f(x)$ が $\displaystyle\lim_{x\to +0}f(x)=0$ であっても、$y=f(x)$ のグラフが x 軸にどのくらい近いかによって、広義積分が可能になったり不可能になったりする。

一般に、正の実数 p に対して、

$0<p\leqq 1$ のとき、$\displaystyle\int_1^\infty \frac{1}{x^p}dx$ は広義積分不可能であり、

$1<p$ のとき、$\displaystyle\int_1^\infty \frac{1}{x^p}dx$ は広義積分可能である。

◎開区間 $-\infty < x < \infty$ での積分

開区間 $-\infty < x < \infty$（すなわち実数全体）で連続関数 $f(x)$ についても、$f(x)$ の不定積分の1つを $\mathrm{F}(x)$ として、正の実数 c、負の実数 c' をとり、c を限りなく大きくし、c' では $|c'|$ を限りなく大きくする。

$$\lim_{\substack{c\to\infty\\c'\to-\infty}}\int_{c'}^{c}f(x)dx=\lim_{c\to\infty}\mathrm{F}(c)-\lim_{c'\to-\infty}\mathrm{F}(c')$$

となる（図7.17))。

このとき、$\displaystyle\lim_{c \to \infty} F(c) - \lim_{c' \to -\infty} F(c')$ を

$\displaystyle\int_{-\infty}^{\infty} f(x)dx$ と書いて、**広義積分**という

(**無限積分**ということもある)。

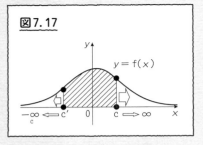

図7.17

$\displaystyle\lim_{c \to \infty} F(c)$ と $\displaystyle\lim_{c' \to \infty} F(c')$ が共に有限の値に収束するとき、**広義積分可能**という。また、少なくとも一方が発散するとき**広義積分不可能**という。

ここでも、$\displaystyle\int_{-\infty}^{\infty} f(x)dx$ が広義積分可能であれば、$\displaystyle\lim_{x \to \infty} f(x) = 0$ かつ $\displaystyle\lim_{x \to -\infty} f(x) = 0$ であるが、逆に、$\displaystyle\lim_{x \to \infty} f(x) = 0$ かつ $\displaystyle\lim_{x \to -\infty} f(x) = 0$ であっても、必ずしも $f(x)$ が広義積分可能となるとは限らない。

そのことを、次の2つの例で見ていこう。

① $f(x) = \begin{cases} \dfrac{1}{(x+1)^2} & (x \geqq 0) \\[2mm] \dfrac{1}{(x-1)^2} & (x < 0) \end{cases}$

(7.14)

② $g(x) = \begin{cases} \dfrac{1}{x+1} & (x \geqq 0) \\[2mm] \dfrac{1}{1-x} & (x < 0) \end{cases}$

(7.15)

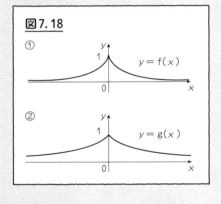

図7.18
① $y = f(x)$
② $y = g(x)$

という関数 $f(x)$ を考えよう。

グラフは図7.18の太い実線である。グラフからわかるように、①、②ともに

- $-\infty$ から ∞ で連続
- $\displaystyle\lim_{x \to \infty} f(x) = 0$ かつ $\displaystyle\lim_{x \to -\infty} f(x) = 0$、$\displaystyle\lim_{x \to \infty} g(x) = 0$ かつ $\displaystyle\lim_{x \to -\infty} g(x) = 0$
- $f(x)$、$g(x)$ ともに偶関数

である。

> グラフが y 軸に関して
> 対称だから偶関数

①まず、広義積分 $\displaystyle\int_{-\infty}^{\infty} f(x)dx$ を計算しよう。

$$\int_{-\infty}^{\infty} f(x)dx = 2\int_{0}^{\infty} f(x)dx = 2\int_{0}^{\infty} \frac{1}{(x+1)^2}dx$$

$$= 2\lim_{c\to\infty}\int_{0}^{c}\frac{1}{(x+1)^2}dx = \lim_{c\to\infty}2\int_{0}^{c}(x+1)^{-2}dx$$

> $f(x)$ が偶関数だから

$$= 2\lim_{c\to\infty}\left[\frac{1}{-2+1}(x+1)^{-2+1}\right]_{0}^{c}$$

$$= 2\lim_{c\to\infty}\left[\frac{1}{-1}(x+1)^{-1}\right]_{0}^{c}$$

$$= 2\lim_{c\to\infty}\left[-\frac{1}{x+1}\right]_{0}^{c}$$

$$= 2\lim_{c\to\infty}\left(-\frac{1}{c+1}+\frac{1}{0+1}\right)$$

$$= 2(-0+1) = 2$$

> 一般に、$p(\neq 0)$ が実数のとき
> $\displaystyle\int(ax+b)^{n}dx$
> $= \dfrac{1}{a(p+1)}(ax+b)^{p+1}+C$
> であり、ここでは $a=1$, $b=1$,
> $n=-2$ にあたる。(265ページ)

有限の値に収束するから、(7.14) は広義積分可能である。

②次に、広義積分 $\displaystyle\int_{-\infty}^{\infty} g(x)dx$ を計算しよう。

$$\int_{-\infty}^{\infty} g(x)dx = 2\int_{0}^{\infty} g(x)dx = 2\int_{0}^{\infty} \frac{1}{x+1}dx$$

$$= 2\lim_{c\to\infty}\int_{0}^{c}\frac{1}{x+1}dx$$

$$= 2\lim_{c\to\infty}\left[\log(x+1)\right]_{0}^{c}$$

> 一般に、
> $\displaystyle\int\frac{1}{ax+b}dx$
> $= \dfrac{1}{a}\log(ax+b)+C$
> であり、ここでは $a=1$, $b=1$ にあたる。(265ページ)

$$= 2\lim_{c\to\infty}\{\log(c+1)+\log(0+1)\}$$

$$= 2\lim_{c\to\infty}\{\log(c+1)+0\} = \infty$$

発散するから、(7.15) は広義積分不可能である。

ここでも、$\lim\limits_{x \to \infty} f(x) = 0$ かつ $\lim\limits_{x \to -\infty} f(x) = 0$ であっても、広義積分可能になる場合と不可能になる場合がある。その違いは、やはりグラフが x 軸に近づく度合いによる（図7.19）。

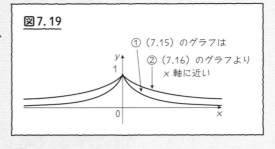

図7.19

① (7.15) のグラフは
② (7.16) のグラフより x 軸に近い

2 フーリエの積分公式

周期2Lの区分的に滑らかな周期関数 $f_{\mathrm{L}}(x)$ について、

複素フーリエ級数
$$f_{\mathrm{L}}(x) = \sum_{n=-\infty}^{\infty} c_n e^{i\frac{n\pi}{\mathrm{L}}x} \tag{7.1}$$

複素フーリエ係数
$$c_n = \frac{1}{2\mathrm{L}} \int_{-\mathrm{L}}^{\mathrm{L}} f_{\mathrm{L}}(t) e^{-i\frac{n\pi}{\mathrm{L}}t} \, dt \tag{7.2}$$

であった。この (7.1) と (7.2) から**フーリエの積分公式**

$$f(x) = \frac{1}{2\pi} \int_{-\infty}^{\infty} \left\{ \int_{-\infty}^{\infty} f(t) e^{-i\omega t} \, dt \right\} e^{i\omega x} \, d\omega \tag{7.16}$$

を導く。

そして、フーリエの積分公式(7.16) が成り立つための $f(x)$ の条件を示す。

◎フーリエの積分公式の導出

(1) (7.2) を (7.1) に代入して、次のように変形する。

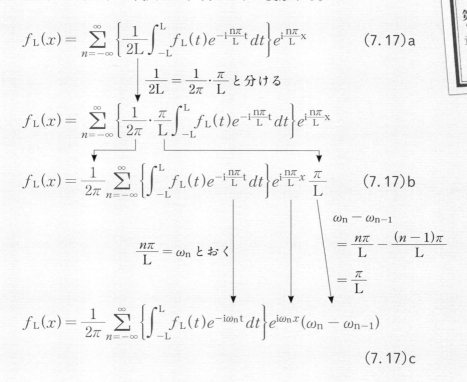

$$f_L(x) = \sum_{n=-\infty}^{\infty} \left\{ \frac{1}{2L} \int_{-L}^{L} f_L(t) e^{-i\frac{n\pi}{L}t} dt \right\} e^{i\frac{n\pi}{L}x} \tag{7.17a}$$

$$\frac{1}{2L} = \frac{1}{2\pi} \cdot \frac{\pi}{L} \text{ と分ける}$$

$$f_L(x) = \sum_{n=-\infty}^{\infty} \left\{ \frac{1}{2\pi} \cdot \frac{\pi}{L} \int_{-L}^{L} f_L(t) e^{-i\frac{n\pi}{L}t} dt \right\} e^{i\frac{n\pi}{L}x}$$

$$f_L(x) = \frac{1}{2\pi} \sum_{n=-\infty}^{\infty} \left\{ \int_{-L}^{L} f_L(t) e^{-i\frac{n\pi}{L}t} dt \right\} e^{i\frac{n\pi}{L}x} \frac{\pi}{L} \tag{7.17b}$$

$$\frac{n\pi}{L} = \omega_n \text{ とおく}$$

$$\omega_n - \omega_{n-1} = \frac{n\pi}{L} - \frac{(n-1)\pi}{L} = \frac{\pi}{L}$$

$$f_L(x) = \frac{1}{2\pi} \sum_{n=-\infty}^{\infty} \left\{ \int_{-L}^{L} f_L(t) e^{-i\omega_n t} dt \right\} e^{i\omega_n x} (\omega_n - \omega_{n-1}) \tag{7.17c}$$

(2) ここで、(7.17)c の L を無限に大きくすると、以下の対応で、(7.17)c がフーリエ積分公式 (7.16) に変化する。

$$f_L(x) = \frac{1}{2\pi} \sum_{n=-\infty}^{\infty} \left\{ \int_{-L}^{L} f_L(t) e^{-i\omega_n t} dt \right\} e^{i\omega_n x} (\omega_n - \omega_{n-1}) \tag{7.17c}$$

$$L \rightarrow \infty$$

$$f(x) = \frac{1}{2\pi} \int_{-\infty}^{\infty} \left\{ \int_{-\infty}^{\infty} f(t) e^{-i\omega t} dt \right\} e^{i\omega t} d\omega \tag{7.16}$$

それでは、なぜこのような変化が起きるのかを、これから詳しく見ていこう。

（7.17)cから（7.16）への変化は、第3章の158ページで見てきた区分求積法による。区分求積法は次のようなものであった。

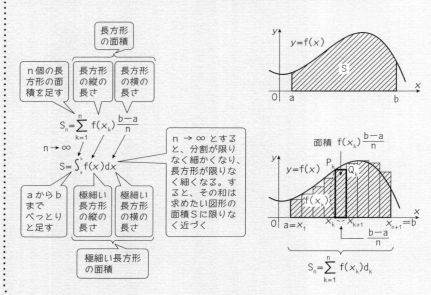

　そこで、まず（7.17)cの ｛ ｝ 内の定積分

$$\int_{-L}^{L} f_{\mathrm{L}}(t)e^{-i\omega_{n}t}dt \tag{7.18)a}$$

について考える。この式で、tは積分変数だから積分するとtに上端Lや下端$-$Lを代入するからなくなり、Lは定数だから変化せず、ω_{n}はnの値によって離散的に変化する。

　ここで、ωを実変数として、

$$\mathrm{F}_{\mathrm{L}}(\omega) = \int_{-L}^{L} f_{\mathrm{L}}(t)e^{-i\omega t}dt \tag{7.19}$$

なる関数$F_L(\omega)$を考える。(7.18)aは、(7.19)のωにω_nを代入した式だから

$$F_L(\omega_n) = \int_{-L}^{L} f_L(t)e^{-i\omega_n t}dt \tag{7.18}b$$

が成り立つ。(7.18)bを (7.17)cに代入すると、

$$f_L(x) = \frac{1}{2\pi}\sum_{n=-\infty}^{\infty}F_L(\omega_n)e^{i\omega_n x}(\omega_n - \omega_{n-1}) \tag{7.17}d$$

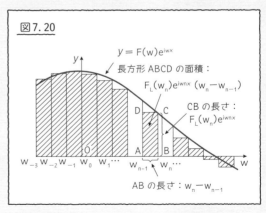

$$f_L(x) = \frac{1}{2\pi}\sum_{n=-\infty}^{\infty}F_L(\omega_n)e^{i\omega_n x}(\omega_n - \omega_{n-1})$$

区分求積法の式 $S_n = \sum_{k=1}^{n}f(x_k)\dfrac{b-a}{n}$ に対応

となる。

(3) 次に、関数$F_L(\omega)$と$e^{-i\omega x}$をかけ算してできる関数

$$y = F_L(\omega)e^{i\omega x} \tag{7.20}$$

をつくる。(7.20)では、xとLは定数、独立変数ωが実数、従属変数yが複素数である。yは複素数となるので、(7.20)のグラフは平面上に描けないが、イメージ図として図7.20の赤色の実線が(7.20)のグラフになるとする。

図7.20を参考にすると (7.17)dの右辺

$$\frac{1}{2\pi}\sum_{n=-\infty}^{\infty}F_L(\omega_n)e^{i\omega_n x}(\omega_n - \omega_{n-1})$$

は細長い長方形の面積 $F_L(\omega_n)e^{i\omega_n x}(\omega_n - \omega_{n-1})$ を無限個足し算した式を 2π で割った式である（実際には、長方形の面積ではないが、今は面積のイメージとしてとらえる）。

(4) ここで、$L \to \infty$ とすると、$\omega_n - \omega_{n-1} = \dfrac{\pi}{L} \to 0$ なので、ω_{n-1} と ω_n の間隔はどんどん狭くなり、L が無限に大きくなると、離散量 ω_n は、連続量 ω になる。

　その様子を $L = 2$、$L = 4$ の場合で見ていこう。

　$L = 2$ の場合（図7.21a）

　ω_{n-1} と ω_n の間隔は

$$\omega_{n-1} - \omega_n = \frac{\pi}{L} = \frac{\pi}{2}$$

　$L = 4$ の場合（図7.21b）

　ω_{n-1} と ω_n の間隔は

$$\omega_{n-1} - \omega_n = \frac{\pi}{L} = \frac{\pi}{4}$$

となる。

　L が 2 倍に大きくなると、ω_{n-1} と ω_n の間隔は $\dfrac{1}{2}$ 倍となる。このように、L がどんどん大きくなると、ω_{n-1} と ω_n の間隔がどんどん狭くなり、ついには繋がってしまう（図7.21c）。すなわち、連続量になる（一般的には、L が変化すると、関数 $y = F_L(\omega)$ も変化するから、そのグラフも変化する。しかし、ここでは同じグラフで描くこ

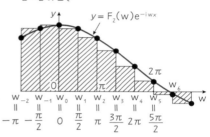

図7.21a

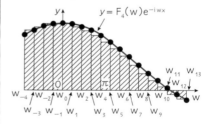

図7.21b

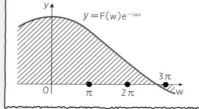

図7.21c

とにする。大切なことは、ω_{n-1} と ω_n の間隔がどんどん狭くなることである)。

(5) 結局、次の対応で、(7.17)cから (7.3) への変化が起きる。

L→∞のとき

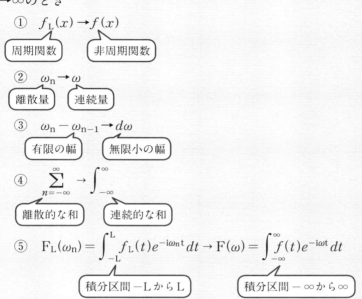

① $f_L(x) \rightarrow f(x)$

周期関数　　非周期関数

② $\omega_n \rightarrow \omega$

離散量　　連続量

③ $\omega_n - \omega_{n-1} \rightarrow d\omega$

有限の幅　　無限小の幅

④ $\displaystyle\sum_{n=-\infty}^{\infty} \rightarrow \int_{-\infty}^{\infty}$

離散的な和　　連続的な和

⑤ $\displaystyle F_L(\omega_n) = \int_{-L}^{L} f_L(t)e^{-i\omega_n t}dt \rightarrow F(\omega) = \int_{-\infty}^{\infty} f(t)e^{-i\omega t}dt$

積分区間 −LからL　　積分区間 −∞から∞

そこで、図7.22のように、L→∞によって

$$f_L(x) = \frac{1}{2\pi} \sum_{n=-\infty}^{\infty} F_L(\omega_n)e^{i\omega_n x}(\omega_n - \omega_{n-1}) \qquad (7.17)d$$

は、

$$f(x) = \frac{1}{2\pi} \int_{-\infty}^{\infty} F(\omega)e^{i\omega x}d\omega \qquad (7.21)$$

に変化する。

　以上のことをまとめると、図7.23のように複素フーリエ級数(7.1) はフーリエの積分公式(7.16) なる。

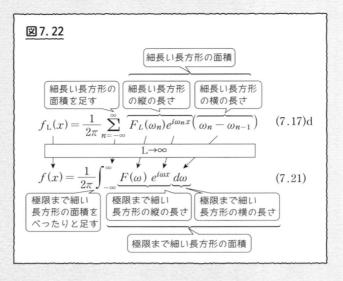

図7.22

$$f_L(x) = \frac{1}{2\pi}\sum_{n=-\infty}^{\infty} F_L(\omega_n)e^{i\omega_n x}(\omega_n - \omega_{n-1}) \qquad (7.17)\text{d}$$

細長い長方形の面積を足す — 細長い長方形の縦の長さ — 細長い長方形の横の長さ — 細長い長方形の面積

L→∞

$$f(x) = \frac{1}{2\pi}\int_{-\infty}^{\infty} F(\omega)\, e^{i\omega x}\, d\omega \qquad (7.21)$$

極限まで細い長方形の面積をべったりと足す — 極限まで細い長方形の縦の長さ — 極限まで細い長方形の横の長さ — 極限まで細い長方形の面積

図7.23

$$f(x) = \sum_{n=-\infty}^{\infty} c_n e^{i\frac{n\pi}{L}x} \qquad \boxed{\text{複素フーリエ級数}} \qquad (7.1)$$

$$c_n = \frac{1}{2\pi}\int_{-\pi}^{\pi} f(x)e^{-i\frac{n\pi}{L}x}dx \qquad \boxed{\text{複素フーリエ係数}}$$

$$f_L(x) = \sum_{n=-\infty}^{\infty}\left\{\frac{1}{2L}\int_{-L}^{L} f_L(t)e^{-i\frac{n\pi}{L}t}dt\right\}e^{i\frac{n\pi}{L}x} \qquad (7.17)\text{a}$$

$$\frac{1}{2L} = \frac{1}{2\pi}\cdot\frac{\pi}{L} \qquad \Big| \qquad \omega_n = \frac{n\pi}{L} \quad \text{とおくと} \quad \omega_n - \omega_{-1} = \frac{\pi}{L}$$

$$f_L(x) = \frac{1}{2\pi}\sum_{n=-\infty}^{\infty}\left\{\int_{-L}^{L} f_L(t)e^{-i\omega_n t}dt\right\}e^{i\omega_n x}(\omega_n - \omega_{n-1}) \qquad (7.6)\text{a}$$

L→∞

$$f(x) = \frac{1}{2\pi}\int_{-\infty}^{\infty}\left\{\int_{-\infty}^{\infty} f(t)e^{-i\omega t}dt\right\}e^{i\omega x}\, d\omega \qquad (7.16)$$

フーリエの積分公式

◎フーリエの積分公式が成り立つための条件

　ここまでは、式の変形を考えてきたが、フーリエの積分公式

$$f(x)\,\frac{1}{2\pi}\int_{-\infty}^{\infty}\left\{\int_{-\infty}^{\infty}f(t)e^{-i\omega t}\,dt\right\}e^{i\omega x}\,d\omega \qquad (7.16)$$

が成り立つためには、関数 $f(x)$ に条件が必要である。

(1) フーリエの積分公式は複素フーリエ級数から導かれるから、複素フーリエ級数が成り立つための条件「$f(x)$ は区分的に滑らか」が必要である。

(2) 次に、フーリエの積分公式 (7.3) の中にある積分 $\displaystyle\int_{-\infty}^{\infty}f(t)e^{-i\omega t}\,dt$ が広義積分可能でなければならない。そのための条件は、「$f(t)$ の絶対値 $|f(t)|$ の広義積分 $\displaystyle\int_{-\infty}^{\infty}|f(t)|\,dt$ が広義積分可能である」ということである。この条件を満たすとき、$f(x)$ は**絶対可積分**という。

すなわち、

「$f(t)$ が絶対可積分ならば、$\displaystyle\int_{-\infty}^{\infty}f(t)e^{-i\omega t}\,dt$ は広義積分可能」がいえる（この証明は、本書の程度を越えるので証明は省略する）。

たとえば、326ページで示した2つの関数

① $$f(x)=\begin{cases}\dfrac{1}{(x+1)^2} & (x\geqq0)\\[2mm]\dfrac{1}{(x-1)^2} & (x<0)\end{cases}$$

$$(7.14)$$

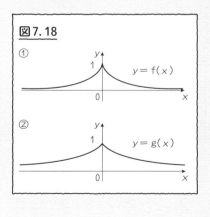

図7.18

① $y=f(x)$

② $y=g(x)$

② $$g(x)=\begin{cases}\dfrac{1}{x+1} & (x\geqq0)\\[2mm]\dfrac{1}{1-x} & (x<0)\end{cases}$$

$$(7.15)$$

について考えると、

① $\dfrac{1}{(x+1)^2}>0$、$\dfrac{1}{(x-1)^2}>0$ より $|f(x)|=f(x)$ である。

そこで、327ページで計算したことから

$$\int_{-\infty}^{\infty} |f(x)|dx = \int_{-\infty}^{\infty} f(x)dx = 2$$

となる。よって、$f(x)$ は絶対可積分である。

② $x \geqq 0$ で $\dfrac{1}{x+1} > 0$、$x < 0$ で $\dfrac{1}{1-x} > 0$ より $|g(x)| = g(x)$ である。

そこで、327ページで計算したことから、

$$\int_{-\infty}^{\infty} |g(x)|dx = \int_{-\infty}^{\infty} g(x)dx = \infty$$

となる。よって、$f(x)$ は絶対可積分ではない。

以上のことから、次のことがいえる。

非周期関数 $f(x)$ が区分的に滑らかで、絶対可積分であるとき、$f(x)$ のグラフが連続である x の範囲では、

$$f(x) = \frac{1}{2\pi}\int_{-\infty}^{\infty}\left\{\int_{-\infty}^{\infty} f(t)e^{-i\omega t}dt\right\}e^{i\omega x}d\omega \tag{7.16}$$

$f(x)$ のグラフが $x = a$ で不連続であるときは

$$\frac{f(a+0)+f(a-0)}{2} = \frac{1}{2\pi}\int_{-\infty}^{\infty}\left\{\int_{-\infty}^{\infty} f(t)e^{-i\omega t}dt\right\}e^{i\omega a}d\omega \tag{7.17}$$

記号 $f(a+0)$ は右側極限、記号 $f(a-0)$ は左側極限（112ページ）

3　方形パルスのフーリエの積分公式

　ここでは、複素フーリエ級数からフーリエの積分公式に移行する過程を方形波を例として見ていこう。

$0 < r < \mathrm{L}$ である実数 r、L に対して

$$f_{\mathrm{Ls}}(x) = \begin{cases} 0 & (-\mathrm{L} \leqq x < -r) \\ 1 & (-r \leqq x \leqq r) \\ 0 & (r < x < \mathrm{L}) \end{cases} \qquad (7.22)\mathrm{a}$$

で定まる関数$f_{\mathrm{Ls}}(x)$のグラフは図7.24の太い実線である。この関数を周期的拡張した関数を$f_{\mathrm{L}}(x)$とする。周期関数$f_{\mathrm{L}}(x)$は周期2Lの周期関数であるから、グラフは図7.25aの太い実線になる。これが、方形波である。

　ここで、rを変えずにLをどんどん大きくすると、図7.25bのように、周期2Lは大きくなるが、$f_{\mathrm{L}}(x) = 1$となる閉区間$-r \leqq x \leqq r$の幅は変わらない。

　そして、Lを無限に大きくすると、非周期関数

$$f(x) = \begin{cases} 1 & (-r \leqq x \leqq r) \\ 0 & (x < -r,\ r < x) \end{cases}$$
$$(7.22)\mathrm{b}$$

になる。グラフは図7.25cの太い実線で、これを**方形パルス**という。

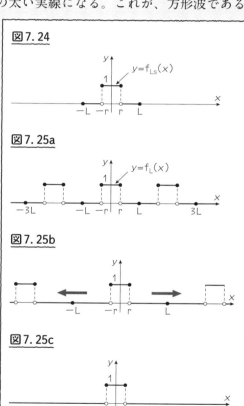

図7.24

図7.25a

図7.25b

図7.25c

　この方形パルスのフーリエの積分公式を求めよう。

(1) まず、329ページの (1) で、
$\omega_{\mathrm{n}} = \dfrac{n\pi}{\mathrm{L}}$ とおいて、複素フーリエ級数から導いた式は

$$f_{\rm L}(x) = \frac{1}{2\pi} \sum_{n=-\infty}^{\infty} \left\{ \int_{-L}^{L} f_{\rm L}(t) e^{-i\omega_n t} dt \right\} e^{i\omega_n x} (\omega_n - \omega_{n-1})$$

$$(7.17){\rm c}$$

である。

(2) 次に、方形波の式 (7.22)a を代入して計算していこう。計算の途中で、ω_n が分母に表れる。$\omega_n = \dfrac{n\pi}{L}$ だから、$n = 0$ のとき、$\omega_n = 0$ となる。そこで、$n \neq 0$ と $n = 0$ の場合に分ける。

$n \neq 0$ のとき

$$\int_{-L}^{L} f_{\rm L}(t) e^{-i\omega_n t} dt$$

> $f_{\rm L}(t)$ と変数の文字が t となっているので、t の範囲
> $$-L \leqq t < -r, \quad -r \leqq t \leqq r, \quad r < t < L$$
> に分かれ、このそれぞれの範囲で $f_{\rm L}(t)$ の値が異なるから、積分範囲をこの 3 つの場合に分ける

$$= \int_{-L}^{-r} f_{\rm L}(t) e^{-i\omega_n t} dt + \int_{-r}^{r} f_{\rm L}(t) e^{-i\omega_n t} dt + \int_{r}^{L} f(t) e^{-i\omega_n t} dt$$

$$= \int_{-L}^{-r} 0 \cdot e^{-i\omega_n t} dt + \int_{-r}^{r} 1 \cdot e^{-i\omega_n t} dt + \int_{r}^{L} 0 \cdot e^{-i\omega_n t} dt$$

$$= \int_{-r}^{r} 1 \cdot e^{-i\omega_n t} dt$$

> $f_{\rm L}(t) = \begin{cases} 0 & (-L \leqq t < -r) \\ 1 & (-r \leqq t \leqq r) \\ 0 & (r < t < L) \end{cases}$ だから

$$= \left[\frac{1}{-i\omega_n} e^{-i\omega_n t} \right]_{-r}^{r}$$

> 293ページの (6.25) $\displaystyle\int e^{iax} = \frac{1}{ia} e^{iax} + C$

$$= -\frac{1}{i\omega_n} \{ e^{-i\omega_n r} - e^{-i\omega_n (-r)} \}$$

$$= -\frac{1}{i\omega_n} \{ -(e^{-i\omega_n r} - e^{-i\omega_n r}) \}$$

> $e^{i\theta} - e^{-i\theta} = 2i\sin\theta$

$$= \frac{1}{i\omega_n} 2i \sin \omega_n r$$

$$= \frac{2 \sin \omega_n r}{\omega_n}$$

$n = 0$ のとき $\omega_0 = \dfrac{0 \cdot \pi}{L} = 0$ より $e^{-i\omega_0 t} = e^{-i \cdot 0 \cdot t} = 1$　だから

$$\int_{-L}^{L} f_L(t)e^{-i\omega_n t}\,dt = \int_{-r}^{r} 1 \cdot 1\,dt = [t]_{-r}^{r} = r-(-r) = 2r$$

結局、

$$\int_{-L}^{L} f_L(t)e^{-i\omega_n t}\,dt = \begin{cases} \dfrac{2\sin\omega_n r}{\omega_n} & (n \neq 0\text{のとき}) \\[2mm] 2r & (n = 0\text{のとき}) \end{cases} \tag{7.23a}$$

となる。

　この (7.23)a に含まれる ω_n は、整数 n が変わると値 ω_n も変わるので、変数とも考えられる。そこで、ω_n を実変数 ω に変えた関数

$$F_L(\omega) = \int_{-L}^{L} f_L(t)e^{-i\omega t}\,dt = \begin{cases} \dfrac{2\sin\omega r}{\omega} & (\omega \neq 0) \\[2mm] 2r & (\omega = 0) \end{cases} \tag{7.24}$$

を考える。

　関数 $y = F_L(\omega)$ は、(7.24) を見ると不連続な関数に見えるが、実は連続な関数である。それは、グラフを見るとわかる。

　$y = \dfrac{2\sin\omega r}{\omega}$ のグラフは、図7.26aの太い実線である。ω が分母にあるので、$\omega \neq 0$ だから、点 $(0, 2r)$ で穴が開いている。

　$y = 2r$ のグラフは、図7.26bの点 $(0, 2r)$ である。

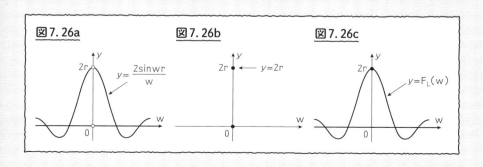

そして、この2つのグラフを合わせたのが関数 $y = F_L(\omega)$ のグラフで、図7.26cの太い実線である。丁度、$y = \dfrac{2\sin\omega r}{\omega}$ のグラフで穴が開いているところを、$y = 2r$ のグラフが埋めていることになる。

このようにグラフから関数 $y = F_L(\omega)$ は連続な関数であることがわかる。

しかし、関数 $F(\omega)$ が連続であることは、グラフからわかるが、それだけでは不十分なので、改めて、数式で証明しよう。

$\omega \neq 0$ では、$F_L(\omega) = \dfrac{2\sin\omega r}{\omega}$ であるから、連続である（図7.26a）。あとは、$\omega = 0$ で連続であれば、$F_L(\omega)$ は連続な関数になる。

$F_L(\omega)$ が $\omega = 0$ で連続であることを示すには、115ページより、

「$\omega = 0$ における右側極限と左側極限が $F_L(0)$ に等しい」

ことを示せばよい（図7.27）。

$F_L(\omega)$ の右側極限は、

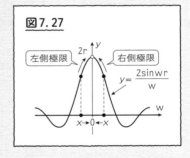

図7.27

$$\lim_{\omega \to +0} F_L(\omega) = \lim_{\omega \to +0} \frac{2\sin\omega r}{\omega}$$

$$= \lim_{\omega \to +0} \frac{2r\sin\omega r}{\omega r}$$

$$= 2r \lim_{\omega \to +0} \frac{\sin\omega r}{\omega r}$$

$$= 2r \cdot 1 = 2r = F_L(0)$$

$\omega r = \theta$ とおくと、$\omega \to +0$ のとき $\theta \to +0$ だから135ページの（3.16）より
$$\lim_{\omega \to +0} \frac{\sin\omega r}{\omega r} = \lim_{\theta \to +0} \frac{\sin\theta}{\theta} = 1$$

同じように、左側極限も

$$\lim_{\omega \to -0} F_L(\omega) = 2r = F_L(0)$$

が成り立つ。したがって、

$$\lim_{\omega \to +0} F_L(\omega) = \lim_{\omega \to -0} F_L(\omega) = F_L(0)$$

が成り立つから、$F_L(\omega)$ は、$\omega = 0$ で連続である。

以上で、$F_L(\omega)$ は連続関数である。

さて、この連続関数 $F_L(\omega)$ の ω に ω_n に代入すると、(7.24) より、

$$F_L(\omega_n) = \int_{-L}^{L} f_L(t)e^{-i\omega_n t}\,dt = \begin{cases} \dfrac{2\sin\omega_n r}{\omega_n} & (n \neq 0 \text{のとき}) \\[2mm] 2r & (n = 0 \text{のとき}) \end{cases}$$

(7.25)

となる。この式を (7.17)c に代入して

$$f_L(x) = \frac{1}{2\pi} \sum_{n=-\infty}^{\infty} F_L(\omega_n)e^{i\omega_n x}(\omega_n - \omega_{n-1})$$

(7.26)

となる。

(3) この式 (7.26) の意味を考えよう。

まず、(7.26) に含まれる式 $F_L(\omega_n)e^{i\omega_n x}$ の ω_n を実変数 ω に変えた関数

$$y = F_L(\omega)e^{i\omega x} = \begin{cases} \dfrac{2\sin\omega r}{\omega}e^{i\omega x} & (\omega \neq 0) \\[2mm] 2re^{i\omega x} & (\omega = 0) \end{cases}$$

(7.27)

を考える。

このとき、点 $(\omega_n, F_L(\omega_n)e^{i\omega_n x})$ は、変数 ω の関数 $y = F_L(\omega)e^{i\omega x}$ のグラフ上にあるので、関数 $y = F_L(\omega)e^{i\omega x}$ のグラフを描きたい。ところが、独立変数 ω が実数で、従属変数 y が複素数になるため、関数 $y = F_L(\omega)e^{i\omega x}$ のグラフを平面上には描けない。

そこで、関数 $y = F_L(\omega)e^{i\omega x}$ のグラフを関数 $y = F_L(\omega)$ のグラフで代用し、y の値につ

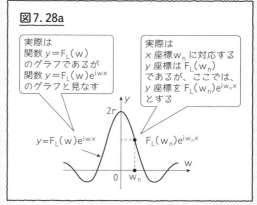

図7.28a

実際は
関数 $y=F_L(w)$ のグラフであるが
関数 $y=F_L(w)e^{iwx}$ のグラフと見なす

実際は
x 座標 w_n に対応する y 座標は $F_L(w_n)$ であるが、ここでは、y 座標を $F_L(w_n)e^{iw_n x}$ とする

$y=F_L(w)e^{iwx}$

$F_L(w_n)e^{iw_n x}$

$2r$

いては$F_L(\omega_n)e^{i\omega_n x}$で書くことにする（図7.28a）。

次に、

$$F_L(\omega_n)e^{i\omega_n x}(\omega_n - \omega_{n-1})$$

の意味を考えよう。

$F_L(\omega_n)e^{i\omega_n x}$は、$\omega = \omega_n$

に対応するyの値で、

$\omega_n - \omega_{n-1}$は、ω_{n-1}とω_nの間隔で、その値は

$$\omega_n - \omega_{n-1}$$
$$= \frac{n\pi}{L} - \frac{(n-1)\pi}{L} = \frac{\pi}{L} = \frac{\pi}{2r}$$

である。

このことから、

$F_L(\omega_n)e^{i\omega_n x}$は、図7.28bの斜線の長方形の縦の長さ

$\omega_n - \omega_{n-1}$は、図7.28bの斜線の長方形の横の長さ

になるから、

$F_L(\omega_n)e^{i\omega_n x}(\omega_n - \omega_{n-1})$は、図7.28bの斜線の長方形の面積を表す。ただし、実際は、$F_L(\omega_n)e^{i\omega_n x}$は複素数なので長方形の長さではないが、ここでは、イメージとして長方形の長さを表していると考える。したがって、

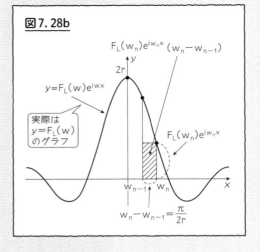

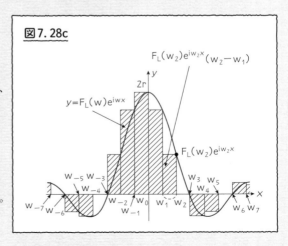

$F_{\mathrm{L}}(\omega_\mathrm{n})e^{i\omega_\mathrm{n}x}(\omega_\mathrm{n} - \omega_\mathrm{n-1})$ も実際の面積ではないが、イメージとして面積と捉える。

そこで、式(7.26)

$$f_{\mathrm{L}}(x) = \frac{1}{2\pi} \underbrace{\sum_{n=-\infty}^{\infty}}_{\substack{-\infty \sim +\infty \\ \text{までの足し算}}} \underbrace{F_{\mathrm{L}}(\omega_n)e^{i\omega_\mathrm{n}x}(\omega_\mathrm{n} - \omega_\mathrm{n-1})}_{\substack{\text{斜線の長方形} \\ \text{の符号付面積}}}$$

は、斜線の長方形の符号付面積を、$-\infty$ から $+\infty$ まで足した式である。

ここで、符号付面積としたのは、長方形が x 軸より下にあるときは、積分の値は長方形の面積にマイナス($-$) がついた値になるからである。

(4) ここで、L を大きくしていくとき、(7.26)がどのように変化するかを見ていく。

そのために、L を $2r$、$4r$、$8r$ と大きくしたときの(7.26)の様子を調べよう(ここでは、$e^{i\omega_\mathrm{n}x}$ を省略し、$F(\omega_\mathrm{n})$ だけの様子を見ていく)。

①L $= 2r$ のとき $\omega_\mathrm{n} = \dfrac{n\pi}{L} = \dfrac{n\pi}{2r}$ より

$n \neq 0$ では、

$$\begin{aligned} F(\omega_\mathrm{n}) &= \frac{2\sin\omega_\mathrm{n} r}{\omega_\mathrm{n}} \\ &= \frac{2\sin\dfrac{n\pi}{2r}r}{\dfrac{n\pi}{2r}} \end{aligned}$$

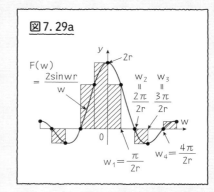

図7.29a

$n = 0$ では、

$$F(\omega_0) = F(0) = 2r$$

$$\omega_\mathrm{n} - \omega_\mathrm{n-1} = \frac{n\pi}{L} - \frac{(n-1)\pi}{L} = \frac{\pi}{L} = \frac{\pi}{2r}$$

だから、図7.29aのようになる。

②L＝4rのとき $\omega_n = \dfrac{n\pi}{L} = \dfrac{n\pi}{4r}$ だから $n \neq 0$ では、

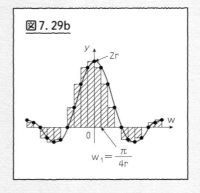

図7.29b

$$F(\omega_n) = \frac{2\sin\omega_n r}{\omega_n} = \frac{2\sin\dfrac{n\pi}{4}}{\dfrac{n\pi}{4r}}$$

$$F(\omega_0) = F(0) = 2r$$

$$\omega_n - \omega_{n-1} = \frac{\pi}{L} = \frac{\pi}{4r}$$

だから、図7.29bのようになる。

③L＝8rのとき $\omega_n = \dfrac{n\pi}{L} = \dfrac{n\pi}{8r}$ だから $n \neq 0$ では、

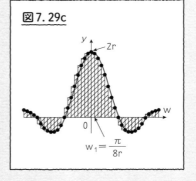

図7.29c

$$F(\omega_0) = F(0) = 2r = \frac{2\sin\dfrac{n\pi}{8}}{\dfrac{n\pi}{8r}}$$

だから、図7.29cのようになる。

　図7.29a〜cのように、r が大きくなるにしたがって、曲線 $y = F(\omega)$ 上に点 $(\omega_n, F(\omega_n))$ が密集していく。すなわち、長方形の横幅が短くなることがわかる。

　(7.26) は、$F(\omega_n)e^{i\omega_n x}$ に幅 $\omega_n - \omega_{n-1}$ がかけ算された式 $F_L(\omega_n)e^{i\omega_n x}(\omega_n - \omega_{n-1})$ の和であるから積分になり、

$$f_L(x) = \frac{1}{2\pi}\sum_{n=-\infty}^{\infty}F(\omega_n)e^{i\omega_n x}(\omega_n - \omega_{n-1}) \qquad (7.26)$$

が

$$f(x) = \frac{1}{2\pi}\int_{-\infty}^{\infty}F(\omega)e^{i\omega x}d\omega \qquad (7.28)$$

に変わる。

$$\omega \neq 0 \text{のとき} \mathrm{F}(\omega) = \frac{2\sin\omega r}{\omega}、\qquad \omega = 0 \text{のとき} \mathrm{F}(0) = 2r$$

であるが、広義積分で考えるとこの（7.28）は

$$f(x) = \frac{1}{2\pi}\int_{-\infty}^{\infty}\frac{2\sin\omega r}{\omega}e^{\mathrm{i}\omega x}\,d\omega \tag{7.29}$$

と書くことができる。

これが方形パルスのフーリエ積分公式である。

> $\dfrac{2\sin\omega r}{\omega}$ は $\omega = 0$ で不連続であるが、$\omega = 0$ で右側極限、左側極限が有限なので、広義積分可能である

4　フーリエ変換とフーリエ逆変換

ここまで、非周期関数 $f(x)$ のフーリエの積分公式

$$f(x) = \frac{1}{2\pi}\int_{-\infty}^{\infty}\left\{\int_{-\infty}^{\infty}f(t)e^{-\mathrm{i}\omega t}\,dt\right\}e^{\mathrm{i}\omega x}\,d\omega \tag{7.16}$$

を導いてきた。この式からフーリエ変換とフーリエ逆変換が、次のようにして定義される。

（7.16）の｛　｝の中の式を $\mathrm{F}(\omega)$ とおいて、

$$\mathrm{F}(\omega) = \int_{-\infty}^{\infty}f(x)e^{-\mathrm{i}\omega x}\,dx \tag{7.3}$$

を、$f(x)$ の**フーリエ変換**という。

そして、（7.16）に（7.3）の $\mathrm{F}(\omega)$ を代入した式

$$f(x) = \frac{1}{2\pi}\int_{-\infty}^{\infty}\mathrm{F}(\omega)e^{\mathrm{i}\omega x}\,d\omega \tag{7.4}$$

を、**フーリエ逆変換**という。

このフーリエの積分公式から導かれるフーリエ変換とフーリエ逆変換の関係を図式化すると図7.31のようになる。

図7.30

$$F(w) = \int_{-\infty}^{\infty} f(x) e^{-iwx} dx \quad \longleftarrow \quad \text{フーリエ変換}$$

$$\Updownarrow$$

$$f(x) = \frac{1}{2\pi} \int_{-\infty}^{\infty} \left\{ \boxed{\int_{-\infty}^{\infty} f(t) e^{-iwt} dt} \right\} e^{iwx} dw \quad \begin{bmatrix} \text{フーリエの} \\ \text{積分公式} \end{bmatrix}$$

$$f(x) = \frac{1}{2\pi} \int_{-\infty}^{\infty} F(w) e^{iwx} dw \quad \longleftarrow \quad \text{フーリエ逆変換}$$

フーリエ変換は、関数 $f(x)$ を関数 $F(\omega)$ に対応させるので、$\mathcal{F}[f(x)] = F(\omega)$ と書くこともある。フーリエ逆変換は、関数 $F(\omega)$ をもとの関数 $f(x)$ に対応させるので、$\mathcal{F}^{-1}[F(\omega)] = f(x)$ と書くこともある（図7.31）。

図7.31

$$\mathcal{F}[f(x)] = \int_{-\infty}^{\infty} f(x) e^{-iwx} dx = F(w)$$

$$\mathcal{F} \ \text{フーリエ変換}$$

$$f(x) \xrightarrow{\hspace{5cm}} f(w)$$
$$\xleftarrow{\hspace{5cm}}$$

$$\mathcal{F}^{-1} \ \text{フーリエ逆変換}$$

$$\mathcal{F}^{-1}[F(w)] = \frac{1}{2\pi} \int_{-\infty}^{\infty} F(w) e^{iwx} dw = f(x)$$

しかし、$f(x)$ のフーリエ変換が存在するためには、$f(x)$ が区分的に滑らかで絶対可積分でなければならない。

たとえば、337ページの方形パルス

$$f(x) = \begin{cases} 1 & (-r \leqq x \leqq r) \\ 0 & (x < -r, \ r < x) \end{cases} \tag{7.22b}$$

のフーリエの積分公式は

$$f(x) = \frac{1}{2\pi} \int_{-\infty}^{\infty} \frac{2\sin\omega r}{\omega} e^{i\omega x} d\omega \qquad (7.29)$$

であったから、方形パルス(7.22)bのフーリエ変換は、

$$F(\omega) = \begin{cases} \dfrac{2\sin\omega r}{\omega} & (\omega \neq 0) \\ 2r & (\omega = 0) \end{cases} \qquad (7.30)$$

フーリエ逆変換は、フーリエの積分公式（7.29）になる。

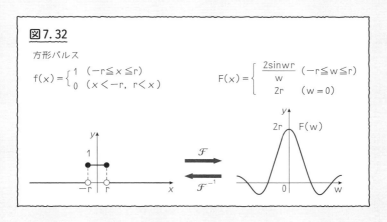

図7.32

方形パルス

$$f(x) = \begin{cases} 1 & (-r \le x \le r) \\ 0 & (x < -r,\ r < x) \end{cases} \qquad F(x) = \begin{cases} \dfrac{2\sin wr}{w} & (-r \le w \le r) \\ 2r & (w = 0) \end{cases}$$

◎指数関数のフーリエ変換

ここで、次の関数 $f(x)$ のフーリエ変換を求めてみよう。
$a > 0$ として、

$$f(x) = \begin{cases} e^{-ax} & (x \ge 0) \\ 0 & (x < 0) \end{cases} \qquad (7.31)$$

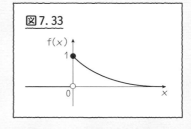

図7.33

この関数のグラフは、図7.33の太い実線
である。

この関数は区分的に滑らかで絶対可積分であるから、フーリエ変換を次
のように求めることができる。

$$F(\omega) = \int_{-\infty}^{\infty} f(x)e^{-i\omega x}dx$$

$$f(x) = \begin{cases} e^{-ax} & (x \geq 0) \\ 0 & (x < 0) \end{cases}$$
だから、積分区間を
$x < 0$ と $0 \leq x$ に分ける

$$= \int_{-\infty}^{0} f(x)e^{-i\omega x}dx + \int_{0}^{\infty} f(x)e^{-i\omega x}dx$$

$$= \int_{-\infty}^{0} 0 \cdot e^{-i\omega x}dx + \int_{0}^{\infty} e^{-ax} \cdot e^{-i\omega x}dx$$

$x < 0$ では $f(x) = 0$ $0 \leq x$ では $f(x) = e^{-ax}$

$$= \int_{0}^{\infty} e^{-(a+i\omega)x}dx$$

指数法則より $e^{-ax} \cdot e^{-i\omega x} = e^{(-ax) + -i\omega x}$
$= e^{-(a+i\omega)x}$

$$= \lim_{c \to \infty} \int_{0}^{c} e^{-(a+i\omega)x}dx$$

(7.10) より

広義積分 $\displaystyle\int_{a}^{\infty} f(x)dx = \lim_{c \to \infty}\int_{a}^{c} f(x)dx$

$$= \lim_{c \to \infty}\left[\frac{1}{-(a+i\omega)}e^{-(a+i\omega)x}\right]_{0}^{c}$$

293ページの (6.24) より
$\displaystyle\int e^{(a+bi)x}dx = \frac{1}{a+bi}e^{(a+bi)x} + C$

$$= \frac{-1}{a+i\omega}\lim_{c \to \infty}e^{-(a+i\omega)c} - \frac{-1}{a+i\omega}\lim_{c \to \infty}e^{-(a+i\omega)\cdot 0}$$

$$= \frac{-1}{a+i\omega}\lim_{c \to \infty}e^{-(a+i\omega)c} - \frac{-1}{a+i\omega}\cdot 1 \qquad (7.32)$$

$\displaystyle\lim_{c \to \infty}e^{-(a+i\omega)\cdot 0} = \lim_{c \to \infty}e^{0} = \lim_{c \to \infty}1 = 1$

ここで、

$$\lim_{c \to \infty}e^{-(a+i\omega)c} = 0 \qquad (7.33)$$

となることを示そう。(7.32) を示すためには、

$$\lim_{c \to \infty}\left|e^{-(a+i\omega)c}\right| = 0 \qquad (7.34)$$

を示せばよい。

なぜならば、$e^{-(a+i\omega)c}$ の絶対値 $\left|e^{-(a+i\omega)c}\right|$ は原点からの距離だから、

$\left| e^{-(a+i\omega)c} \right|$ が 0 に近づくことは、$e^{-(a+i\omega)c}$ が原点に近づくことである（図7.35）。したがって (7.34) が成り立てば、(7.33) が成り立つ。

そこで、(7.34) を示そう。

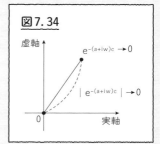

図7.34

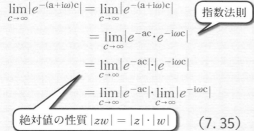

$$\lim_{c \to \infty} \left| e^{-(a+i\omega)c} \right| = \lim_{c \to \infty} \left| e^{-(a+i\omega)c} \right|$$

指数法則

$$= \lim_{c \to \infty} \left| e^{-ac} \cdot e^{-i\omega c} \right|$$

$$= \lim_{c \to \infty} \left| e^{-ac} \right| \cdot \left| e^{-i\omega c} \right|$$

$$= \lim_{c \to \infty} \left| e^{-ac} \right| \cdot \lim_{c \to \infty} \left| e^{-i\omega c} \right|$$

絶対値の性質 $|zw| = |z| \cdot |w|$ 　　　(7.35)

となり、

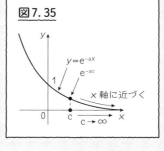

図7.35

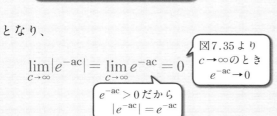

$$\lim_{c \to \infty} \left| e^{-ac} \right| = \lim_{c \to \infty} e^{-ac} = 0$$

図7.35 より
$c \to \infty$ のとき
$e^{-ac} \to 0$

$e^{-ac} > 0$ だから
$\left| e^{-ac} \right| = e^{-ac}$

$$\lim_{c \to \infty} \left| e^{-i\omega c} \right| = \lim_{c \to \infty} \left| \cos(-\omega c) + i\sin(-\omega c) \right|$$

オイラーの公式

$$= \lim_{c \to \infty} \sqrt{\cos^2(-\omega c) + \sin^2(-\omega c)}$$

$|a + bi| = \sqrt{a^2 + b^2}$

$$= \lim_{c \to \infty} 1 = 1$$

$\sin^2\theta + \cos^2\theta = 1$

だから、(7.35) に代入して

$$\lim_{c \to \infty} \left| e^{-(a+i\omega)c} \right| = \lim_{c \to \infty} \left| e^{-ac} \right| \cdot \lim_{c \to \infty} \left| e^{-i\omega c} \right| = 0 \cdot 1 = 0$$

これで、(7.34) が示されたから、(7.33) が成り立ち、(7.32) に代入して

$$F(\omega) = \frac{-1}{a + i\omega} \cdot 0 - \frac{-1}{a + i\omega} = \frac{1}{a + i\omega}$$

（7.31）のフーリエ変換は、

$$F(\omega) = \frac{1}{a + i\omega}$$

となる。分母に i があるので、分母分子に $(a - i\omega)$ をかけて、実部 $\mathrm{Re}(F(\omega))$ と虚部 $\mathrm{Im}(F(\omega))$ に分けると、

$$F(\omega) = \frac{1}{a + i\omega} = \frac{(a - i\omega)}{(a + i\omega)(a - i\omega)} = \frac{a}{a^2 + \omega^2} - \frac{\omega}{a^2 + \omega^2} i$$

$$(7.36)$$

となる。したがって、

$$\mathrm{Re}(F(\omega)) = \frac{a}{a^2 + \omega^2} \qquad \mathrm{Im}(F(\omega)) = -\frac{\omega}{a^2 + \omega^2}$$

実部 $\mathrm{Re}(F(\omega))$ をローレンツ型関数という。粒子のブラウン運動の強度スペクトルなどに現れる。

これらのことを図式化すると図7.36になる。

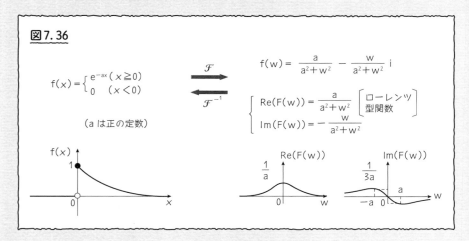

図 7.36

（7.31）の関数$f(x) = e^{-ax}$は減衰振動を表すのに使われる。
tを時間として、減数振動は、

$$f(t) = e^{-at+ibt} = e^{-at}\, e^{ibt} = e^{-at}(\cos bt + i \sin bt)$$

より、

$$\mathrm{Re}(f(t)) = e^{-at}\cos bt, \quad \mathrm{Im}(f(\omega)) = e^{-at}\sin bt$$

で表される。

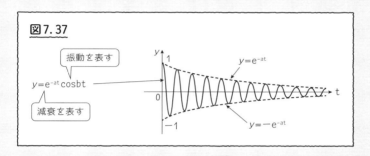

図7.37

振動を表す

$y = e^{-at}\cos bt$

減衰を表す

$y = e^{-at}$

$y = -e^{-at}$

5　フーリエ係数、フーリエ変換が表すもの

複素フーリエ級数から周期を無限大にすることによって、フーリエの積分公式が導かれたから、複素フーリエ係数とフーリエ変換、複素フーリエ級数とフーリエ逆変換の間には密接な関係がある。それをまとめると、図7.39のようになる。

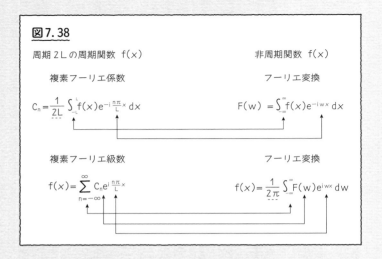

図7.38

周期 2L の周期関数 f(x)　　　　　　　　　　　　　非周期関数 f(x)

複素フーリエ係数　　　　　　　　　　　　　フーリエ変換

$$C_n = \frac{1}{2L} \int_{-L}^{L} f(x) e^{-i \frac{n\pi}{L} x} dx \qquad\qquad F(w) = \int_{-\infty}^{\infty} f(x) e^{-iwx} dx$$

複素フーリエ級数　　　　　　　　　　　　　フーリエ変換

$$f(x) = \sum_{n=-\infty}^{\infty} C_n e^{i \frac{n\pi}{L} x} \qquad\qquad f(x) = \frac{1}{2\pi} \int_{-\infty}^{\infty} F(w) e^{iwx} dw$$

　このように、複素フーリエ係数とフーリエ変換には類似点が多い。そこで、この2つがそれぞれ何を意味しているか考えよう。

◎複素フーリエ係数

　複素フーリエ係数の前に、実フーリエ係数について見ていこう。

(1) 周期2Lの周期関数の実フーリエ級数は、

$$f(x) = \frac{1}{2} a_0 + \sum_{n=1}^{\infty} \left(a_n \cos \frac{n\pi}{L} x + b_n \sin \frac{n\pi}{L} x \right) \qquad (7.37)$$

である。この式より、

　　フーリエ係数 a_n は周期 $\dfrac{2L}{n}$ の正弦波 $\cos \dfrac{n\pi}{L} x$ の振幅

　　フーリエ係数 b_n は周期 $\dfrac{2L}{n}$ の正弦波 $\sin \dfrac{n\pi}{L} x$ の振幅

であることがわかる。しかし、どちらも同じ周期の正弦波の振幅なので、周期 $\dfrac{2L}{n}$ の正弦波の振幅が定まらない。そこで、三角関数の合成（105ページ）を用いて、2つの正弦波を1つの正弦波にまとめる。

① $n \neq 0$ のとき、

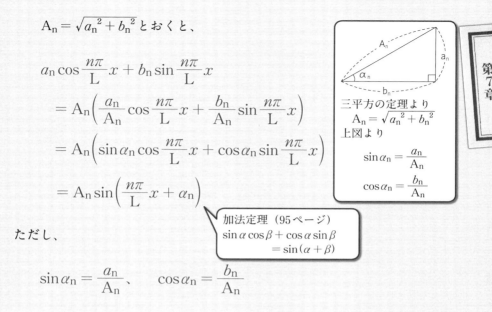

$A_n = \sqrt{a_n^2 + b_n^2}$ とおくと、

$$a_n \cos \frac{n\pi}{L}x + b_n \sin \frac{n\pi}{L}x$$
$$= A_n \left(\frac{a_n}{A_n} \cos \frac{n\pi}{L}x + \frac{b_n}{A_n} \sin \frac{n\pi}{L}x \right)$$
$$= A_n \left(\sin \alpha_n \cos \frac{n\pi}{L}x + \cos \alpha_n \sin \frac{n\pi}{L}x \right)$$
$$= A_n \sin \left(\frac{n\pi}{L}x + \alpha_n \right)$$

三平方の定理より
$A_n = \sqrt{a_n^2 + b_n^2}$
上図より
$$\sin \alpha_n = \frac{a_n}{A_n}$$
$$\cos \alpha_n = \frac{b_n}{A_n}$$

加法定理（95ページ）
$\sin \alpha \cos \beta + \cos \alpha \sin \beta$
$= \sin(\alpha + \beta)$

ただし、

$$\sin \alpha_n = \frac{a_n}{A_n}, \qquad \cos \alpha_n = \frac{b_n}{A_n}$$

(7.37) に代入して、

$$f(x) = \frac{1}{2}a_0 + \sum_{n=1}^{\infty} A_n \sin \left(\frac{n\pi}{L}x + \alpha_n \right)$$

これで、周期 $\dfrac{2L}{n}$ の正弦波は1つになったから、

「$A_n = \sqrt{a_n^2 + b_n^2}$ は、周期 $\dfrac{2L}{n}$ の正弦波の振幅である」

ということができる。

② $n = 0$ のときは、フーリエ級数の定数の部分の $\dfrac{1}{2}a_0$ である。

$n \neq 0$ の場合の $A_n = \sqrt{a_n^2 + b_n^2}$ に合わせるために、

$$A_0 = \sqrt{a_0^2} = |a_0|$$

とする。

(2) 次に、周期2Lの周期関数の複素フーリエ級数は、

$$f(x) = \sum_{n=-\infty}^{\infty} c_n e^{i\frac{n\pi}{L}x} \tag{7.1}$$

であり、複素フーリエ係数は、298ページの (6.35)a、b、c より、n を正の整数として、

$$c_0 = \frac{1}{2}a_0 \qquad c_n = \frac{1}{2}(a_n - b_n i) \qquad c_{-n} = \frac{1}{2}(a_n + b_n i)$$

であるから、

①$n \neq 0$ のときは、

$$|c_n| = \left|\frac{1}{2}(a_n - b_n i)\right| = \frac{1}{2}|a_n - b_n i|$$
$$= \frac{1}{2}\sqrt{a_n{}^2 + (-b_n)^2} = \frac{1}{2}\sqrt{a_n{}^2 + b_n{}^2} = \frac{1}{2}A_n$$

となり、$|c_{-n}|$ についても、同じように計算して、

$$|c_{-n}| = \frac{1}{2}\sqrt{a_n{}^2 + b_n{}^2} = \frac{1}{2}A_n$$

となる。

したがって、$|c_n| + |c_{-n}| = A_n$ となり、

「$|c_n| + |c_{-n}|$ は周期 $\dfrac{2L}{n}$ の正弦波の振幅を表す」

②$n = 0$ のときは

$$|c_0| = \left|\frac{1}{2}a_0\right| = \frac{1}{2}|a_0| = \frac{1}{2}A_0$$

となる。

正弦波の周期 $\dfrac{2L}{n}$ の逆数 $\dfrac{n}{2L}$ を正弦波の**周波数（振動数）**といい、1秒間に1周期の波がいくつ入っているか（あるいは1秒間に何回振動するか）を表す。周波数を横軸とし、振幅を縦軸とするグラフを考える。これを**スペクトル**という。

ここでは、周波数は飛び飛びに現れるので**離散スペクトル**という。

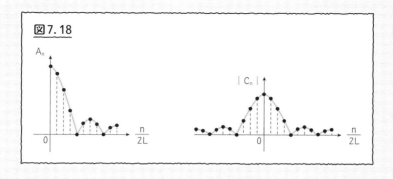

図7.18

◎フーリエ変換

　さて、フーリエ変換は、周期2Lの周期関数$f_L(x)$の複素フーリエ級数でLを無限大にし、非周期関数$f(x)$のフーリエの積分公式を導き、複素フーリエ係数の部分を抜き出して定義された。

　そのとき、$\dfrac{n\pi}{L}$をω_nと置き換えた。このω_nは何を意味しているのか？

　$\dfrac{n\pi}{L}$は、実フーリエ級数（7.37）にある$\cos\dfrac{n\pi}{L}x$、$\sin\dfrac{n\pi}{L}x$から引き継がれている。

　$\cos\dfrac{n\pi}{L}x$と$\sin\dfrac{n\pi}{L}x$は、ともに周期$\dfrac{2L}{n}$の正弦波である。

2πを周期$\dfrac{2L}{n}$で割ると、

$$\frac{2\pi}{\dfrac{2L}{n}} = \frac{n\pi}{L} = \omega_n$$

$$\cos\frac{n\pi}{L}\left(x + \frac{2L}{n}\right) = \cos\left(\frac{n\pi}{L}x + \frac{n\pi}{L}\cdot\frac{2L}{n}\right)$$

$$= \cos\left(\frac{n\pi}{L}x + 2\pi\right) = \cos\frac{n\pi}{L}x$$

xが$\dfrac{2L}{n}$増えても$\cos$の値は

変らないから$\dfrac{2L}{n}$は周期

となるから、ω_nは2πを周期$\dfrac{2L}{n}$で割った値である。これを**角周波数**（または**波数**）という。角周波数ω_nは、半径1の円周2πの長さに周期（波長）が入っている個数を表す。

　L→∞でω_n→ωとなり、ωは連続量である。$|F(\omega)|$は各周波数ωに対する「振幅」を表す。そこで、ωを横軸、$|F(\omega)|$を縦軸としたグラフを**連続スペクトル**という。

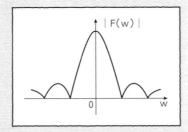

著者プロフィール

佐藤 敏明（さとう・としあき）

姉妹書である『文系編集者がわかるまで書き直した　世界一美しい数式「$e^{i\pi} = -1$」を証明する』（日本能率協会マネジメントセンター）の著者。1950年生まれ。1976年に電気通信大学・物理工学科大学院修士課程修了後、都立高校教諭を勤め、2016年に退職する。その他の著書に、『図解雑学 三角関数』『図解雑学 指数・対数』『図解雑学 微分積分』『図解雑学 フーリエ変換』『これならわかる！図解 場合の数と確率』（以上ナツメ社）など多数。

文系編集者がわかるまで書き直した

沁みる「フーリエ級数・フーリエ変換」

2022年1月30日　初版第1刷発行

著　者 ——— 佐藤 敏明
©2022 Toshiaki Sato

発行者 ——— 張　士洛

発行所 ——— 日本能率協会マネジメントセンター

〒103-6009　東京都中央区日本橋2-7-1　東京日本橋タワー
TEL　03（6362）4339（編集）／ 03（6362）4558（販売）
FAX　03（3272）8128（編集）／ 03（3272）8127（販売）
https://www.jmam.co.jp/

装丁・本文デザイン —— 岩泉 卓屋
イラスト ——————— HATO
本文DTP ——————— 創栄図書印刷株式会社
印 刷 所 ——————— シナノ書籍印刷株式会社
製 本 所 ——————— 株式会社三森製本所

ISBN 978-4-8207-2982-2 C3041
落丁・乱丁はおとりかえします。
PRINTED IN JAPAN